Kartographie u. Reproduktion: J. Bregel, A. Norweg

Artemis-Cicerone · Kunst- und Reiseführer

Artemis Verlag Zürich und München

VENEDIG

Mit Torcello, Murano,
Brenta-Villen und Chioggia

Von Günter Wachmeier

Artemis Verlag Zürich und München

Mit 61 Abbildungen, 37 Plänen und Zeichnungen

Karten, Pläne und Rekonstruktionen wurden, wenn nicht anders angegeben, von Dieter Weber, München, gezeichnet. Mehrfarbige Stadtpläne: J. Bregel und A. Norweg.
Reproduktionsrechte © 1976 Artemis Verlag München

Gesamtherstellung: Friedrich Pustet, Graphischer Großbetrieb, Regensburg. Printed in Germany.

ISBN 3 7608 0752 6

INHALTSVERZEICHNIS

A. HISTORISCHER ÜBERBLICK

Die venezianischen Dogen

697–717	Paoluccio Anafesto
717–726	Marcello Tegaliano
726–737	Orso Ipato
737–742	»Maestro dei Militi«
742–755	Teodato Ipato
755–756	Galla Gaulo
756–764	Domenico Monegario
764–787	Maurizio Galbaio
787–804	Giovanni Galbaio
804–810	Obelerio Antenoreo
810–827	Angelo Partecipazio
827–829	Giustiniano Partecipazio
829–836	Giovanni Partecipazio I
836–864	Pietro Tradonico
864–881	Orso Partecipazio I
881–887	Giovanni Partecipazio II
887	Pietro Candiano I
888–912	Pietro Tribuno
912–932	Orso Partecipazio II
932–939	Pietro Candiano II
939–942	Pietro Partecipazio
942–959	Pietro Candiano III
959–976	Pietro Candiano IV
976–978	Pietro Orseolo I
978–979	Vitale Candiano
979–992	Tribuno Memmo
992–1009	Pietro Orseolo II
1009–1026	Ottone Orseolo
1026–1032	Pietro Centranico
1032–1042	Domenico Flabanico
1043–1070	Domenico Contarini
1070–1084	Domenico Selvo
1084–1096	Vitale Falier
1096–1102	Vitale Michiel I
1102–1118	Ordelaffo Falier
1118–1129	Domenico Michiel
1130–1148	Pietro Polani
1148–1156	Domenico Morosini
1156–1172	Vitale Michiel II
1172–1178	Sebastiano Ziani
1178–1192	Orio Malipiero
1192–1205	Enrico Dandolo
1205–1229	Pietro Ziani
1229–1249	Jacopo Tiepolo
1249–1253	Marino Morosini
1253–1268	Raniero Zeno
1268–1275	Lorenzo Tiepolo
1275–1280	Jacopo Contarini
1280–1289	Giovanni Dandolo
1289–1311	Pietro Gradenigo
1311–1312	Marino Zorzi
1312–1328	Giovanni Soranzo
1329–1339	Francesco Dandolo
1339–1342	Bartolomeo Gradenigo
1343–1354	Andrea Dandolo
1354–1355	Marino Falier
1355–1356	Giovanni Gradenigo
1356–1361	Giovanni Dolfin
1361–1365	Lorenzo Celsi
1365–1368	Marco Corner
1368–1382	Andrea Contarini
1382	Michele Morosini
1382–1400	Antonio Venier
1400–1413	Michele Steno
1414–1423	Tomaso Mocenigo
1423–1457	Francesco Foscari
1457–1462	Pasquale Malipiero
1462–1471	Cristoforo Moro
1471–1473	Nicolò Tron
1473–1474	Nicolò Marcello
1474–1476	Pietro Mocenigo
1476–1478	Andrea Vendramin
1478–1485	Giovanni Mocenigo
1485–1486	Marco Barbarigo
1486–1501	Agostino Barbarigo
1501–1521	Leonardo Loredan
1521–1523	Antonio Grimani
1523–1538	Andrea Gritti
1539–1545	Pietro Lando
1545–1553	Francesco Donà
1553–1554	Marcantonio Trevisan
1554–1556	Francesco Venier
1556–1559	Lorenzo Priuli
1559–1567	Girolamo Priuli
1567–1570	Pietro Loredan
1570–1577	Alvise Mocenigo I
1577–1578	Sebastiano Venier
1578–1585	Nicolò da Ponte
1585–1595	Pasquale Cicogna
1595–1605	Marino Grimani
1606–1612	Leonardo Donà
1612–1615	Marcantonio Memmo
1615–1618	Giovanni Bembo
1618	Nicolò Donà
1618–1623	Antonio Priuli
1623–1624	Francesco Contarini
1625–1629	Giovanni Corner I
1630–1631	Nicolò Contarini
1631–1646	Francesco Erizzo
1646–1655	Francesco Molin
1655–1656	Carlo Contarini
1656	Francesco Corner

1656–1658	Bertuccio Valier	1722–1732	Alvise Mocenigo III
1658–1659	Giovanni Pesaro	1732–1735	Carlo Ruzzini
1659–1675	Domenico Contarini	1735–1741	Alvise Pisani
1675–1676	Nicolò Sagredo	1741–1752	Pietro Grimani
1676–1684	Alvise Contarini	1752–1762	Francesco Loredan
1684–1688	Marcantonio Giustinian	1762–1763	Marco Foscarini
1688–1694	Francesco Morosini	1763–1778	Alvise Mocenigo IV
1694–1700	Silvestro Valier	1779–1789	Paolo Renier
1700–1709	Alvise Mocenigo II	1789–1797	Lodovico Manin
1709–1722	Giovanni Corner II	*Auflösung der Republik 1797*	

Ausschnitt aus dem Gemälde »Ein Fischer überreicht dem Dogen den Ring des Hl. Markus« (um 1555) von Paris Bordone (vgl. S. 156)

Kurze Geschichte Venedigs mit tabellarischer Übersicht über die wichtigsten Künstler und Kunstdenkmäler der Lagunenstadt

Zur Zeit der Spätantike war der Festlandgürtel zwischen Verona und Triest ein wirtschaftlich gut erschlossenes Gebiet mit bedeutenden Städten wie Padua, Treviso, Cividale und Aquileia, die durch Römerstraßen miteinander verbunden waren und durch den Ost-West- und Nord-Süd-Handel aufblühten. Erst mit dem Zusammenbruch der römischen Weltmacht und dem Vordringen der germanischen Wandervölker sowie der Hunnen änderte sich die Lage von Grund auf. Plötzlich waren die Landwege gefährdet, und nur noch der Seeweg schien ausreichende Sicherheit zu bieten. Ein erstes Signal setzte im Jahre 452 n. Chr. die Zerstörung von Altino. Es begann nun eine 200 Jahre währende Fluchtbewegung in Richtung Lagune. Die Bewohner von Altino gründeten Torcello, der Bischof von Padua ließ sich auf Malamocco nieder, und 697 hören wir zum ersten Mal von einer Ansiedlung am Rialto. Jesolo, Caorle und Grado, damals noch Inseln in der Lagune, waren weitere Fluchtorte. Im 8. Jh. ist Malamocco die Hauptstadt des neu entstandenen Seevenetien und gleichzeitig Dogensitz (diese Benennung ab 742). Als 809 auch Malamocco zerstört wurde, verlegte man den Dogensitz endgültig ins heutige Venedig, und mit der Überführung der Reliquien des Hl. Markus von Alexandrien nach Venedig (828) zeichnet sich schon jene sakral begründete Sonderstellung ab, auf die sich künftig die Lagunenstadt immer berufen wird.

um 639	**Torcello, S. Maria Assunta (Gründung)**	**Nr. 39**
um 828	**Überführung der Reliquien des Hl. Markus nach Venedig. Bau einer ersten Markuskirche**	**Nr. 23**
um 834	**Torcello, S. Maria Assunta, Erweiterung bzw. Umbau, Anlage einer Gangkrypta**	**Nr. 39**
9. Jh.	**Dogenpalast noch als befestigtes Kastell**	**Nr. 24**
976	**Volksaufstand. Verwüstung der ersten Markuskirche. Anschließend Neubau (zweite Markuskirche). Älteste Teile der Pala d'Oro**	**Nr. 23**
1008	**Torcello, Campanile bei S. Maria Assunta**	**Nr. 39**

Während des 9. und 10. Jh. war noch Torcello die führende Stadt Seevenetiens. Doch mit dem 11. Jh. erwächst ihr in Venedig eine ernsthafte Rivalin. Schon im 13. Jh. sehen wir Torcello, ähnlich wie Jesolo und Caorle, rasch an Bedeutung verlieren.
Der Aufstieg Venedigs und sein wachsender politischer Anspruch finden in dem dritten Neubau von S. Marco, der sog. *Contarinikirche*, einen baukünstlerisch beredten Ausdruck. Nach dem Dogen *Domenico Contarini* (1043–1070) benannt, gehört diese Kirche im 11. Jh. zu den größten Sakralbauten Europas – errichtet nach byzantinischem Vorbild.

Venedig, das vom Handel mit Byzanz lebte, orientierte sich auch in seiner Kunst zunächst ganz nach Osten. Aus Byzanz kamen die ersten Künstler, von dort übernahm man die Technik des Mosaiks und fast zwangsläufig auch gewisse Eigenheiten des byzantinischen, in feierlicher Ruhe verharrenden Stils – eine Formkomponente, die in Venedig bis zur Spätgotik wirksam blieb.

11. Jh.	**Torcello, S. Fosca**	**Nr. 39**
Anf. 12. Jh.	**Murano, SS. Maria e Donato**	**Nr. 38**
1063–1094	**S. Marco, sog. Contarinikirche**	**Nr. 23**
1104	**Begründung des Arsenals (Schiffsbau)**	**Nr. 30**
1105	**S. Marco, Pala d'Oro, Markusgeschichte**	**Nr. 23**
1160–1200	**S. Marco, Kuppelmosaiken**	**Nr. 23**
1172	**Granitsäulen auf der Piazzetta**	**Nr. 22**

Die Contarinikirche ist für längere Zeit das beherrschende Bauwerk Venedigs. Die Stadt als solche besteht noch bis ins 14. Jh. vorwiegend aus zweistöckigen Holzbauten, und auch der Dogenpalast hat noch nicht sein heutiges Aussehen, sondern ist ein mit Wehrtürmen versehenes ›Kastell‹. Die künstlerischen Kräfte konzentrieren sich in dieser Zeit auf die Ausschmückung der Markuskirche. Schon aber kündigt sich mit der Anlage einer großen Schiffswerft (Arsenal) die künftige Expansionspolitik an. Nun errichtet man auch nach dem Beispiel römischer Imperatoren die beiden Granitsäulen auf der Piazzetta, die als Herrschaftssymbole Venedig Ausdruck verleihen.

1177	*Friede von Venedig*
1204	*Eroberung Konstantinopels*

Zwei historische Ereignisse beleuchten mehr als alles andere die Machterweiterung der Republik. Im Frieden von Venedig tritt der Doge als Vermittler zwischen Kaiser Barbarossa und Papst Alexander III. auf, und 1204 ist es Venedig, das sich den 4. Kreuzzug zunutze zu machen weiß, den Kreuzfahrern seine Flotte zur Verfügung stellt, das Interesse von den Heiligen Stätten weg auf Konstantinopel lenkt und sich nach dessen Eroberung ein gutes Drittel der Beute sichert.

ab 1204	**S. Marco, Ummantelung der Fassade mit Säulen**	**Nr. 23**
1250	**S. Marco, Aufstellung der Bronzepferde**	**Nr. 23**
1267	**Pflasterung der Piazza**	**Nr. 22**

Mit der Eroberung Konstantinopels wurde Venedig die bedeutendste Handelsrepublik des östlichen Mittelmeeres, zu der nun auch Kreta, Rhodos und Korfu gehörten. Ein Gesetz verpflichtete jedes Schiff, etwas zum Schmuck von S. Marco mitzubringen. So kam es zur Ummantelung der Fassade mit Hunderten von Säulen, zur Aufstellung der vier Bronzepferde und schließlich zur Pflasterung der Piazza.

Die Verfassung Venedigs nimmt während dieser Zeit oligarchische Züge an, d.h. Venedig wird von einigen wenigen Familien regiert, die sich in das Dogenamt und die hohen Beamtenstellen teilen. Zum ersten Mal wird nun auch der venezianische Stadtpalast für uns greifbar, dessen Grundelemente noch byzantinisch geprägt sind. Während die französische Kathedralgotik mit Chartres, Reims und Amiens schon ihren Höhepunkt erreicht, bleibt Venedig im 13. Jh. von gotischer Form weitgehend unberührt. Lediglich einige Engelstatuen in S. Marco bekunden einen ersten westlichen Einfluß. Sehr viel stärker zeigt sich dagegen die allmähliche Loslösung von Byzanz in den Vorhallen-Mosaiken von S. Marco, »dem ersten zusammenhängenden Dokument einer spezifisch venezianischen Bildkunst des hohen Mittelalters« (Hubala).

13. Jh.	**Pal. Farsetti, Pal. Loredan, Fondaco dei Turchi**	**Nr. 1**
13. Jh.	**S. Marco, Engelstatuen (Einfluß Antelamis)**	**Nr. 23**
13. Jh.	**S. Marco, Mosaiken der beiden Vorhallen**	**Nr. 23**

Eine rasche Hinwendung zur Gotik vollzieht sich im 14. Jh. Die byzantinischen Traditionen verlieren an Kraft und werden abgelöst durch eine entschiedene Westorientierung. Zwischen 1340 und 1380 wachsen in gotischen Formen die beiden großen Bettelordenskirchen (»Zanipolo« und die Frarikirche) in die Höhe, erhält die Pala d'Oro eine gotische Mitteltafel, wird S. Stefano vollendet. Auch die Fassade von S. Marco erhält jetzt spätgotische Giebel. Zu einem Zeugnis der neuen Baugesinnung wird nicht zuletzt auch der Dogenpalast, dessen Umbau um 1340 beginnt und der um 1400 seine heutige Fassadengestalt annimmt: ausgestattet mit ›westlicher‹ Kapitellplastik und charakterisiert durch eine spezifische Form des gotischen Maßwerks, die, in freier Abwandlung an den Privatpalästen wiederholt, das Venedig des 14. und 15. Jh. geprägt hat.

um 1340	**Dogenpalast, Sala del Maggior Consiglio beg.**	**Nr. 24**
1. H. 14. Jh.	**»Zanipolo« begonnen (Langhaus)**	**Nr. 27**
um 1340	**Frarikirche begonnen (Chorteile, Querhaus)**	**Nr. 8**
1345	**S. Marco, Pala d'Oro, Mitteltafel**	**Nr. 23**
1360–1380	**»Zanipolo«, Chorteile (noch ohne Hauptapsis)**	**Nr. 27**
um 1374	**S. Stefano vollendet**	**Nr. 20**
ab 1385	**S. Marco, spätgotische Veränderung der Fassade**	**Nr. 23**
1394–1404	**S. Marco, Ikonostasis der Brüder Masegne**	**Nr. 23**
um 1400	**Dogenpalast, Fassade zur Lagune**	**Nr. 24**
bis 1400	**Dogenpalast, Kapitellplastik**	**Nr. 24**
nach 1400	**»Zanipolo«, Hauptapsis**	**Nr. 27**

Venedig übersteht während des 14. Jh. zahlreiche Gefahren. Nachdem es Konstantinopel 1261 mit Hilfe Genuas gelungen war, die venezianische Herrschaft abzuschütteln, öffnet sich den Genuesen der Zugang zum Schwarzen Meer, der nun für Venedig gesperrt wird.

Ein Jahrhundert später (1378) dringt die genuesische Flotte bis an den Südrand der Lagune vor und belagert Chioggia. Venedig sieht sich tödlich bedroht, kann aber nach zweijährigem Kampf der Lage Herr werden. Die Genuesen werden schließlich vernichtend geschlagen, und der Friede von Turin (1380) beendet die Auseinandersetzung der beiden rivalisierenden Seestädte mit einem Unentschieden.
Ganz anders stellt sich das 15. Jh. dar. Aus der Bedrohung durch Genua die Konsequenz ziehend, sichert sich Venedig ein bis knapp vor Mailand reichendes Gebiet der Terraferma. Padua, Vicenza, Verona, Brescia und Bergamo gehörten nun zur venezianischen Herrschaft, wie auf der östlichen Adriaseite Istrien und die Küsten Dalmatiens. Venezianische Schiffe aber befuhren die Seewege bis Kleinasien, Nordafrika, die Straße von Gibraltar, Brügge und Southampton. Nach Norden führten die Handelswege über den Brenner nach Augsburg, Ulm und Nürnberg, nach Frankfurt, Mainz und Köln und weiter bis nach Antwerpen. Nicht zufällig hören wir schon 1228 von einer deutschen Handelsniederlassung am Rialto; nicht zufällig kommt später Dürer aus Nürnberg nach Venedig.

1420–1443	**Frarikirche, Langhaus**	**Nr. 8**
1421–1440	**Ca'd'Oro (Canal Grande)**	**Nr. 1**
1424–1438	**Dogenpalast, Flügel zur Piazzetta**	**Nr. 24**
1438–1442	**Dogenpalast, Porta della Carta**	**Nr. 24**
1452	**Ca'Foscari (Canal Grande)**	**Nr. 1**
um 1460	**Foscari-Grabdenkmal (Frarikirche)**	**Nr. 8**
1462–1471	**Dogenpalast, Arco Foscari**	**Nr. 24**

Während des 15. Jh. gewinnt Venedig städtebaulich sein schönstes Gesicht. Die venezianische Palastfassade der Gotik wirkt dabei als Typus sowohl verbindend wie individualisierend. In hundertfacher Abwandlung wiederholt sich das Wechselspiel zwischen dem warmen Ziegelrot der Mauern und dem hellen Stein aus Istrien, aus dem die Loggien, das Maßwerk und die Zierformen gefertigt sind. Venedig ist nunmehr mit 190000 Einwohnern die erste ›Großstadt‹ Europas.

1446	**Triptychon von Antonio Vivarini und Giovanni d'Alemagna**	**Accademia**
1451	**»Johannes der Täufer« von Donatello (Frari)**	**Nr. 8**
1460	**Arsenal, »Ingresso di Terra«**	**Nr. 30**

Dieses wohlhabende, formschöne, lebendige Venedig der Spätgotik, dessen dekorative Fassaden noch heute das Stadtbild zu einem guten Teil mitbestimmen, begann sich in der 2. Hälfte des 15. Jh. unter dem Einfluß der Frührenaissance langsam zu verändern. In die Bildarchitekturen der religiösen Gemälde dringt nun zunehmend die Perspektive ein; in der Plastik meldet sich ein neues Persönlichkeitsbild zu Wort; die Architektur übernimmt ›antikisierende‹ Formen.

Frührenaissance (1470–1500/1510)

Die neuen Kräfte kamen von außen, vorwiegend aus Florenz (Plastik), der Lombardei (Architektur) und aus dem nahen Padua (Malerei). Eine Figur wie Donatellos »Joh. d. T.« in der Frarikirche mag im spätgotischen Venedig noch wie vereinzelt gewirkt haben. In voller Breite entfaltet sich dagegen die Architektur eines Mauro Coducci, und auch die Plastik bemächtigt sich zunehmend der Dogengrabmäler, deren Form sie verändert und monumentalisiert.

Architektur und Plastik

Mauro Coducci (um 1440–1504)

1469–1499	**S. Michele in Isola**	**Nr. 38**
um 1481	**S. Zaccaria, Umgangschor mit Kapellenkranz**	**Nr. 25**
1482–1488	**Campanile bei S. Pietro in Castello**	**Nr. 31**
1485–1495	**Fassade der Scuola Grande di S. Marco**	**Nr. 27**
vor 1490	**Scuola S. Giov. Evangelista (Treppenanlage)**	**Nr. 7**
1490–1500	**Cappella Corner in SS. Apostoli**	**Nr. 16**
1493–1500	**S. Maria Formosa**	**Nr. 26**
1497–1504	**S. Giovanni Crisostomo**	**Nr. 17**
um 1500	**Fassade von S. Zaccaria, obere Teile**	**Nr. 25**
1500–1509	**Pal. Vendramiñ – Calergi**	**Nr. 1**

Pietro Lombardo (um 1435–1515)

1468–1475	**Frarikirche, Teile der Chorschranken**	**Nr. 8**
um 1470	**S. Giobbe**	**Nr. 12**
1481	**Dogengrabmal in »Zanipolo«**	**Nr. 27**
1481–1489	**S. Maria dei Miracoli**	**Nr. 18**
um 1487	**Pal. Dario, Canal Grande**	**Nr. 1**

Antonio Rizzo (um 1430–1498)

um 1470	**Adam und Eva, Bronzefiguren, Dogenpalast**	**Nr. 24**
1479	**Dogengrabmal in der Frarikirche**	**Nr. 8**
1483	**Dogenpalast, Scala dei Giganti**	**Nr. 24**

Tullio Lombardo (um 1455–1532)

1481–1489	**S. Maria dei Miracoli, dekorative Skulptur**	**Nr. 18**
vor 1492	**Vendramin-Grabmal in »Zanipolo«**	**Nr. 27**
1507–1534	**S. Salvatore (zuletzt Jac. Sansovino)**	**Nr. 19**

Andrea Verrocchio (1436–1488)

1481–1488	**Reiterdenkmal für Bart. Colleoni (Modell)** **Ausführung bis 1496: Alessandro Leopardi**	**Nr. 27**

Malerei

Auf dem Gebiet der Malerei führte der vorübergehende Aufenthalt des Antonello da Messina (Sizilien) zu grundsätzlichen Veränderungen. Antonello vermittelte Venedig nicht nur die neu entdeckte Technik der Ölmalerei und eine monumentalere Auffassung vom Menschen, sondern auch die Farbperspektive des Piero della Francesca und das vertiefte Naturstudium der Flamen (van Eyck), neben der Porträtkunst, die er selbst vorzüglich auszuüben verstand.

Am überzeugendsten hat die neuen Prinzipien Giovanni Bellini verarbeitet. In den beiden Jahrzehnten zwischen 1485 und 1505 ist er Venedigs stärkste Begabung, von größtem Einfluß auch als Lehrer von Giorgione und Tizian. Eine tiefe Beseelung des religiösen Bildes, unter natürlicher Einbeziehung von Licht und Landschaft, kennzeichnet sein Werk. Daneben erwacht nun das Interesse an einem topographisch exakten Venedigbild (Gentile Bellini und Jacopo de'Barbari), während Carpaccio einem subtilen, märchenhaft wirkenden Erzählstil huldigt, geprägt von venezianischer Freude an Kostüm und Zeremoniell.

Antonello da Messina (1430–1479)

um 1476	**»Der tote Christus«**	**Museo Correr**

Jacopo de'Barbari (1440/50–1516)

1500	**Venedig aus der Vogelschau (Holzschnitt)**	**Museo Correr**

Vittore Carpaccio (um 1455/65–1526)

1490–1500	**Bilderzyklus zur Ursula-Legende**	**Accademia**
1502–1508	**Bilderzyklus zur Georgs-Legende**	**Nr. 29**

Gentile Bellini (1429–1507)

1494–1501	**Markusplatz vor 1500, Canal Grande, etc.**	**Accademia**

Giovanni Bellini (um 1430–1516)

um 1485	**»Sacra Conversatione« aus S. Giobbe**	**Accademia**
1488	**Sog. Frari-Madonna (Frarikirche)**	**Nr. 8**
1488	**Dogen-Votivbild (Murano, S. Pietro Martire)**	**Nr. 38**
1505	**»Madonna mit Heiligen« (S. Zaccaria)**	**Nr. 25**

Cima da Conegliano (um 1460–1517/18)

nach 1496	**»Madonna mit dem Orangenbaum«**	**Accademia**

Hochrenaissance (1510–1530/50)

Mit Sansovinos Bauten verändert sich das Gesicht von Piazza und Piazzetta. Den malerisch-dekorativen Fassaden von Dogenpalast und S. Marco wird eine ›römische‹ Architektur mit kräftigem Relief und reichem Figurenschmuck gegenübergestellt. Das eigentlich Venezianische tritt nun in der Baukunst immer mehr zurück, während umgekehrt die Malerei einen einzigartigen Siegeszug antritt. Giorgione ist vielleicht der erste Maler, der ein Bild ganz als ›Atmosphäre‹ zu geben weiß. Seine tonige Darstellungsweise wird zu einem europäischen Ereignis. Daneben steht Tizian, der mit vitaler Kraft der Malerei neue Dimensionen eröffnet. Aus der Integration von Porträt, Historie, Allegorie und Andachtsbild formt sich ihm eine neue Vorstellungswelt von ungeahnter Fülle und größtem Reichtum der Erscheinung, deren Wirkung bis ins 19. und 20. Jahrhundert reicht. Palma der Ältere steht Giorgione näher als Tizian.

Jacopo Sansovino (1486–1570)
Architektur und Plastik

ab 1537	**Pal. Corner, Ca'Grande**	**Nr. 1**
1537–1554	**Markusbibliothek (Libreria Vecchia)**	**Nr. 22**
1537–1540	**Loggetta**	**Nr. 22**
1537–1547	**Zecca (Münzgebäude)**	**Nr. 22**
1557–1559	**Scala d'Oro im Dogenpalast**	**Nr. 24**
1537–1541	**Bronzereliefs der Sängertribünen (S. Marco)**	**Nr. 23**
1546–1572	**Bronzetür zur Sakristei (S. Marco)**	**Nr. 23**
um 1550	**»Johannes der Täufer« (Frarikirche)**	**Nr. 8**
1556	**Dogengrabmal in S. Salvatore**	**Nr. 19**
1566	**»Mars« und »Neptun« (Scala dei Giganti)**	**Nr. 24**

Giorgione (1478–1510)

um 1507	**»Das Gewitter«**	**Accademia**

Tizian (1476/77–1576)

1518	**»Assunta« (Frarikirche)**	**Nr. 8**
1519–1526	**Pesaro-Madonna (Frarikirche)**	**Nr. 8**
1534–1538	**»Tempelgang Mariä«**	**Accademia**
1542–1544	**Deckengemälde aus S. Spirito (»Salute«)**	**Nr. 33**
1559	**»Martyrium des Hl. Laurentius« (I Gesuiti)**	**Nr. 15**
1560–1566	**»Verkündigung«, »Verklärung Christi«**	**Nr. 19**
1573–1576	**»Pietà«**	**Accademia**

Manierismus (1530–1590)

Etwa ab 1530 verebbt in Europa die optimistische Grundstimmung von Früh- und Hochrenaissance. Innere Spannungen, Unruhe und Zweifel treten an ihre Stelle. In der Architektur fängt man an, die Formen aufzubrechen (z.B. gesprengte Giebel), in der Malerei werden extreme Tiefenräume geschaffen, seltsame Lichtwirkungen erzeugt und ungewöhnliche Farben verwendet. Sanmichele, Lorenzo Lotto, Paris Bordone und Jacopo Bassano sind typische Vertreter dieser Richtung. Ein besonders bemerkenswerter Fall ist Tintoretto. Auch er teilt die Unruhe seiner Zeit, richtet aber seine ganze Kraft auf die Themen der Religion, deren er sich fast gewaltsam zu vergewissern sucht.

Michele Sanmicheli (1484–1559)

um 1540	**Pal. Grimani (Canal Grande)**	**Nr. 1**
um 1543	**Pal. Corner-Mocenigo (Canal Grande)**	**Nr. 1**

Lorenzo Lotto (um 1480–1556)

undatiert	**»Porträt eines Edelmannes«**	**Accademia**
1542	**»Almosenspende« (»Zanipolo«)**	**Nr. 27**

Paris Bordone (1500–1571)

undatiert	**»Übergabe des Ringes«**	**Accademia**
undatiert	**»Abendmahl« und »Fußwaschung«**	**Nr. 29**

Jacopo Bassano (um 1510/18–1592)

undatiert	**»Jakobs Rückkehr« (Dogenpalast)**	**Nr. 24**
1592	**»Geburt Christi« (S. Giorgio Maggiore)**	**Nr. 35**

Jacopo Tintoretto (1518–1594)

1546	**Frühe Gemälde in der Kirche Mad.dell'Orto**	**Nr. 14**
1548	**»Markuswunder«**	**Accademia**
um 1550	**Gemälde in der Kirche S. Rocco**	**Nr. 8**
1561	**»Hochzeit von Kana« (S. Maria della Salute)**	**Nr. 33**
1561–1564	**Dogenpalast, Atrio Quadrato**	**Nr. 24**
1564–1567	**Scuola di S. Rocco (Sala del Albergo)**	**Nr. 8**
nach 1574	**Dogenpalast, Sala del Collegio**	**Nr. 24**
1577–1588	**Scuola di S. Rocco (oberer u. unterer Saal)**	**Nr. 8**
um 1580	**»Abendmahl« (S. Stefano)**	**Nr. 20**
1594	**»Mannaregen«, »Abendmahl«**	**Nr. 35**

Eine *Sonderstellung* nehmen Palladio und Veronese ein. Sie gehören zwar mit ihren Lebensdaten in die Zeit des Manierismus, bleiben aber von dessen Strömungen nahezu unberührt. Palladio schafft im Rückgriff auf die Antike eine Architektur von klassischer Kraft und Schönheit, getragen von einem ungebrochenen idealistischen Pathos, und ebenso begegnen wir bei Veronese einer strahlenden Welt voll prunkhafter Festlichkeit, die dem Grundgefühl der Hochrenaissance sehr viel näher steht als dem oftmals verquälten Manierismus.

Andrea Palladio (1508–1580)

1568–1572	**Fassade von S. Francesco della Vigna**	**Nr. 28**
ab 1566	**S. Giorgio Maggiore (Fassade 1597–1610)**	**Nr. 35**
1577–1592	**Il Retendore**	**Nr. 34**

Paolo Veronese (1528–1588)

um 1555	**S. Sebastiano, Deckengemälde**	**Nr. 4**
1562	**»Muttergottes mit Heiligen«**	**Accademia**
1573	**»Gastmahl im Hause des Levi«**	**Accademia**
um 1580	**Dogenpalast, Sala del Maggior Consiglio**	**Nr. 24**

Frühbarock (1570/80–1600)

Im letzten Drittel des 16. Jh. zeichnet sich in Architektur und Plastik langsam eine Überwindung der manieristischen Tendenzen ab. Die Kunst findet zu einer neuen ›malerischen‹ Einheit. Die Architektur wird ›bildhaft‹ (Rialtobrücke), die Plastik zu einem Teil der architektonischen Inszenierung (Hochaltar in S. Giorgio Maggiore). Doch sind die künstlerischen Kräfte Venedigs langsam erschöpft, und es kommt zu jenem ›toten‹ 17. Jh., in dem Venedig (mit Ausnahme Longhenas) kaum nennenswerte Leistungen mehr erbringt.

Alessandro Vittoria (1525–1608)

1559	**Stuckdekoration der Scala d'Oro (Dogenpal.)**	**Nr. 24**
1568	**»Hl. Hieronymus« (Frarikirche)**	**Nr. 8**
undatiert	**»Hl. Hieronymus« (»Zanipolo«)**	**Nr. 27**
1582–1590	**Pal. Balbi (Canal Grande)**	**Nr. 1**

Antonio da Ponte (um 1512–1597)

ab 1563	**Gefängnis (Pal. delle Prigoni)**	**Nr. 22**
ab 1577	**Dogenpalast, Gesamtleitung nach 1577**	**Nr. 24**
1588–1591	**Rialtobrücke (Ponte di Rialto)**	**Nr. 17**

Girolamo Campagna (1550–1623)

1572	**Dogengrabmal in »Zanipolo«**	**Nr. 27**
1591–1593	**Hochaltar in S. Giorgio Maggiore**	**Nr. 35**

Barock und Rokoko (17./18. Jh.)

Mit der »Salute« erhält Venedig seinen letzten, im Sinne des Barock ganz malerisch empfundenen, weit in den Lagunenraum ausstrahlenden Kirchenbau. Die übrigen Sakralbauten, wie S. Pietro in Castello, S. Moisé, I Gesuiti, die »Scalzi«, S. Simeone Piccolo, Gesuati, S. Maria della Pietà, sind nur noch schwache Reflexe auf die römische Barockarchitektur. In großartiger Weise entfaltet sich dagegen noch einmal die Malerei, die mit Piazzetta, Tiepolo, Guardi und Canaletto europäischen Rang gewinnt.

Baldassare Longhena (1598–1682)

1631–1687	**S. Maria della Salute**	**Nr. 33**
um 1660	**Ca'Rezzonico (Canal Grande)**	**Nr. 1**
1676–1710	**Pal. Pesaro (Canal Grande)**	**Nr. 1**

Sebastiano Ricci (1659–1734)

1708	**»Muttergottes u. Heilige« (S. Giorg. Magg.)**	**Nr. 35**

Giovanni Battista Piazzetta (1682–1754)

um 1725	**»Der Hl. Filipo Neri bittet für die Armen«**	**Nr. 26**
1727	**Deckenfresko »Zanipolo«**	**Nr. 27**
undatiert	**»Judith und Holofernes«**	**Nr. 3**

Giovanni Battista Tiepolo (1696–1770)

1720–1722	**»Raub der Europa«**	**Accademia**
1738–1740	**Passionsbilder in S. Alvise**	**Nr. 14**
1739–1744	**Deckengemälde in der Scuola dei Carmini**	**Nr. 3**
vor 1750	**Wandfresken im Pal. Labia**	**Nr. 12**
1758	**Deckengemälde im Pal. Rezzonico (Museum)**	**Nr. 1**
1761–1762	**Strà (Brenta), Villa Pisani, Deckenfresko**	**Nr. 40**

Francesco Guardi (1712–1793)

undatiert	**Gemälde (Pal. Rezzonico, Ca'd'Oro, Accademia)**

19. und 20. Jahrhundert

Mit der Auflösung der Republik Venedig (1797) durch Napoleon war Venedigs Schicksal endgültig besiegelt. Nun trat der museale Gedanke in den Vordergrund: Venedig als Bildungserlebnis. Durch seine Insellage in seiner historischen Bausubstanz nahezu vollständig erhalten, wird es zur lebenden Geschichtskulisse, beglückend und faszinierend durch den zauberhaften Dreiklang von Wasser, Licht und Kunst.

Sebastiano Ricci, »Muttergottes und Heilige« (1708)

B. DIE KUNSTDENKMÄLER

Zur Orientierung: Unsere Abbildung zeigt Venedig in seiner Ausdehnung zwischen der Rialtobrücke (im Vordergrund links), der Accademia (am rechten Bildrand), der Kirche S. Maria della Salute (oben Mitte) und der Bautengruppe um Piazza und Piazzetta mit dem Campanile, der Staatskirche S. Marco und dem Dogenpalast (oben links). Zwischen S. Marco und Rialto verläuft als kürzeste Verbindung die sog. Merceria, die Hauptgeschäftsstraße, die an der Kirche S. Salvatore vorbeiführt und in den Campo S. Bartolomeo einmündet. Ihm unmittelbar benachbart ist der ›Fondaco dei Tedeschi‹, die ehemalige Niederlassung der deutschen Kaufleute – heute die Hauptpost von Venedig –, 1975 restauriert.

Das Gebiet um Rialto gehört zum ältesten Siedlungskern der Stadt. Noch heute ist es das wichtigste Markt- und Verwaltungszentrum mit dem nahegelegenen Rathaus im Palazzo Farsetti. Von der Rialtobrücke bis zur spätgotischen Palastgruppe der Ca'Foscari (am rechten Bildrand) läßt sich der ›Wasserraum‹ des Canal Grande mit einem einzigen Blick erfassen: eine Prunkstraße der großen Paläste, die sich (echt venezianisch) nicht geradlinig, sondern in sanfter

Luftaufnahme von Venedig mit Canal Grande ● = *Anlegestelle*

belebender Schwingung dem Auge darbietet. Bei der Ca'Foscari mündet als zweitgrößte Wasserstraße der verlängerte Arm des Rio Nuovo in den Canal Grande. Etwas oberhalb liegt die Station ›S. Tomà‹, von der aus man zwei der größten Sehenswürdigkeiten Venedigs erreicht: die Frarikirche (mit berühmten Werken von Donatello, Giovanni Bellini und Tizian) und die benachbarte, von Tintoretto ausgemalte ›Scuola Grande di S. Rocco‹.

Flußabwärts beginnt bei der Ca'Foscari die große Schleife des Canal Grande. An ihrem Endpunkt liegt Venedigs bedeutendste Gemäldegalerie, die Accademia. Nur wenige Schritte sind es von hier hinüber zur Giudecca, dem lebhaft frequentierten Schiffahrtskanal Venedigs. In der anderen Richtung führt über die Brücke bei der Accademia ein direkter Weg über den Campo Morosini (S. Stefano), Campo S. Angelo und Campo Manin zum Rialto.
Folgen wir weiter dem Canal Grande, so rückt die Kuppel der S. Maria della Salute ins Blickfeld, bis sich zuletzt die Szenerie weitet und Dogenpalast, Campanile und die Kuppeln von S. Marco sichtbar werden, und man die langgestreckte Uferpartie des Riva degli Schiavoni vor sich hat.

I Canal Grande

Unsere Abbildung zeigt den Canal Grande nach einem Gemälde von *Canaletto* (1697–1768): vorne links die einstige Zollstation »Dogana da Mar«, angrenzend die Kirche S. Maria della Salute, im Hintergrund die ehemalige Klosterkirche S. Maria della Carità, an deren Stelle sich heute die »Accademia«, Venedigs berühmte Gemäldesammlung, befindet. Jeder Besucher kennt diesen weiträumig-einladenden Aspekt des Canal Grande, der sich von hier aus in einer Länge von knapp 4 km bis zum heutigen Bahnhof »Stazione S. Lucia« (1954) und den modernen Parkhäusern der Piazzale Roma hinaufzieht.
Canalettos Gemälde entspricht etwa der baulichen Situation um 1750. Vergleicht man seine Darstellung mit dem heutigen Baubestand, so wird deutlich, wie viel uns noch vom historischen Fundus geblieben ist. Von den annähernd 350 Gebäuden entlang des Canal Grande stammen noch rund 70 aus gotischer Zeit (14./15. Jh.), erkennbar an ihren backsteinroten Fassaden, deren warme Tönung für das spätmittelalterliche Venedig charakteristisch war. Der Baubestand des 16., 17. und 18. Jh. (meist Fassaden in hellem Naturstein) ist uns in mehr als 130 Beispielen erhalten. So können wir den stilistischen Wandel der venezianischen

Canaletto, Canal Grande (Ausschnitt)

Palastfassade von der Spätgotik über die Früh- und Hochrenaissance bis zum Barock lückenlos verfolgen. Hinzu kommen noch einmal knapp 130 Fassaden, die dem 19. und 20. Jh. angehören. Dabei reicht die Skala von neugotischer Imitation bis zu moderner Sachlichkeit. Doch fügt sich das alles nahtlos, ja gelegentlich fast unbemerkt in den Gesamtzusammenhang ein; dieser ist durchaus intakt.

Zum Canal Grande: Er ist 3,8 km lang, zwischen 30 und 70 m breit und in der Fahrrinne etwa 5 m tief – nach Ursprung und Verlauf ein natürlicher Nebenarm des aus dem Gebirge kommenden Brentaflusses, der hier noch immer einen Teil seines Wassers in die Lagune ergießt, mit dem Vorteil, daß sich der ›Canal Grande‹ (als einziger Wasserarm Venedigs) selbständig reinigt und somit fortlaufend erneuert.

Zu den folgenden Seiten

Die Fülle des historischen Materials – etwa 210 Palastfassaden vom 12. bis zum 18. Jh. entlang des Canal Grande – zwingt zu einem Überblick nach Jahrhunderten. Hat man die grundlegenden Merkmale der venezianischen Fassade an Hand charakteristischer Beispiele erfaßt, so lassen sich die einzelnen Bauten relativ leicht als ›stilistische Varianten‹ bestimmter Grundtypen verstehen.

Die venezianische Palastfassade der Vorgotik *(12./13. Jh.)* **Nr. 1**

Pal. Farsetti (Rathaus): Unsere Abbildung zeigt in einem Fassadenausschnitt die beiden unteren Stockwerke des Palastes. Nur diese gehören dem 13. Jh. an. Wenn auch stark restauriert, so lassen sie doch die wichtigsten Merkmale der damals noch von Byzanz beeinflußten venezianischen Palastarchitektur erkennen. Die Bauten waren zweigeschossig und folgten in ihrer Gliederung dem Prinzip der Reihung – einer Reihung von Rundbogen über Säulen oder Säulchen, wie wir sie z.B. auf ravennatischen Mosaiken abgebildet sehen. Diesem Schema folgte auch der Dogenpalast in seiner frühesten Form. Eine gewisse Belebung zeigt beim Pal. Farsetti die untere Arkade: die mittlere Bogenöffnung ist dort am weitesten gefaßt und bildet zusammen mit je zwei seitlichen Bogenöffnungen eine Fünfergruppe. Dann erfolgt durch breitere Pfeiler eine Zäsur. Die beiden äußeren Arkaden erscheinen als selbständige Gruppen. In solcher Rhythmisierung kündigt sich schon die spätere (gotische) Palastfassade an, bei der die Mitte motivisch zusammengefaßt, die Seitenteile dagegen ›gedehnt‹ werden. Die gotische Fassade ist dann allerdings dreigeschossig und auch vertikal gegliedert. Davon kann hier noch nicht die Rede sein. Bei den Bauten des 12. und 13. Jh. ist noch die Horizontale beherrschend. Lediglich die hohen, ›gestelzten‹ Arkaden wirken wie eine Vorform des gotischen Systems.

Pal. Loredan (links neben Pal. Farsetti): Nur die beiden unteren Geschosse aus dem 13. Jh. Kräftigere Rhythmisierung, lebhaftere Ornamentik.

Fondaco dei Turchi (Rekonstruktion von 1880 aus altem Material): Ursprünglich Privatpalast, ab 1621 Kaufhof der Türken, heute Naturkundemuseum *(Mu-*

Pal. Farsetti (Ausschnitt)

seo di Storia Naturale). Im Detail anfechtbar, doch im ganzen wichtig, z.B. für unsere Vorstellung vom Aussehen des Dogenpalastes im 13. Jh.

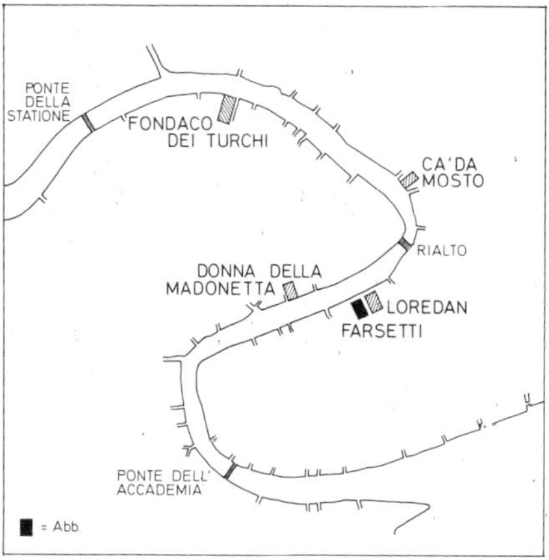

Vorgotische Paläste am Canal Grande

Ca' da Mosto: Die beiden unteren Geschosse 12. Jh. mit Veränderungen. Zu beobachten ist die beginnende Dreiteilung der Wand.

Pal. Donà della Madonetta: Loggia 13. Jh., vermutlich erst später in das dritte Stockwerk versetzt. Zu beachten: zwei veneto-byzantinische Kapitelle und kleine Reliefikonen über den Bogen der Loggia.

Die venezianische Palastfassade der Gotik *(14./15. Jh.)*

Die gotische Palastfassade ist in der Regel nicht mehr zwei-, sondern dreigeschossig. Auch ist die formale Abhängigkeit von Byzanz nunmehr überwunden. Die Fronten gliedern sich nicht mehr durch gleichmäßig über die ganze Fassade sich hinziehende Arkaden, sondern werden rhythmisiert, so daß ein deutlicher Wechsel zwischen der filigran betonten Mitte und den breiten geschlossenen Wandpartien der Seitenteile entsteht.

Die Fassadenmitte verselbständigt sich zur eigentlichen Schmuckzone mit betont repräsentativem Charakter, wobei die Dekoration bei generell ähnlichen Mustern doch von Haus zu Haus variiert.

Die Hervorhebung der Mitte entspricht vollkommen der inneren Disposition, denn hier liegt in allen drei Geschossen eine große Diele, der venezianische »Portego«, der in der vollen Breite dieses Mittelteils das Haus in seiner ganzen Tiefe durchzieht. Die Wohn- und Schlafräume liegen seitlich vom Portego, was sich im Fassadenganzen wiederum sehr schön als breite Wandpartien abzeichnet. Hier gehören jeweils zwei Fenster zu *einem* Raum, wobei die Wand zwischen den Fenstern den Kamin aufnimmt – ein Anordnungsschema, das sich in Venedig hundertfach wiederholt und die Fassaden typisierend prägt. Daß es sich jetzt um heizbare (!) Räume handelt, ist ebenso ein Zeichen des steigenden Wohlstandes wie die Dreistöckigkeit der Häuser, die zugleich auf eine größere Bodenausnützung in der allmählich eng gewordenen Stadt schließen läßt.

Vor europäischem Horizont betrachtet nimmt Venedig in dieser Zeit eine einmalige Sonderstellung ein. Während überall in Europa das Stadthaus einen wehrhaften Charakter behält und sich möglichst abzuschließen sucht, ist dies in Venedig gerade umgekehrt. Geschützt durch die Lagune, abgeschirmt durch eine starke Flotte und gesichert durch seine weiten Besitzungen kann es beim Stadthaus auf jeden Wehrgedanken verzichten, kann die Häuserfronten aufbrechen und sie transparent machen und sich sorglos der Freude an dekorativer Entfaltung (einem venezianischen Grundzug) hingeben.

Venedig ist zugleich die erste nachantike ›Großstadt‹ Europas. Hier gibt es nicht nur das Mietshaus, wo viele Parteien zusammenwohnen, sondern seit dem 15. Jh. auch eine Rationalisierung des Bauwesens, indem »Marmorteile für Fenster und Balken auf Vorrat und in genormten Maßen gearbeitet wurden« (Hubala).

Auch im Dekorativen gibt es einen übergeordneten, noch heute stark wirksamen Zusammenhang, der auf das berühmte Maßwerkornament des Dogenpalastes (1340/1400) zurückgeht, das sich aus Kielbogen und Vierpaß bildet. Man hat es in Venedig als vorbildlich empfunden, auf das Stadthaus übertragen und 150 Jahre lang in freier Abwandlung wiederholt. Das Ergebnis war eine baukünstlerisch harmonische Stadteinheit.

Ca' d'Oro

Gotische Paläste am Canal Grande

Ca'd'Oro (1421–1440): Venedigs schönste, ursprünglich vergoldete Palastfassade, ein Höhepunkt spätgotischer Dekoration. Nur die Mitte und der rechte Seitenteil vollendet (Mitarbeit von *Bart. Bon*).
Erste Anzeichen der Frührenaissance: mittlerer Rundbogen u. Rechteckrahmungen rechts. Inneres mit z.T. alter Einrichtung unbedingt sehenswert (Museum, S. 164).
Ca'Foscari (1452): Privatsitz des Dogen F. Foscari. Gegen die Regel 4stöckig.

Pal. Vendramin-Calergi (vor 1500–1509, *Mauro Coducci*): Die klassische Lösung der venezianischen *Frührenaissance*. Das gotische System (Zusammenziehung der Mitte, Dehnung der Seiten) wird in eine rationale Grundstruktur aus Rundbögen und Säulen umgesetzt, die horizontalen und vertikalen Bauglieder werden aufs engste verspannt. Sie treten nun *vor* die Wand und verleihen so dem Baukörper ein neuartiges Relief. Die Fensterform abgeleitet vom Palazzo Rucellai in Florenz (um 1450). – Am 13. 2. 1883 starb im Pal. Vendramin-Calergi *Richard Wagner*. (Von Mauro Coducci in Venedig u.a. die Kirchen S. Zaccaria, S. Giovanni Crisostomo, S. Maria Formosa und der Palast Corner-Spinelli am Canal Grande).

Pal. Corner, gen. Ca' Grande (1537 beg., *Jacopo Sansovino*): Die klassische Lösung der venezianischen *Hochrenaissance* (rund 30 Jahre später als der Pal. Vendramin-Calergi). Die Formen sind jetzt kräftiger und großteiliger (Doppelsäulen und steile Rundbogenfenster), die Fassade ist vertikalisiert und auf dem Kontrast zwischen dem rustizierten Sockelgeschoß und den oberen Wandteilen aufgebaut. Als Vorbilder wirken hier Michelangelo, Raffael und Bramante nach; der venezianischen Fassadenrhythmus geht dabei verloren. (Der Palast war ursprünglich vielleicht nur zweistöckig geplant gewesen).

Pal. Vendramin-Calergi

Pal. Corner, Ca'Grande

Renaissancepaläste am Canal Grande

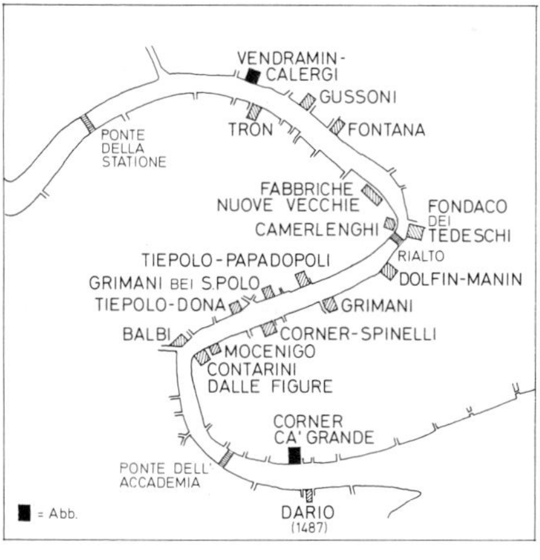

Pal. Dario (um 1487) von *Pietro Lombardo.* Einbruch der lombardischen Architektur der Frührenaissance in Venedig. Ornamentale Flächenkunst aus vielfarbigen Porphyrscheiben. Für Venedig »zu derb« und letztlich ein Fremdkörper.
Die von der Ornamentik her verwandte Frührenaissencekirche S. Maria dei Miracoli (Abb. S. 72), 1481–1489 von Pietro Lombardo, geht der Fassade des Pal. Dario zeitlich voraus.

Die venezianische Palastfassade der Barockzeit *(17./18. Jh.)*

Noch im 17. und 18. Jh. folgt der venezianische Palast in seiner inneren Disposition dem alten gotischen Schema, wonach die Mitte des Hauses durch den »Portego« eingenommen wird, an den sich seitlich die Schlaf- und Wohnräume anschließen.

Auch an der Fassade des Pal.Pesaro, der 1676 von *Baldassare Longhena* (1598–1682), dem Erbauer der »Salute«, begonnen wurde (das dritte Geschoß erst 1710 vollendet), erkennt man die traditionelle Dreiteilung noch an der Position der Doppelsäulen, die den Fassadenkörper unterschwellig rhythmisieren.

Blickt man zurück auf die von uns zitierten Beispiele aus Früh- und Hochrenaissance, so wird deutlich, wie die Säulen in der Abfolge der Stilphasen immer mehr an Gewicht gewinnen, um schließlich im Barock zu dominieren. Beim Pal.Vendramin-Calergi waren die Säulen noch ein Teil des Wandreliefs, beim Pal.Corner, Ca'Grande verselbständigen sie sich schon zu Säulenpaaren und treten gleichwertig neben die Fenster; beim Pal.Pesaro aber bilden sie eine eigene, vorderste Schicht, während die Fenster deutlich zurücktreten. Die Säule wird also von der Barockarchitektur wie eine Skulptur behandelt; sie wird freigestellt und optisch aktiviert, erhält einen hohen Sockel und beansprucht in Form der Verkröpfung sogar einen Teil des Gebälks.

In ähnlicher Weise wird auch das Sockelgeschoß plastisch akzentuiert. Kannte die Frührenaissance nur glatte Tafelwände, die Hochrenaissance den kräftigeren Steinschnitt, so sind es jetzt robuste, weit vorspringende Diamantquader, die dem Unterbau einen festungsartigen Charakter geben und einen harten Hell-Dunkel-Kontrast erzeugen. Auch die beiden großen Wassertore mit der dazwischen liegenden Brunnennische sind ein wuchtiges barockes Element, das die Mitte der Fassade betont und sie zugleich dehnt.

Das barocke Fassadenganze ist also von einer nicht zu übersehenden Schwere und Wucht, was sich bis ins Detail auswirkt, sich an Fensterrahmungen und Portalen bestätigt, noch mehr an der Bauplastik, die nun den Schritt vom Hochrelief zur vollplastischen, reich bewegten Körperlichkeit vollzieht. Bei aller Veränderung im Gesamtcharakter bewahrt aber auch dieser venezianische Barock das traditionelle Motiv der Säulenarkade, das seit dem 12. und 13. Jh. die Lagunenstadt durch alle Stilphasen hindurch geprägt hat.

Im Pal.Pesaro befindet sich heute die *Galleria d'Arte Moderna*, Italiens bedeutendste Sammlung moderner Kunst, sowie das *Museo d'Arte Orientale* (vgl. Museumsteil, S. 167). – Will man das Innere eines venezianischen Barockpalastes und zugleich die venezianische Wohnkultur des 18. Jh. kennenlernen, so vermittelt ein Besuch des *Pal.Rezzonico*, der als *Museo del Settecento Veneziano* eingerichtet ist, den schönsten und umfassendsten Eindruck (vgl. S. 165).

Pal. Pesaro

Barockpaläste am Canal Grande

Pal. Rezzonico (um 1660): von *Baldassare Longhena* begonnen, das 3. Stockwerk 1745 hinzugefügt. Geringere Rhythmisierung, die Ecken durch Doppelsäulen betont. Sockelgeschoß mit kräftiger Rustika, die auch die Pfeiler miteinschließt. Im Inneren sehenswerte Fresken von *G. B. Tiepolo*. Der Palast heute Museum der venezianischen Kunst des 18. Jh. (vgl. S. 165)

2 S. Nicolò da Tolentino

Daten: 1591–1601, errichtet von *Vincenzo Scamozzi* unter Verwendung von Plänen *Palladios* (Chorteile und Kuppelvierung). Infolge reduzierter Ausführung von nur geringer architektonischer Wirkung; die Fassade 18. Jh.

(a) *Bernardo Strozzi* (1581–1644): »Hl. Lorenz« (links vom Eingang). Der aus Genua gebürtige Strozzi – eine »dekorative Begabung« – galt um 1630 als führender Maler Venedigs. »Seine Kunst schlägt gleichsam eine Brücke zwischen den beiden Blütezeiten der venezianischen Malerei im 16. und 18. Jh.« (Heinz).

(b) *Johann Liss* (um 1597–1629/30): »Die Eingebung des Hl. Hieronymus« (links vom Chorbogen). Bedeutendes Spätwerk von weitreichender Wirkung. Liss, ein Deutscher aus Oldenburg, dessen Wahlheimat ab 1622 Venedig war (er starb hier an der Pest), zählt neben Adam Elsheimer (1578–1610) und Johann H. Schönfeld (1609–1682/83) zu den drei Großen der deutschen Tafelmalerei des 17. Jh. Sein Werk nimmt Elemente des Rokoko vorweg und beeinflußte Piazzetta, Tiepolo und Fragonard.

3 Scuola Grande dei Carmini

Sehenswert durch die Deckengemälde *Giovanni B. Tiepolos* (1696–1770). Das Gebäude (1668) liegt an der schmalsten Stelle des Campo S. Margherita, der Carmini-Kirche unmittelbar benachbart. Die Scuola gehörte unter den rund 35 Scuolen Venedigs zu den sechs ›großen‹, erlebte aber ihre Blütezeit erst im 17. und 18. Jh., was auch erklärt, warum man hier auf ein Werk Tiepolos stößt.

Erdgeschoßhalle: Monochrome Wandbilder von *Niccolò Bambini*, die die Mariengeschichte behandeln. Die zweiläufige *Treppenanlage* verwirklicht im kleinen Maßstab, was sonst nur fürstlichem Anspruch zukommt.

Obergeschoß: Die Deckengemälde von *Tiepolo*, ausgeführt 1739–1744, zeigen den Maler auf der Höhe seiner Kunst. Arbeiten in Udine, Mailand und Bergamo waren vorausgegangen; zehn Jahre später erfolgte die Ausmalung der Würzburger Residenz (1751–1753). In steiler Untersicht verbindet Tiepolo Figur, Architektur und Landschaft zur barocken Himmelsillusion. Das Hauptbild »Maria übergibt dem sel. Simon Stock das Skapulier« stellt ein Meisterwerk dar: die ›Bühne‹ ragt weit ins Bild hinein, die Handlung ist durch Hell-Dunkel-Kontraste dramatisiert, die Palette zugleich von delikater Farbabstufung. *Zum Bildinhalt:* Simon Stock war General des Karmeliterordens, gest. 1265 in Bordeaux. Das ›Skapulier‹ ist Teil der Mönchstracht: ein körperbreiter Tuchstreifen mit Kopfschlitz, der über Brust und Rücken getragen wird, entstanden aus dem ärmellosen Arbeitsrock der Mönche. Bei den religiösen Bruderschaften (so hier) verkürzt sich die Form zu zwei kleinen Tuchflecken mit religiösen Darstellungen, die an einem Band getragen werden.

Von großer Schönheit sind auch die Gemälde in den Eckfeldern, die die vier Kardinaltugenden (Klugheit, Mäßigkeit, Tapferkeit, Gerechtigkeit) darstellen, sowie die vier Bilder mit Engeln und Wundertaten des Simon Stock.
Im Vergleich mit der Scuola Grande di S. Rocco (S. 35ff.) wirken die Räumlichkeiten der Carmini bescheiden. Doch sind auch sie vollständig ausgemalt, u.a. mit Wandbildern von *Antonio Zanchi* (Marienwunder) und *G. Lazzarini* (Leben Jesu), 1704. Auch Tiepolos venezianisches Vorbild, der um 14 Jahre ältere *Giovanni B. Piazzetta* (1682–1754), ist durch ein gutes Werk vertreten: »Judith und Holofernes« (im Durchgang zwischen den beiden rückwärtigen Sälen).

1286 begonnen, 1348 geweiht, seit dem 16. Jh. vielfach verändert. Das Innere von großen Ausmaßen, mit Marmorsäulen und Rundbögen, doch düster und unfroh. Schöne Sakristei (Zugang: vor dem Chor nach rechts).

Gemälde

(a) Zweiter Wandaltar rechts: »Anbetung der Hirten« (1504) von *Cima da Conegliano* (um 1460–1517/18), einem Maler »tiefsten ländlichen Friedens« (Longhi), der, beeinflußt von Giovanni Bellini, sich hier der Kunst Giorgiones nähert.

(b) Linkes Seitenschiff, Nähe Ausgang: »Hl. Nikolaus und Heilige« (um 1523) von *Lorenzo Lotto* (um 1480–1556), ein schönes, in Farbe und Landschaft qualitätvolles Bild. Lotto, ein Bewunderer Dürers, von melancholischer Natur und erfüllt von geistiger Unruhe, konnte sich in seiner Vaterstadt Venedig neben Tizian nicht durchsetzen. 1549 verließ er Venedig.

4 S. Sebastiano

Daten: Die Kirche zwischen 1505 und 1546 in Renaissanceformen errichtet, ein schlichter Saalbau mit dreiseitig umlaufender Nonnenempore und dreigeteiltem Chor; die mittlere Chorkapelle überkuppelt. Von großer kunstgeschichtlicher Bedeutung sind die Deckengestaltungen in der Sakristei (1553) sowie im Langhaus (1555/56) mit ihrer berühmten Ausmalung durch *Paolo Veronese* (1528–1588).

Die Sakristei (1553)

Zugang unter der Orgel. – Der niedrige Raum erlaubt eine vorzügliche Betrachtung der Gemälde (bei Münzeinwurf elektrische Beleuchtung). Es handelt sich um das früheste erhaltene Beispiel einer venezianischen Deckenmalerei innerhalb eines Systems breiter Goldrahmen. – Der Gedanke, auch die Decke zum Bildträger zu machen, wurde in Venedig erst gegen 1535 aufgegriffen, rund 25 Jahre nach der Ausmalung der Sixtinischen Kapelle in Rom durch Michelangelo (1508–1512). Die frühesten venezianischen Beispiele solcher Deckenmalerei, nämlich die von *Pordenone* im Dogenpalast (1535/38) und von *Vasari* im Palazzo Corner-Spinelli (1542), gingen verloren. Um so wertvoller ist für uns die erhaltene Sakristeidecke von S. Sebastiano, deren Schema sich eng an das Vorbild Vasaris (Rekonstruktion durch Schulz) anlehnt. Das in der Sakristei gefundene System erfährt dann im Langhaus eine sehr viel großzügigere Entfaltung und wirkt von dort aus unmittelbar auf *Tintoretto* und dessen Deckengestaltung in der Scuola Grande di S. Rocco (ab 1564) ein.

Die *Themen der Deckenbilder:* »Marienkrönung« (Mitte) und die »Vier Evangelisten« (Schmalseiten). Die langgestreckten Bildformate außerordentlich schwierig, aber sehr geschickt genützt.

Die Decke im Langhaus von S. Sebastiano (1555/56)

Nachdem sich Veronese mit der Ausmalung der Sakristei von S. Sebastiano seinen venezianischen Auftraggebern empfohlen hatte, konnte sich seine Kunst im Langhaus dieser Kirche zum ersten Mal voll entfalten. Schon die Thematik der Bilder – »Esther wird vor Ahasver geführt«, »Esther wird gekrönt« und »Mardochai triumphiert« – mußte seiner Neigung zur effektvoll-pompösen Gestaltung entgegenkommen.

Die Themen sind dem Alten Testament entnommen. *Ahasver* ist der biblische Name für König Xerxes von Persien (486–465 v.Chr.), Herrscher über das altpersische Reich. Ahasver soll 127 Provinzen regiert haben – so berichtet die Bibel, die uns gleichzeitig ein Bild vermittelt von den glänzenden Festen in der Hauptstadt Susa, »wo Ahasver den Reichtum seiner königlichen Herrlichkeit und die glanzvolle Pracht seiner Majestät« öffentlich zur Schau stellte. Da habe es weiße und purpurfarbene Vorhänge gegeben, die mit silbernen Ringen an Marmorsäulen befestigt waren, schwere Polster und golddurchwirktes Seidenzeug, Perlmutt, Alabaster und Gefäße aller Art – eine Schilderung, von der sich Veronese angesprochen fühlen mußte, da seine Schauplätze fast immer idealisierte Architekturen mit festlich gekleideten Menschen zeigen.

Auch die Geschichte selbst hat ihren Reiz: König Ahasver wählt aus den schönsten Töchtern seines Reiches die junge Esther zur Frau, ohne von ihrer jüdischen Herkunft zu wissen. Zur Königin erhoben kann Esther einen gegen die Juden gerichteten Gewaltakt (nach der Bibel sogar ihre geplante Ausrottung) verhindern. Gleichzeitig gewinnt Mardochai, der Pflegevater Esthers (ein im Zuge der ›babylonischen Gefangenschaft‹ von Jerusalem nach Susa Verschleppter), das Vertrauen des Königs und erhält bedeutenden Einfluß am Hof.

Veronese erzählt diese Geschichte in drei großen Mittelbildern von teils rechteckiger, teils ovaler Form, eingefaßt von schmalen, umlaufenden Feldern, die untereinander und mit den Hauptbildern durch Stege verbunden sind. Mit diesem System beginnt sich zugleich das Muster der antiken Kassettendecke aufzulösen, und es entstehen freiere Formen, die der Deckenrahmung zunehmend einen dynamischen Eigencharakter verleihen. Es kommt zu einer spezifisch venezianischen Deckenform. Zwanzig Jahre später, bei Tintoretto, in der Scuola Grande di S. Rocco (Abb. S. 38) schließen sich diese Rahmenformen noch sehr viel enger zusammen und geben der Decke eine betont plastische Struktur (1577), ähnlich den Decken im Dogenpalast (vor allem in der Sala del Senato).

In den Bildern selbst entfaltet Veronese schon die ganze pathetische Pracht seines künftigen Schaffens. In der Nachfolge Tizians wird er mit seinen 29 Jahren zu einem Verherrlicher venezianischer Lebensfreude und so zum eigentlichen Gegenpol seines Zeitgenossen, dem 10 Jahre älteren, sehr viel ernster veranlagten Tintoretto.

S. Sebastiano, Deckenausschnitt

Zum Stil: Veronese schildert das Geschehen in steiler Untersicht, läßt seinen Figuren viel Handlungsspielraum, beruhigt aber den Bildaufbau durch einzelne, groß gesehene Architekturteile und taucht das Ganze in eine leuchtende, doch milde Farbigkeit. Am schönsten wohl der »Triumph Mardochais«: Auf die Frage, »was kann man einem Mann tun, den der König auszuzeichnen wünscht?« antwortete man in Susa: »man bringe ein Gewand herbei, das schon der König getragen hat und ein Pferd, das schon vom König geritten wurde; man übergebe dann das Gewand und das Pferd einem der vornehmsten Fürsten des Königs, damit man den Mann damit bekleide und ihn über den Hauptplatz der Stadt reiten lasse und dabei vor ihm her ausrufe: So tut man einem Mann, den der König auszuzeichnen wünscht«. Das ist der Bildsinn, an den sich Veronese genau hält, z. B. durch die beiden Pferde: rechts der Schimmel des Fürsten (mit Krone und Zepter), links das Pferd mit Mardochai (man erkennt das sich im Wind aufblähende Gewand). Der Fahnenträger (rechts) übernimmt die Rolle des Herolds; den Hauptplatz der Stadt deutet die Architektur an.

Ausstattung: Wandmalereien (1556) von *Paolo Veronese* und seinem Bruder *Benedetto* nach Vorbildern aus Fontainebleau (Propheten, Sibyllen, Fruchtgirlanden, vorgetäuschte Bronzereliefs). Statuen (1582) von *Girolamo Campagna.* Orgel (1558/59) nach Entwurf *Veroneses*; die Außenflügel von ihm bemalt. Das *Grab Veroneses* unterhalb der Orgel; seine Büste rechts davon. Hochaltar mit Spätwerk *Veroneses* »Thronende Muttergottes mit den Heiligen Sebastian, Petrus, Katharina, Franziskus«. Die seitlichen Wandgemälde im Chor aus der Werkstatt Veroneses.

5 S. Trovaso

Die Kirche nach 1590 in beachtlichen Dimensionen errichtet, jedoch nicht nach Plänen Palladios. Inneres: tonnengewölbtes Lang- und Querhaus.

*Gemälde von Jacopo Tintoretto (*1518–1594*)*

Im linken Querschiff befindet sich das »Abendmahl« (1555/1566 ?) von Tintoretto, ein qualitätvolles Werk des Meisters und seine zweite Fassung dieses Themas, wohl nicht unbeeinflußt von Tizians Abendmahl in Urbino (1542/1544). Tintoretto vollzieht die Umsetzung ins Breitformat, steigert die Dramatik des Augenblicks und wirkt volkstümlicher als Tizian. Von Tintoretto ferner die »Versuchung des Hl. Antonius« in der linken Chorkapelle. Die großen Wandgemälde »Anbetung der Könige« und »Joachim wird aus dem Tempel verwiesen« müssen als Werkstattbilder Tintorettos angesehen werden.

Die Schiffswerften im Gebiet um S. Trovaso Nr. 5

Gleich zu Anfang des Rio di S. Trovaso befindet sich noch eine der alten Schiffswerften *(squeri)*, die heute weniger mit Neubauten von Gondeln als vielmehr mit deren Reinigung und Instandsetzung beschäftigt sind. Jede Gondel muß etwa alle vier Wochen für knapp einen Tag aus dem Wasser, um von Algen und Muscheln befreit zu werden. Vom *Fondamenta Nani* aus kann man den Vorgang beobachten.

Zur venezianischen Gondel: Sie ist in ihrer heutigen Form 10,15 m lang, 1,40 m breit und wiegt rund 700 kg. Die rechte Seite ist um 24 cm kürzer als die linke. Diese Asymmetrie erleichtert ihre Steuerung. Entscheidend ist die sog. *forcola*, eine Spezialdolle, zwischen 52 cm und 59 cm hoch, die dem Gondoliere erlaubt, sein Ruder in acht verschiedenen Positionen anzusetzen (das Holz kommt noch heute aus Jugoslawien). Venedig soll in seinen Glanzzeiten an die 10000 Gondeln gehabt haben; heute dürften es noch rund 400 sein. Der einheitlich schwarze Farbanstrich geht auf eine Verordnung von 1562 zurück.

Gesuati *(S. Maria del Rosario)* **Nr. 5**

Im 15. Jh. Sitz einer Ordensgemeinschaft ›Gesuati‹; nach deren Auflösung Niederlassung der Dominikaner. Die heutige Kirche 1726–1736, *(Giorgio Massari)*: ein Saalbau mit Seitenkapellen, die Fassade an Palladio orientiert.

Deckenfresken (1737–1739) von *G.B. Tiepolo*, die denen in der Scuola Grande dei Carmini (1739–1744) unmittelbar vorausgehen: »Aufnahme des Hl. Dominikus in den Himmel«, »Einsetzung des Rosenkranzes durch Maria« und »Segnung eines Dominikaners«. *Altarbilder*, rechte Seite: 1. Altar: *Tiepolo* »Muttergottes mit Dominikanerinnen« (um 1740). 2. Altar: *Piazzetta* »Hl. Dominikus« (um 1743). 3. Altar: »Dominikaner«. Linke Seite: 1. Altar: *Sebastiano Ricci* »Papst Pius V. und Heilige« (um 1732–1734). 3. Altar: *Tintoretto* »Kreuzigung«.

»Accademia« *(Gallerie dell'Accademia)* **Nr. 5**

Venedigs bedeutendste Gemäldesammlung (vgl. Museumsteil, S. 150 ff.). Die Baulichkeiten setzen sich zusammen aus (a) der ehemaligen Klosterkirche *S. Maria della Carità*, einem spätgotischen Backsteinbau aus der Zeit nach 1441; (b) der ehemaligen *Scuola Grande della Carità* (Museumseingang): Barockfassade 1756, die Reliefs nach 1800; (c) dem *Konvent der Lateranensischen Kanoniker*, in seiner heutigen Form eine Umgestaltung durch *Andrea Palladio* (1560 ff.), infolge eines Brandes von 1630 aber nur teilweise erhalten.

Ponte dell'Accademia (1854): Über Campo S. Stefano kürzester Weg zum Rialto.

6 **S. Pantalon** *(S. Pantaleone)*

Die heutige Kirche zwischen 1668 und 1680/86 errichtet. Das Innere venezianisch-konservativ: ein einfacher, rechteckiger Saal mit seitlichen Kapellen.

Spätbarocke Deckenmalerei, um 1680/1700 von *G. Antonio Fumiani* (1643–1700). 1970–1974 restauriert. Eine Parallele zu dem berühmten Fresko von Andrea Pozzo in Rom (1685, S. Ignatio), doch ohne die schöne Weiträumigkeit des römischen Bildes. *Die Themen:* In Bildmitte die Aufnahme des Titelheiligen in den Himmel; an den Bildrändern Einzelszenen aus seinem Leben; auf der Chorseite der Sieg der Tugenden über Laster und Häresie.

Ein Hauptwerk der venezianischen Malerei des 15. Jh. befindet sich in einer verschlossenen Kapelle links vom Chor (Öffnung durch den Sakristan). Man zeigt dort u.a. eine Nagelreliquie vom Kreuz Christi. An der rechten Wand die »Marienkrönung« (1444) von *Giovanni d'Alemagna* und *Antonio Vivarini* mit einer Fülle eng gereihter Figuren, noch byzantinisch beeinflußt.

7 **Scuola Grande di S. Giovanni Evangelista**

Die Scuola zählte zu den sechs ›großen‹ der Stadt, begründet 1261. Ehemals ausgestattet mit einem Bilderzyklus »Wunder der Kreuzreliquie« (1494–1501) von Gentile Bellini, Vittore Carpaccio u.a., heute in der Accademia, Raum 20. *Sehenswert die Treppenanlage der Scuola* (vor 1490): Zwei tonnengewölbte Aufgänge vereinigen sich auf einem überkuppelten Podest (von *Mauro Coducci* 1487 in der Scuola Grande di S. Marco wiederholt).

Die Scuola ist derzeit Sitz des »*Venice Committee*« – *International Fund for Monuments, Inc.* (Anschrift S. 171): Zentralstelle für Planung und Durchführung international finanzierter Maßnahmen zur Rettung Venedigs.

Scuola di
S. Rocco
Frari-
kirche
Staats-
archiv

8 Scuola Grande di S. Rocco *(Frarikirche siehe Seite 50ff.)*

Kurzinformation: Einzige in ihrer Ausstattung noch vollständig erhaltene venezianische Scuola. Weltberühmt durch die Gemäldezyklen *Tintorettos* aus den Jahren 1564 bis 1588 mit mehr als 60 Leinwandbildern.

Zugang: Canal Grande, Station S. Tomà-Frari. Von dort 5 Minuten zu Fuß, den Beschilderungen *Scuola Grande di S. Rocco* oder *S. Maria Gloriosa dei Frari* folgend. – *Geöffnet* täglich 9–13 Uhr, sonntags freier Eintritt.

Daten: 1478 Gründung der Scuola zum Zwecke der Krankenpflege (Patrozinium: S. Rocco als Pestheiliger). Ab 1515 Errichtung der Herberge (rechter Teil), vollendet 1535. Saalbau (linker Teil) 1535–1560. Gesamtbauzeit somit fast ein halbes Jahrhundert. Erst danach die Ausmalung durch Tintoretto, die sich nochmals über 24 Jahre erstreckte (Kirche S. Rocco siehe S. 49).

Abfolge der Gemälde Tintorettos: (a) 1564–1567: Obergeschoß, Saal der Herberge (Sala dell'Albergo). (b) 1577–1581: Obergeschoß, Großer Saal. (c) 1556 und 1581–1588: Erdgeschoßhalle.

Die Fassade **Nr. 8**

Aus der Verwendung wertvoller Marmorsorten, der handwerklichen Sorgfalt wie überhaupt aus Größe, Aufwand und Formgebung spricht ein für Venedig typisches Verlangen nach Repräsentation. Man denkt an einen Palast, weniger an eine karitative Einrichtung.

Die Fassade ist abhängig von den Bauten Mauro Coduccis (vgl. Pal. Vendramin-Calergi, Abb. S. 24), vor allem auch durch die Erdgeschoßfenster, bei denen ein größerer Rundbogen zwei kleinere sowie ein Kreisfenster umschließt (das Motiv erstmals in Florenz, Pal. Rucellai, um 1450). Doch setzt man jetzt kräftigere Akzente als in der Frührenaissance: die Portale erhalten mehr Eigengewicht, das Obergeschoß kontrastiert durch gedehnte Fenstergruppen und Giebel, die Säulen treten frei vor die Wand, das Gebälk ist verkröpft (es springt stellenweise vor), und so entstehen vertikale, die Fassade in voller Höhe durchlaufende Bahnen – alles Momente, die auf den Barock vorausweisen. Manieristisch sind die Details, die nun ein gewisses Eigenleben beanspruchen: Sockelpartie, Kapitelle, Zwischenfelder, Ornamentstreifen, Farbwechsel. Typisch auch, daß nun die Säulenschäfte entgegen aller klassischen Regel durch Blattwerk und Dornenzweige eine ›symbolische‹ Bedeutung erhalten.

Die Fassade der im rechten Winkel zur Scuola stehenden Kirche S. Rocco stammt aus dem 18. Jh. (1765–1777). Sie wurde zugunsten einer einheitlichen Platzwirkung der Scuola di S. Rocco formal angepaßt.

Die große Halle im Erdgeschoß der Scuola **Nr. 8**

Wie an der Außenfassade, so läßt sich auch hier die ›manieristische‹ Stilstufe besonders an den Säulen ablesen, die als Träger der Balkendecke den Raum dreifach unterteilen. Es sind facettenreiche Gebilde, die sich nicht mehr mit der schlichten klassischen Form begnügen, sondern besondere ›Effekte‹ anstreben: hohe polygonale Sockel mit verschiedenfarbigen Marmoreinlagen; Formwechsel auch von Säulenbasen; die Säulenschäfte teilweise spiralig gedreht und geschmückt durch Ornamentbänder mit Masken und Blumenranken; in den senkrechten Rillen (Kanneluren) zum Teil die sog. ›Pfeifen‹ eingestellt. Das erste Säulenpaar besonders reich geformt; das zweite eher ›klassisch‹; das dritte wieder stärker ›manieristisch‹ usw. *Altarstatue* »Hl. Rochus« (1613/14) von *Girolamo Campagna*, barock.

Der Gemäldezyklus im Erdgeschoß der Scuola *(1564 und 1581–1588)* **Nr. 8**

Acht große Leinwandbilder von *Jacopo Tintoretto* (1518–1594) behandeln Themen aus dem Marienleben. Das Leben Jesu sowie Themen aus dem Alten Testament sind in den Sälen des Obergeschosses dargestellt.

»Die Verkündigung«

Schon dieses erste Bild läßt uns die bildschöpferische Kraft Tintorettos erkennen. Der traditionelle Dialog zwischen dem Engel und Maria steigert sich hier in ebenso märchenhafter wie dramatischer Weise zu einem stürmischen Einbrechen der Engelschar in das marianische Gemach. Dieser Einbruch des Überirdischen ist ein Hauptthema in Tintorettos bildnerischem Schaffen, wobei er sich einer neuen Art von Lichtmalerei bedient, die gerade in den Bildern der Scuola di S. Rocco einen breiten Niederschlag gefunden hat. Ganze Bildteile treten nun ins Dunkel und werden gewissermaßen bedeutungslos, während umgekehrt das Licht den dargestellten Vorgang interpretiert. Das ist kein Realismus mehr, das ist mystische, auf das Wunderbare und Geheimnisvolle gerichtete Religiosität – eine Auffassung, die von der Kunst der Gegenreformation, zu der Tintoretto selbst schon gehört, bejaht und weiterentwickelt wurde.

»Die Anbetung der Weisen«

Maria und das Jesuskind sind für uns nur erkennbar, weil sie, vom göttlichen Licht umstrahlt, wie aus sich selbst heraus leuchten. Licht fällt aber auch auf die beiden Könige, die anbetend, in kniender Haltung, vor dem Gotteswunder verharren und so an ihm teilhaben. Dagegen spielt die Örtlichkeit nur eine untergeordnete Rolle. Die heiligen Gestalten sind lediglich so erhöht, daß der Betrachter zu ihnen aufblicken muß. Wichtig ist hingegen die Bilddiagonale, mit deren Hilfe Tintoretto einen neuen Aspekt verwirklicht: er zeigt uns den Vorgang unmittelbar so, wie ihn Maria erlebt. Denn wie Maria, so sehen auch wir die Könige unmittelbar vor uns – ein Versuch, den Betrachter ganz nahe an das Geschehen heranzuführen.

»Ruhe auf der Flucht«

Wieder sind wir den heiligen Gestalten ganz nahe. Zusammen mit Josef blicken wir nach rechts in die Landschaft. Links hat das Elternpaar auf abgelegenem Pfad einen geschützten Platz gefunden – eine Szene zwischen Bewegung (Josefs kräftiger Schritt) und Ruhe (Stilleben im Vordergrund). Wanderstab und Reisesack sind vom Künstler so arrangiert, daß sie die Zweiteilung des Bildes unterstützen; der rechte Teil wirkt wie ein selbständiges Landschaftsbild, ein Vorläufer der im 17. Jh. so beliebten ›Nachtstücke‹ (vgl. Adam Elsheimer, 1578–1610). Von schönster Erfindung die Gestalt der Maria. Über Giovanni Bellini hinausgehend findet hier Tintoretto zu einer wirklichkeitsnahen, natürlichen Darstellung, bewahrt aber das Sakrale durch die Lichtführung.

»Bethlehemitischer Kindermord«

Ein dramatisches Bild und zugleich eine Auseinandersetzung Tintorettos mit Michelangelo, Raffael und Tizian. Das Bild ist daher voll von ›Zitaten‹ (Hubala), doch schmälert das nicht seine Originalität. Hervorzuheben ist, daß Tintoretto das Grausame des Vorgangs bewußt zurückdrängt. Das entsetzliche Geschehen spielt sich zwar greifbar nahe vor unseren Augen ab, aber die Einzelheiten des Mordens bleiben im Dunkel verhüllt. Um so packender ist die Gesamtwirkung des Bildes, das von einer einzigen, strudelnden Bewegung erfüllt ist, wobei die Bildmitte fast leer bleibt. Lediglich im Halbschatten trifft der Blick auf eine am Boden kauernde Frau mit einem getöteten Kind.

Verfolgt man den Bildaufbau im einzelnen, so erkennt man eine klare Abfolge des Geschehens: am rechten Bildrand verkörpert eine Säule den Palast des Herodes, von dem der Befehl zum Töten der Kinder ausging. Eine martialische Gestalt mit gezogenem Schwert wirkt hier in Haltung und Blick wie ein unheilvolles Symbol drohender Vernichtung. In panischer Angst versuchen die Frauen ihre Kinder zu retten. Der Fluchtweg verläuft nach links, von einem breiten Lichtstrahl in eine unheimliche Helligkeit getaucht. Nur wenigen gelingt es, die hohe Mauer zu übersteigen. Ihre Flucht setzt sich in einer zweiten Bildschicht fort: aus einem Gebäude stürzend, werfen sich die Frauen in einen Kanal, in der Hoffnung, das rettende Ufer außerhalb der Stadt zu erreichen.

»Maria Magdalena« – »Maria Ägyptiaca« (1583/87)

Die beiden hochformatigen Gemälde stehen in der Tradition der sog. Einsiedlerlandschaften, deren Beliebtheit in der 2. Hälfte des 16. Jh. als Ausdruck einer Sehnsucht nach ländlicher Abgeschiedenheit verstanden werden muß. Für Tintoretto waren es Alterswerke, in denen er bei einem Minimum an Farben zu einer sehr persönlich getönten Vision der Weltentrücktheit findet – angeregt vielleicht durch Albrecht Altdorfer (um 1480–1538) und die sog. Donauschule. Es sind melancholisch-ernste Bilder: inmitten einer unendlichen Natur wirkt hier der Mensch wie verloren, und das Weltsein wird zur Frage.

»Beschneidung Jesu« – »Himmelfahrt Mariä«

Noch einmal wird die Variationsbreite von Tintorettos Malkunst deutlich. Das erste Bild ist festlich gestimmt und erinnert in seinem stofflichen Reichtum an Veronese. Der Vorhang ist zurückgezogen, der Blick auf die intime Szene freigegeben. Doch nicht Maria, sondern allein der Hohepriester und das Jesuskind stehen im Mittelpunkt. Tintoretto stellt sie einander wie zwei Pole eindringlich gegenüber: den kirchlichen Würdenträger und den als Mensch geborenen Gottessohn. – Das letzte Bild (durch Restaurierung beeinträchtigt) bewältigt die Schwierigkeit, das Thema der Himmelfahrt im Breitformat abzuhandeln.

Der große Saal im Obergeschoß **Nr. 8**

Von vielen Besuchern wird dieser Raum höher eingeschätzt als die gleichzeitigen Riesensäle des Dogenpalastes. Er gehört zweifellos zu den großartigsten Innenraumschöpfungen Italiens. Was venezianische Dekorationskunst zu leisten vermag, erfährt man nirgendwo überzeugender als hier. Eindrucksvoll ist schon der Zugang über die tonnengewölbte, von Portalen eingefaßte Treppe – ein Auftakt, der demjenigen im Dogenpalast (Scala d'Oro) an repräsentativer Würde kaum nachsteht. Das Prunkstück des Saales ist die kostbare, von vergoldetem Rahmenwerk überzogene Decke.

Scuola Grande di S.Rocco, Saal im Obergeschoß

Die Gemälde im Treppenhaus (1666/1673) berichten von der Pest in Venedig; sie bleiben jedoch qualitativ hinter den Bildern Tintorettos weit zurück. Links sieht man die Kirche S. Maria della Salute abgebildet, die damals noch nicht gebaut, aber als Dank für die Errettung von der Pest gelobt worden war.

Zur kunstgeschichtlichen Stellung der Decke: Michelangelos Deckenmalerei in der Sixtinischen Kapelle des Vatikan (1508–1512) entstand rund 70 Jahre früher. Venedig hat den Gedanken, auch die Decke zum Bildträger zu machen, erst um 1535 aufgegriffen: *Pordenone* im Dogenpalast (1535/38) und *Vasari* im Palazzo Corner-Spinelli (1542) – beide Beispiele verloren. Dann folgt *Veroneses* Sakristei von S. Sebastiano (1553) und die berühmte Decke (Abb. S. 31) im dortigen Langhaus (1555/56), Werke, an die Tintoretto unmittelbar anknüpft.

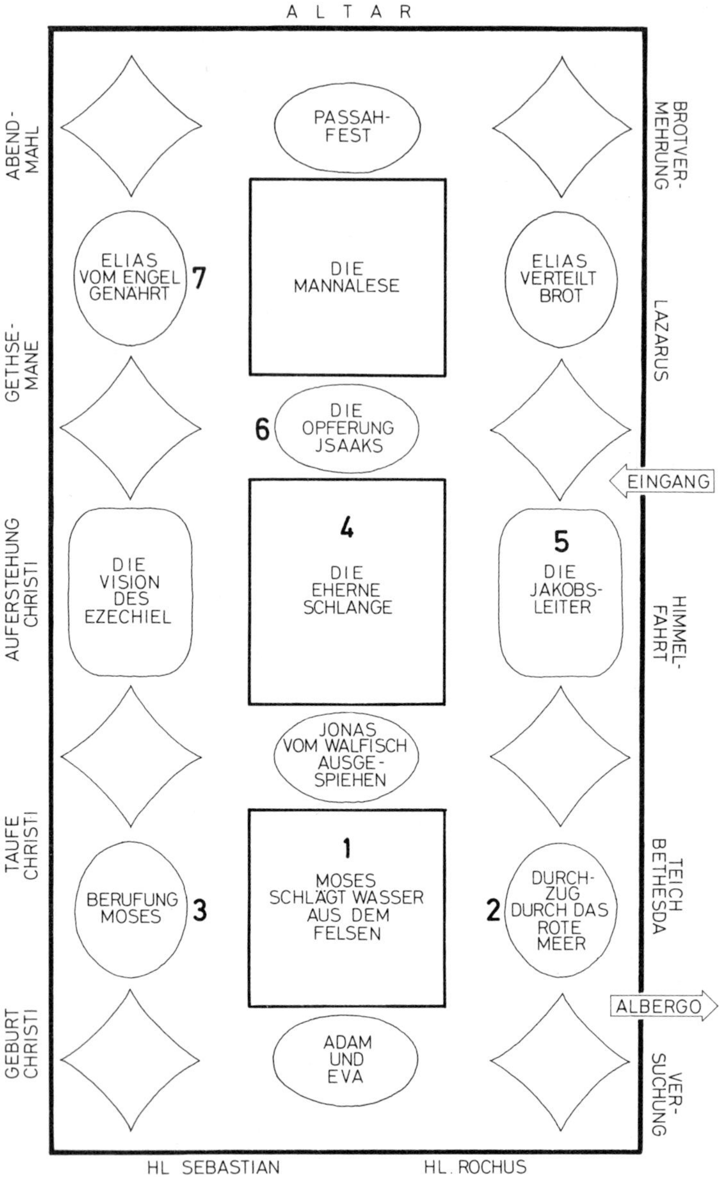

Die Anordnung der Deckengemälde im großen Saal des Obergeschosses

Tintoretto, der selbst Mitglied der Scuola war, hatte zugesagt, jeweils drei Gemälde pro Jahr fertigzustellen. Zusammen sind es 21 Bilder. Sie behandeln Themen des Alten Testaments und sind eingelassen in ein kompliziertes System prunkvoller Goldrahmen von wechselnder Form und Größe (je größer das Bild, desto kräftiger seine Rahmung). Die Schwierigkeit lag in der Anpassung der traditionellen Bildthemen an die wechselnden Formate sowie in der Forderung nach guter Lesbarkeit für die Ansicht von unten. Stilgeschichtlich stehen wir am Anfang einer perspektivisch auf den Betrachter bezogenen Deckenmalerei (steile Untersichten), für die gerade Tintoretto Entscheidendes geleistet hat, nicht zuletzt im Hinblick auf die spätere Barockmalerei.

Wir nennen an Hand unseres Schemas einige Besonderheiten der Bilder: (1) Tintoretto deutet das alttestamentliche Ereignis heilsgeschichtlich: er gibt Moses die Gestalt Christi und zeigt uns mit Gottvater die ursächliche, das Wasserwunder bewirkende Lebenskraft. Die Gläubigen, die diese Kraft suchen, sind keine schwächlichen Figuren, sondern leidenschaftlich bewegte Gestalten. (2) Tintoretto reduziert das Thema auf die Gestalt Moses, den er als die überragende Gestalt Israels geisterfüllt, in beschwörender Geste, vor uns hinstellt. (3) Schon im Augenblick seiner Berufung ist Moses der einsame Mensch, der sich vor der Gewalt der göttlichen Anrede betroffen abwendet. (4) Diese hochdramatische Komposition geht in ihrer Dynamik noch über Michelangelo hinaus; sie verweist auf Rubens. Weder bei Tizian noch bei Veronese wäre ein solches Bild denkbar. Eine stürzende Diagonale versinnbildlicht den Untergang der vom Schlangenbiß Getöteten. In der Gegenbewegung erscheint Moses um so eindrucksvoller als Retter. Über beiden aber schwebt mit visionärer Kraft die von Engeln umschlossene Gotteswolke. (5) Tintoretto ersetzt die Himmelsleiter durch das venezianische Lieblingsmotiv der Treppe. In steiler Untersicht ragt sie in den Himmel hinein – eine Lichtvision. (6) Ein schöner Bildgedanke, wie Abraham den Arm auf die Schulter seines Sohnes legt, in der Gewißheit, daß Gott kein sinnloses Opfer von ihm verlangen wird. (7) Nach dem biblischen Bericht verleiht der Engel dem Elias übernatürliche Kräfte, so daß dieser 40 Tage und 40 Nächte hindurch seinen Weg zum Berg Horeb fortsetzen kann ohne auszuruhen. Tintoretto zeigt uns Elias als eine Gestalt von kräftigem Wuchs, jedoch schlafend, während der Engel mit großer Macht fast senkrecht vom Himmel herabstürzt, Elias aber nicht berührt. Diese Auffassung vom Übernatürlichen hatte Tintoretto schon in seinem berühmten »Markuswunder« von 1548 (Abb. S. 157) gestaltet und damit ein Leitmotiv geschaffen, das nicht nur in seinen eigenen Bildern häufig wiederkehrt, sondern vor allem in der Barockmalerei eine breite Nachfolge gefunden hat. Im Dogenpalast übernimmt es Veronese für einen die Venezia krönenden Genius.

Zeitlich parallel zur Ausmalung der Decke. In einem Zyklus von zehn großformatigen Leinwandbildern behandelt Tintoretto das Leben Christi. Die Thematik ist für eine Scuola unüblich. Man war in Venedig gewohnt, die Wände der Scuolen mit der Geschichte des Titelheiligen zu schmücken, hier also mit der des Hl. Rochus. Wenn Tintoretto davon abweichen konnte, so vielleicht deshalb, weil er schon vorher in der benachbarten Kirche S. Rocco Szenen aus dem Leben des Heiligen gemalt hatte. Tintorettos Darstellungen sind von hoher malerischer Qualität und geprägt von einer ganz persönlichen Auffassung der Geschehnisse, die fast immer von den überlieferten Bildtypen abweicht. In enger Anlehnung an den biblischen Text, den er mit Hilfe seiner Lichtmalerei einfühlend und kraftvoll interpretiert, gelingt ihm, schon jenseits der Hochrenaissance stehend, eine neue Wahrheit des religiösen Bildes.

»Die Geburt Christi«

Zwei sonst getrennte Bildthemen, die »Geburt Christi« (oben) und die »Anbetung der Hirten« (unten) sind hier kompositionell zu einem Doppelbild zusammengefaßt. Die Grundstimmung ist eher volkstümlich, die Einzelbeobachtung jedoch von tiefer menschlicher Wahrheit. Tintoretto führt uns wieder ganz nahe an das Geschehen heran und überrascht durch eine psychologisch reiche Skala in der Darstellung seiner Figuren. Rechts sind es die schon ergrauten Männer, die in schlichter Anbetung vor dem Gotteswunder verharren. Auf der linken Seite beobachten wir, wie sich die Jüngeren unbefangener geben, sich theatralisch in Positur werfen und ihre Gaben hinaufreichen. Diese Gegenüberstellung wiederholt sich noch einmal in der oberen Bildhälfte, wo die eine der Frauen in stiller Versunkenheit das Kind anbetet, während sich die andere um das leibliche Wohl sorgt. Maria selbst ist von zarter Jugendlichkeit. Nur für kurze Augenblicke scheint sie den Schleier über dem Kind aufzuheben, während Josef, wie es die Bildtradition will, schläft.

»Die Taufe Christi«

Abweichend vom traditionellen Bildschema vollzieht sich die Taufe in Gegenwart einer großen Menschenmenge. Doch bleibt Christus in ergreifender Weise isoliert. Kniend und tief gebeugt, das Antlitz von Dunkelheit überschattet, wird er zum Symbol des einsamen Menschen, der seinen vorgezeichneten Weg geht, um die Menschheit zu erlösen. Die Gestalten im Vordergrund hat man als Sinnbilder des Lebens gedeutet: Adam und Eva – Mutterliebe – eine antike Göttin – dazu der Stifter. Der Bildsinn wäre demnach: vorne die unerlöste Welt (Antike und Altes Testament), in der Mitte Christus, im Hintergrund die zu Taufenden, also die Nachfolge Christi – darüber der geöffnete Himmel.

»Die Auferstehung Christi«

Schon Tizian malte den auferstandenen Christus mit der Siegesfahne in der Hand und auf Wolken schwebend, doch fehlte seiner Darstellung noch die Überzeugungskraft des Visionären. Erst Tintoretto gelingt der entscheidende Schritt zur großen Lichterscheinung. Erst bei ihm verschmelzen Körper und Gewand, Siegesfahne und Himmelsfläche zu einem Ganzen auf der Grenze zum Irrealen.

»Christus in Gethsemane«

Entgegen der alten Bildtradition ist Christus hier nicht im Gebet, sondern schlafend dargestellt, während Petrus (wiederum entgegen der Tradition) eben erwacht und aufgeschreckt nach den herannahenden Häschern blickt. Da Christus schläft, kann die Erscheinung des Engels nur als Traum verstanden werden – eine in künstlerischer Freiheit vorgenommene Umdeutung dessen, was der Bibeltext als Gebetsworte Jesu überliefert: die Bitte an seinen himmlischen Vater, der ›Kelch‹ seines Leidensweges möge an ihm vorübergehen.

»Das Abendmahl«

Tintoretto hat dieses Thema mehrfach für venezianische Kirchen gestaltet. Eine erste Fassung (S. Marcuola, 1547) erweist sich noch als abhängig von Leonardos berühmtem Mailänder Bild: bei extremem Breitformat sind die Jünger symmetrisch angeordnet. In einer zweiten Fassung (S. Trovaso, 1566) zeigt uns Tintoretto die Jünger schon sehr viel erregter angesichts der Frage, wer unter ihnen der Verräter sei. Der quadratische Tisch ist dort über Eck gestellt und Judas innerhalb der Bilddiagonale zum Gegenspieler von Jesus gemacht. In einer dritten Fassung (S. Polo, 1568/69) steigert sich noch die innere Dramatik; dann folgt – zehn Jahre später – das Bild für die Scuola. Wieder ist der Tisch schräg gestellt und Judas (vorne rechts) der Gestalt Jesu diagonal entgegengesetzt, doch gibt es zwischen beiden keine Verbindung mehr. Im Grunde steht Judas hier schon außerhalb des Jüngerkreises. Er ist im wörtlichen Sinne ›in die Ecke gedrängt‹, eine gestikulierende, farblich schillernde Gestalt. Nicht zufällig wendet sich ihm ein Hund zu, ist doch der Hund ein altes Symbol der Heimatlosen, die in die Finsternis gestoßen werden, wo sie »wie die Hunde heulen«. Bleibt Judas solchermaßen isoliert, so schließt sich umgekehrt die Jüngergruppe sehr eng mit Christus zusammen. Gerade an ihr wird der spirituelle Charakter des Bildes deutlich, denn diese ganze Gruppe ist auf die Helligkeit bezogen, die von außen in den Raum fällt, wobei zugleich das Antlitz Jesu selbst zu einer Lichtquelle wird (»Licht vom unerschaffnen Lichte«). Von dort leitet die Bilddiagonale den Blick des Betrachters direkt zum Altarraum der Scuola, unterstützt vom Fliesenmuster des Bodens und der Rechtwinkligkeit der Bildarchitektur.

Altarraum mit Staffeleibildern Nr. 8

Bronzegitter von 1756. Altar (1607) mit Statuen »Hl. Rochus« und »Joh. d. T.« von *G. Campagna*. Altarbild von *Tintoretto* »Die Erscheinung des Hl. Rochus« (stark nachgedunkelt). Holzverkleidung der Wände von 1743; diejenige des Saales Ende 17. Jh., mit grotesken Karyatiden.

Tizian »Verkündigung« (um 1526): Ein stilles, vornehmes Bild, das noch den Geist der Hochrenaissance atmet und den Vorgang in einen Palast verlegt. Man vergleiche es mit Tintorettos Bild im Erdgeschoß, um zu sehen, wie sich dort die klassischen Prinzipien zugunsten einer ›manieristischen‹ Haltung auflösen und der rein subjektiven Bilderfindung (Unruhe, Ekstase, Visionäres) Raum gegeben wird.

Tintoretto »Heimsuchung« (um 1588): Ein Spätwerk, monumental in der Auffassung (Verzicht auf alles erzählerische Beiwerk) und doch im Beieinander der Frauen von großer Innigkeit.

G. B. Tiepolo »Hagar in der Einsamkeit vom Engel getröstet« und »Abraham und die Engel«. Im Vergleich zum religiösen Ernst der dunkelgetönten, fast immer düsteren Tintorettobilder wird der Abstand zum 18. Jh. mit seiner aufgehellten Palette und seiner Theatralik deutlich.

Tintorettos Wandgemälde an der Eingangsseite des Saales Nr. 8

»*Wunderbare Brotvermehrung*«: In der unteren Bildhälfte, erdnah und in Dunkelheit gehüllt, verkörpern einige groß gesehene Figuren die Volksmenge. Das Wunder selbst (obere Bildhälfte) vollzieht sich wie immer bei Tintoretto in einer Sphäre übernatürlichen Lichts.

»*Die Auferstehung des Lazarus*«: Tintoretto hat das Thema fünfmal behandelt; am Anfang theatralisch als Massenszene, am Ende in scheuer Zurückhaltung vor dem Unbegreiflichen: der Blick fällt auf Christus, während Lazarus, der aus dem Grab gehoben wird, fast unsichtbar bleibt.

»*Die Himmelfahrt Christi*«: Mit dem Hl. Markus als ›Hauptzeugen‹ im Vordergrund verbindet Tintoretto seine Darstellung mit Venedig. Kompositorisch wird der Blick des Betrachters zugleich nach rechts auf die folgenden Bilder gelenkt. Die Landschaft hat wie bei Leonardo ›Weltcharakter‹. Christus schwebt triumphierend auf einer Engelswolke.

»*Christus heilt am Teiche Bethesda*«: Eine 20 Jahre frühere Fassung in der Kirche S. Rocco zeigt eine dichtgedrängte, ungeduldig-erregte Menschenmenge, die Heilung sucht. Das spätere Bild wirkt abgeklärter: hier begegnet Christus dem einzelnen Kranken, der geduldig auf ihn wartet.

»*Die Versuchung Christi*«: Noch einmal sieht Tintoretto Christus als den großen Einsamen. Eremitenhaft hat er sich zurückgezogen und ist doch der Überlegene. Die Aufforderung des Versuchers (Satan), aus Steinen Brot zu machen, wirkt wie eine flehende, hilflose Geste.

Daten: 1564–1567. *Tintoretto* hatte 1564 den für die Deckengemälde ausgeschriebenen Wettbewerb gewonnen und damit Veronese, Salviati und Zuccari aus dem Felde geschlagen. Das große Kreuzigungsbild schuf er innerhalb eines einzigen Jahres (1565), die restliche Ausmalung war 1567 beendet.

Das Programm der Deckenmalerei

Daß im Mittelpunkt der Decke S. Rocco, der Titelheilige der Scuola, dargestellt ist, erscheint naheliegend. Dagegen muß es überraschen, in den angrenzenden Feldern die fünf anderen ›großen‹ Scuolen der Stadt durch allegorische Figuren verkörpert zu sehen. Das zeigt, wie sehr sich die Scuolen als tragende Körperschaften Venedigs verstanden, läßt aber auch erkennen, wie hoch sich die »Scuola Grande di S. Rocco« selbst einschätzte. Da sich jede der Scuolen karitativen Aufgaben widmete, müssen diese Allegorien im Sinne moralischer Leitbilder verstanden werden. Sie werden ergänzt durch sieben weitere Tugenden und durch ›Jahreszeiten‹.

»Die Apotheose des Hl. Rochus« (ovales Mittelbild)

Mit diesem Deckengemälde gewann Tintoretto 1564 den von der Scuola ausgeschriebenen Wettbewerb. Vermutlich hat man schon damals Tintorettos bildschöpferische Fähigkeiten erkannt, denn seine Auffassung vom Heiligen widersprach durchaus dem Gewohnten. Dieser ›Pestheilige‹ hat nichts mehr von einem armen Pilger an sich; er trägt weder den Wanderstab noch zeigt er traditionsgemäß auf seine Wunde am Bein. Statt dessen sehen wir einen antiken Heros vor uns, eine kräftige, fast athletische Gestalt, die mit wehendem Umhang eher einem Feldherrn gleicht. In steiler Untersicht ist die Figur an die vordere Bildkante gerückt – auch dies ein neues, in die Zukunft weisendes Stilmittel. Der christliche Heilige als ›Held‹, diese für die Kunst der Barockzeit so wichtige Vorstellung nimmt von hier ihren Ausgang.

»Die Kreuzigung«

Dieses mit glühender Leidenschaft komponierte Kolossalgemälde (536 × 1224 cm) wäre in Rom nur als Fresko denkbar gewesen; Venedig dagegen bevorzugte auch bei größten Formaten das Leinwandbild – man denke nur an Veronese. Von Veronese ist auch Tintoretto in diesem Augenblick noch abhängig. Noch ist die Farbskala relativ hell und bunt, im Gegensatz zu seinen späteren Bildern. Doch wird schon jetzt das Licht zu einem tragenden Element der Komposition, das den entscheidenden Bildgedanken unterstützt: die Erhöhung des gekreuzigten Jesus zum welterlösenden Christus, dessen irdische Erscheinung einer sonnengleichen Lichtscheibe eingeschrieben ist, die beherrschend über dem ganzen Geschehen steht. Tintoretto schuf sich so die Möglichkeit, den historischen Vorgang in epischer Breite abzuhandeln ohne den religiösen Gehalt zu schmälern. Der Ablauf der Kreuzigung, wie er an den beiden Schächern gezeigt wird, bezeichnet Stationen des Leidens, die Christus selbst – so ist der Sinn – vorher durchlitten hat.

Die Eingangsseite der Sala dell'Albergo **Nr. 8**

Unsere Abbildung gibt einen Begriff von der vornehmen Haltung venezianischer Innenräume, bei denen sich die Wand als Ganzes der Bildvorstellung öffnet. In diesen raumbeherrschenden Gemäldezyklen zeigt sich in bemerkenswerter Weise der gesellschaftliche Charakter der venezianischen Kunst. Der Sinn für Repräsentation, der hier in allen Schichten der Bevölkerung lebendig war, prägt selbst die karitativen Einrichtungen und bestimmt auch den äußeren Rahmen der nicht selten zu Wohlstand gelangten Scuolen. Daß es jedoch möglich war, einen an sich profanen Raum mit der Passion Christi auszumalen, kennzeichnet darüber hinaus den religiösen Hintergrund der venezianischen Scuolen. In dieser Stadt, in der die Kirche als Institution niemals zu politischem Einfluß kam, ist das Sakrale auf eine eigentümliche Weise im Profanen

Sala dell'Albergo, Eingangsseite

gegenwärtig. Auch die ›Sala dell'Albergo‹ möchte man aufgrund ihrer Ausmalung eher für eine Sakristei, einen Kapitelsaal oder eine Privatkapelle halten, während sie in Wirklichkeit dem Vorstand der Bruderschaft als Beratungszimmer und für zeremonielle Empfänge diente.

Ein zweiter, kleinerer Beratungsraum, die »Cancelleria«, befindet sich links von der Haupttreppe: ein qualitätvoll eingerichteter Raum mit vergoldeter Decke und Mobiliar des 18. Jh.

»Christus vor Pilatus«

Ein stilles und nachdenkliches Bild, das in seiner psychologischen Einfühlung Rembrandt vorwegzunehmen scheint. Die Architektur (angeregt von Tizians »Tempelgang Mariä« in der Accademia, Abb. S. 162) unterstützt die Bildaussage: links die offene Halle mit der Volksmenge, die Jesu Tod fordert; rechts der Eingang in den Palast des Pilatus; dazwischen die Lichtgestalt des geopferten Gottessohnes, der es ablehnt, dem römischen Statthalter auf seine Fragen zu antworten. Erhöht und zugleich isoliert durch die Stufen, so zeichnet sich seine Erscheinung vor dunklem Hintergrund ab. Tintoretto erfaßt das Dramatische dieses Augenblicks. Während die Menge von rückwärts herandrängt, bleibt die Szene nach vorne offen: würde Jesus seinen Gottesanspruch leugnen, so wäre der Weg auch jetzt noch für ihn frei. Doch er verharrt wortlos. Pilatus wendet sich von ihm ab: »Ich bin an dem Blute dieses Gerechten unschuldig«. So ist der Richterspruch endgültig. Diese Endgültigkeit verkörpert die michelangeleske Gestalt des Schreibers im Vordergrund (Pilatus später: »Was ich geschrieben habe, das habe ich geschrieben«).

»Schmerzensmann« (»Ecce homo«)

Tintoretto rückt die Darstellung bedeutungsvoll in die Hauptachse des Raumes – ein ›Andachtsbild‹, das dem Vorstand der Bruderschaft bei seinen Sitzungen stets vor Augen stand. Die Gestalt Christi – so wird man wohl sagen dürfen – verkörpert hier in einem auf die Scuola bezogenen Sinne die Kranken, Gebrechlichen und Geschlagenen, zu deren Versorgung sich die Mitglieder dieser Körperschaft verpflichtet hatten.

»Der Weg nach Golgatha«

Tintoretto trennt die Gestalt Jesu von den Schächern; er rückt sie zugleich von uns, den ›Zuschauern‹, weg und betont so noch einmal die Verlassenheit des Gottessohnes inmitten der Schergen. Trotz des Abstandes sehen wir aber Jesu Antlitz, ja wir sind unmittelbar mit seinem Leidensweg konfrontiert, so, als käme er auf uns zu. Mit gleicher Eindringlichkeit stellt uns Tintoretto auch die Schächer vor Augen, eine Veranschaulichung von Jesu Wort: »Wer mir dienen will, der nehme sein Kreuz auf sich und folge mir nach«. Für den Bildsinn ist schließlich noch der Hauptmann (oben rechts) von Bedeutung. Wer ihn näher betrachtet, findet in seiner Haltung weder Gewalttätigkeit noch Spott; sein Blick ist vielmehr fragend nach oben (zum Himmel?) gerichtet. Es ist der Hauptmann, von dem das Markusevangelium die Worte überliefert: »Dieser Mann ist wirklich Gottes Sohn gewesen«. Tintorettos Darstellung der Passion schließt auf diese Weise mit einem verborgenen Triumph Christi.

Staffeleibild

»Der kreuztragende Christus«. Die Gegenüberstellung der beiden Köpfe wie eine große Frage: »Wer bist du?« Vielleicht ein Gemälde von *Tizian*, wahrscheinlicher aber von *Giorgione*.

Allgemeines zur venezianischen Scuola *(nach Keller)* **Nr. 8**

»*Ars, scuola, confraternità* sind die schillernden und wechselnden Namen dieser Institution.« Es kann sich dabei um eine Handwerkervereinigung mit verschiedenen Berufen oder um eine Zunft handeln, ebenso um eine aus Mitgliedern verschiedener Stände zusammengesetzte Bruderschaft (Ärzte, Juristen). »Das Entscheidende ist, daß die kluge Staatsführung Venedigs es zu vermeiden gewußt hat, daß im 13. und 14. Jh. die Zünfte zu maßgebenden *politischen* Körperschaften aufstiegen, wie überall sonst in Italien und im ganzen Abendland.« Dagegen wurde ihnen auf dem Gebiet der Kunstpflege freie Hand gelassen.

In der Motivation der Scuolen kann man drei verschiedene Aspekte unterscheiden: die rein religiöse durch Verehrung eines Heiligen; die landsmannschaftliche, bei der sich die Mitglieder dem Schutzpatron ihres fernen Heimatlandes zu unterstellen pflegten, schließlich die Verehrung eines Schutzheiligen bestimmter Berufe. Der praktische Zweck aber liegt immer in der Versorgung der Alten und Kranken und in der Beerdigung der Verstorbenen.

Die Anfänge solcher Vereinigungen reichen bis ins 12. Jh. zurück, die Gründungen mehren sich zwischen dem 13. und 15. Jh. Schließlich zählt man in Venedig 6 große und 32 kleine, über die ganze Stadt verteilte Scuolen.

Die Glanzzeit des Bruderschaftswesens liegt um 1500, der Zeit der venezianischen Frührenaissance. Gentile und Giovanni Bellini, Vittore Carpaccio, Giorgione und Tizian haben für Scuolen gearbeitet. Die Ausmalung der Scuola di S. Rocco (ab 1564) durch Tintoretto bezeichnet schon eine Spätphase und stilistisch den Manierismus. – »Um 1500 verzichtete keine dieser Scuolen auf drei Bestandteile: Kapelle, Hospital und Gesellschaftsräume. Die ersten Mitglieder freilich hatten sich im Hochmittelalter an bescheidenen Orten versammelt, meist in den Sakristeien der Kirchen. Die nächste Stufe war dann der eigene Altar in der Kirche. Den Endpunkt bedeutete die eigene Scuola neben der Kirche, in der man ursprünglich zusammengetreten war.«

Die Kirche S. Rocco **Nr. 8**

1489–1508 erster Kirchenbau. Von diesem noch erhalten das dreiteilige Presbyterium mit überkuppelter Mittelkapelle (venezianische Renaissance um 1500). Der anschließende Saalbau entstand in seiner heutigen Form in der Mitte des 18. Jh., danach die Fassade (1765/77).

Gemälde von Jacopo Tintoretto (1518–1594)

Vier Gemälde von Tintoretto (entstanden vor denjenigen in der Scuola) geben die Möglichkeit, die frühe Schaffensphase dieses Malers kennenzulernen. *Altarraum links:* »S. Rocco im Kerker, vom Engel getröstet«, um 1550 (der Hl. Rochus, eine historische Gestalt des 14. Jh. aus Montpellier, wird auf seiner Rückreise von Italien nach Frankreich versehentlich als Spion verhaftet und eingekerkert). Das figurenreiche Bild im venezianischen Breitformat erinnert durch den Engel an Tintorettos »Markuswunder« von 1548 in der Accademia (Abb. S. 157), doch ist die Komposition jetzt sehr viel lockerer, die Raumtiefe weniger gewaltsam erzeugt, und die Figuren verhalten sich natürlicher. Auch die Hell-Dunkel-Kontrastierung kündigt sich schon an. Beobachtung und psychologische Charakterisierung haben aber noch etwas Zitathaftes und dienen dem Erzählerischen. Gerade dieser Zug verliert sich später zugunsten einer großzügigen visionären Vergeistigung. *Altarraum rechts:* »S. Rocco unter den Pestkranken«. *Rechte Saalwand:* »Christus heilt am Teich Bethesda« (vgl. die 20 Jahre spätere Fassung in der Scuola, oberer Saal) und »Die Gefangennahme S. Roccos in der Schlacht von Montpellier«.

Kurzinformation: Neben SS. Giovanni e Paolo die zweite und größte Bettelordenskirche Venedigs (Spätgotik). Sehenswert sowohl als Architektur als auch aufgrund der hervorragenden Ausstattung mit Meisterwerken von *Donatello* (Joh. d. T.), *Giovanni Bellini* (Frari-Madonna), *Tizian* (»Assunta« und Pesaro-Madonna) u. a.

Zugang: Wie zur Scuola Grande di S. Rocco (vgl. S. 35). – *Öffnungszeiten* (Eintritt): 9^{30}–12 Uhr, 14^{30}–18 Uhr; an Feiertagen *(festivo)* 14^{30}–18 Uhr.

Daten (nach Hubala): Baubeginn um 1340; Errichtung der Chorteile und des Querhauses (diese gehen Zanipolo voraus). 1361–1396 Campanile. Das alte Langhaus erst 1415 abgebrochen. Etwa 1420–1443 Errichtung des jetzigen Langhauses, das somit bedeutend später ist als dasjenige von Zanipolo. *Anbauten:* 1432 Cappella Emiliana (vor dem Glockenturm). 1447 (?) Cappella Cornaro (linkes Querhaus). Um 1450 Sakristei mit sog. Pesaro-Chörlein. – Klosterbauten und Kreuzgänge dienen heute dem Staatsarchiv.

Zur Außenarchitektur: Die großen geschlossenen Wandteile aus Ziegelmauerwerk dokumentieren eindrucksvoll das herbe Lebensideal der Franziskaner, doch lassen die hohen Fenster, wie überhaupt die Größe des Bauwerks, auch erkennen, daß hier die Kathedralgotik als Maßstab nachwirkt. Aus den Zierformen spricht spätmittelalterliche Verfeinerung: Spitzbogenfriese auf Hausteinkonsolen und Fensterrahmungen aus Terrakotta in wechselnden Mustern geben dem Baukörper in der Nahsicht eine ansprechende Note. *Die Fassade* ist auf einfachste Weise belebt und gegliedert, das Portal durch Statuen ›vertikalisiert‹, die Front im ganzen durch die drei Rundfenster in ihrer Breite betont. Venezianisch ist der bewegte obere Abschluß: hier werden Grundformen der spätgotischen Fassadenteile von S. Marco variiert (Baldachine, gekurvte Giebelabschnitte, Nischen).

Plastischer Schmuck: Hervorzuheben ist das *Portal der Cappella Corner* (am Campanile) mit einem guten Tympanonrelief »Muttergottes mit Engeln« (um 1440). In der Komposition noch symmetrisch, aber fein belebt (»noch nichts von der harten, festen Modellierweise der Frührenaissance«), »eine schöne Vorahnung der großen Maler Venedigs seit 1475« (Hubala).

Zur kirchlichen Stellung innerhalb Venedigs: Die beiden großen Bettelordenskirchen S. Maria Gloriosa dei Frari (im Volksmund kurz ›Frari‹ genannt) und SS. Giovanni e Paolo (verkürzt zu ›Zanipolo‹) waren die Grablegen der großen venezianischen Familien. Man hat sie daher auch »die Ruhmeshallen der venezianischen Geschichte« genannt (Keller). Diesen Aspekt gilt es im Auge zu behalten, denn er allein erklärt die hohe Zahl von Meisterwerken der Malerei wie der Plastik, erklärt die Fülle dessen, was in den anfangs ›leeren‹, zur Predigt bestimmten Backsteinräumen Platz gefunden hat. Man ist leicht versucht, von der Größe dieser Kirchen auf einen starken kirchlichen Einfluß innerhalb Venedigs zu schließen. Doch trifft genau das Gegenteil zu. Der Geistlichkeit war jeder politische Einfluß genommen, Staat und Kirche durchdrangen sich lediglich als Gesellschaftsmächte (man denke daran, daß S. Marco, als zentral gelegene Hauptkirche der Stadt, ihrem Wesen nach eine ›Palastkapelle‹ war und also zum Dogen und zur Serenissima gehörte, während der venezianische Bischof am östlichsten Rand der Stadt, schon jenseits des Arsenals, residierte). Die Bettelordenskirchen konnten zu Zeugnissen der venezianischen Geschichte werden, weil sie trotz ihrer riesigen Ausmaße lange Zeit ohne bedeutenderen künstlerischen Schmuck geblieben waren, also für Neues und Dazukommendes genügend Raum boten. Man muß in diesem Zusammenhang die zeitliche Abfolge beachten: die Kirchen sind Bauten des 14. Jh., während das, was sie zu ›Ruhmeshallen‹ werden ließ, ins späte 15. Jh. fällt bzw. dem 16. Jh. angehört – somit nicht mehr das Mittelalter, sondern den Geist der Renaissance verkörpert.

Es handelt sich um zwei ungleiche, zeitlich und stilistisch verschiedene Raumteile. Der *Chor*, um 1340 begonnen, ist noch gotischer Tradition verpflichtet; das *Langhaus*, zwei Generationen später um 1420 begonnen, hat einen profaneren, mehr hallenartigen Charakter.

Die Chorteile und das Querhaus

Zielpunkt der Gesamtkirche ist die hohe, räumlich weit ausladende Mittelkapelle, an die sich zu beiden Seiten je drei schmale, etwas niedrigere Kapellen anschließen, von der übrigen Kirche durch ein mächtiges Querhaus räumlich getrennt – ein Grundschema, das sich an oberitalienischen Bettelordenskirchen orientiert. Der Chor als »großdekorative, den Raum beherrschende Form« (Gross), das ist hier wie in der konkurrierenden Zanipolo-Kirche (SS. Giovanni e Paolo) das Leitmotiv. In beiden Fällen kommt der ›Lichtmantel‹ der mittleren Chorkapelle zu schöner Wirkung, weil ihn geschlossene, fensterlose Wände begleiten. Sie schaffen eine Dunkelzone, die den Chor vom anders strukturierten Langhaus abhebt, ohne den Zusammenhang zu stören.

In den Chorteilen beobachten wir noch die traditionelle gotische Höhentendenz. Die steilen Proportionen und die nur hier noch anzutreffenden, von der Kathedrale übernommenen Bündelpfeiler bzw. Dienste lenken den Blick nach oben, zu den Kreuzrippengewölben, die wie Baldachine über die Räume gespannt sind (im anders proportionierten Langhaus verliert sich diese Wirkung). Auch die Verglasung rechnet noch mit farbigen Scheiben, deren Licht dem Raum eine eigene sakrale Qualität verleiht (wiederum ein Aspekt, der im Langhaus verblaßt). Im Sinne des 14. Jh. wird jedoch das dekorative Element stark betont, ein Merkmal der Spätgotik. Die durchlichtete Wand des Hauptchores (heute teilweise verstellt durch Tizians »Assunta«) liest sich in ihrer horizontalen und vertikalen Durchgliederung wie ein ornamentales Muster. Noch aber ist das Ganze eine sakrale Schauwand – ein Merkmal, das sich später in den Renaissancekirchen völlig verliert.

Das Langhaus

Ein herrliches Gefühl räumlicher Weite, das ist hier der vorherrschende Eindruck. Trotz der mächtigen Rundpfeiler handelt es sich im Grunde um einen saalartigen Raum, für den die Pfeiler in ihrer kraftvollen und stämmigen Art eine Höhenmarke setzen. Die darüber aufsteigenden Gewölbe empfindet man als eine eigene, gesonderte Zone. Damit aber ist das gotische System gebrochen. Es gibt keine Form mehr, die sich vom Boden an aufsteigend bis in die Gewölbezone fortsetzt. Auch fehlt den schmal bemessenen Obergadenfenstern die Kraft, auf das Raumganze zurückzustrahlen. Zweifellos hat sich das Raumgefühl profanisiert. Es ist erdnaher und diesseitiger geworden. Der Blick wird nicht mehr zwingend in die Höhe gezogen.

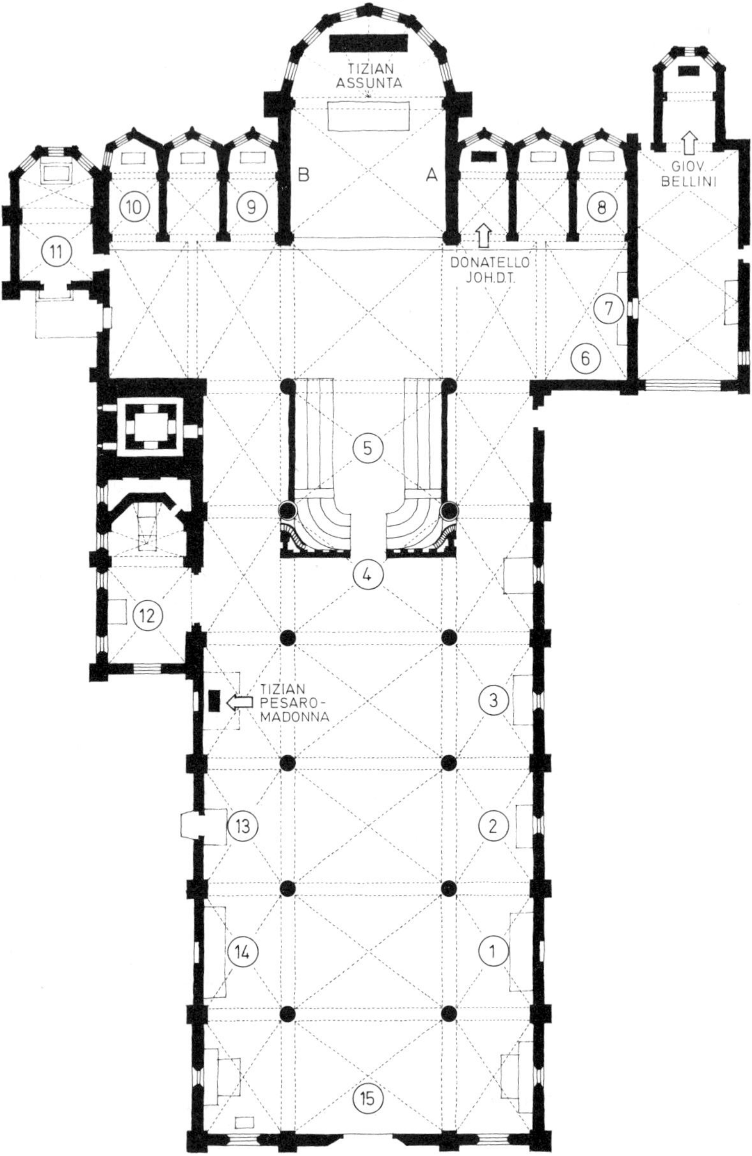

Frarikirche, Orientierungsplan

Die vier im Orientierungsplan hervorgehobenen Meisterwerke von Donatello, Giovanni Bellini und Tizian werden auf den folgenden Seiten besprochen.

(1) *Grabdenkmal für Tizian* (um 1477–1576): Angeregt von venezianischen Patriziern. Ein erster Entwurf (Canova, 1794) blieb unausgeführt. Das jetzige Denkmal (1838–1852) von Ferdinand I. von Österreich, König von Lombardo-Venetien, gestiftet. (2) Altarblatt »Darstellung im Tempel« (um 1560) von *Giuseppe Salviati* einem toskanischen Maler, der sich rasch dem venezianischen Kolorismus öffnete. (3) Marmorfigur »Hl. Hieronymus« (um 1560) von *Alessandro Vittoria* aus Trient. Plastisches Meisterwerk (in Venedig selten): athletischer Körper, kraftvolle Psychologie, abhängig von den drei Hieronymusbildern Tizians, aber auch von Michelangelo. Aus dem energischen Kopf spricht die geistige Kraft dieses gelehrten Kirchenvaters (er ist der berühmte Bibelübersetzer des 4. Jh. n. Chr.), aus seiner Gesamterscheinung aber sein asketisches Ideal (er war zeitweise Eremit); der Stein in seiner Hand ist ein Hinweis auf die Selbstkasteiung.

(4) *Chorschranken* (1468–1475): Einziges in Venedig erhaltenes Beispiel. Ein Werk des Übergangs: die Prophetenreliefs *(Bartolomeo Bon)* noch spätgotisch; die paarweise angeordneten Kirchenväter *(Pietro Lombardo)* der Frührenaissance zugehörig. (5) *Chorgestühl* (1468): Spätgotisch die Büsten heiliger Männer und Frauen (vermutlich deutsche Bildschnitzer aus Tirol); dagegen sind die perspektivisch angelegten Intarsien der Frührenaissance verpflichtet.

(6) *Wandgrab für Jacopo Marcello* (gest. 1484): Stilistisch der Frührenaissance zugehörig, die sich noch in zarter Ornamentik und schlanken Figuren ausspricht. Der General stehend mit Markusfahne, zu seinen Seiten zwei Schildknappen. Das Ganze dekorativ gefaßt durch Wandmusterung in Freskotechnik. (7) *Grabmal für den Admiral Benedetto Pesaro* (gest. 1503): Architektonisch als Triumphbogen aus dem Eingang zur Sakristei entwickelt. Der Verstorbene aufrecht stehend, rechts »Mars«, links »Neptun«. Das Ganze strenger und schon auf die Hochrenaissance verweisend. Links davon ein *Reiterdenkmal* (für den General Paolo Savelli, gest. 1405): »die erste Ehrenstatue zu Pferd, die Venedig einem Condottiere bewilligt hat« (Hubala).

(8) *Mehrteilige Altartafel* (1482), sog. Madonna della Salute, von *Bartolomeo Vivarini* in schönem Renaissancerahmen. Zeitlich parallel zur Frari-Madonna Bellinis, doch nicht annähernd von gleicher Wirkung. (9) *Altarbild* »Thronende Madonna mit Heiligen« (Anf. 16. Jh.) von *Bernardino Licinio.* (10) *Grabplatte* für *Claudio Monteverdi* (gest. 1643). *Altartafel* »Hl. Ambrosius mit Heiligen«, darüber »Marienkrönung« (1503) von *Alvise Vivarini* begonnen, von *Marco Basaiti* vollendet. (11) *Cappella Corner:* Weihwasserbecken mit der Statue Joh. d. T. (um 1550) von *Jacopo Sansovino. Triptychon* »S. Marco zwischen Heiligen« (1474) von *Bartolomeo Vivarini* und seiner Werkstatt.

(12) *Cappella Emiliana:* Polyptychon mit Marmorfiguren (Hubala: obere Reihe 1440–1445, untere Reihe 1460–1465). (13) *Grabdenkmal für den Dogen Giovanni Pesaro* (gest. 1659), Entwurf *Baldassare Longhena:* Der stilistische Gegensatz zur Pesaro-Madonna Tizians kraß. Dort bei allem Anspruch doch vornehme Zurückhaltung, hier »auftrumpfende Überladenheit«, laut und derb. (14) *Mausoleum für den Bildhauer Antonio Canova* (gest. 1822): Vom Pesarodenkmal herkommend versteht man die klassizistische Gegenreaktion (einfache Grundform einer Pyramide). Das Pathetische lebt allerdings weiter: Trauernde vor der Grabestür (im Inneren das Herz Canovas); ferner Genius mit Fackel, dann »Malerei« und »Architektur« sowie Markuslöwe und Genius mit erloschener Fackel – Ausführung etwas flach. (15) *Grabdenkmal mit Obelisk* (um 1700) für Girolamo Garzoni, der 1688 im Kampf gegen die Türken fiel: Der Verstorbene wird von einem Genius gekrönt, links die »Religion«, rechts »Venedig« in allegorischen Figuren.

Vorbemerkung: Die hier erwähnten Werke von Donatello, Giovanni Bellini und Tizian machen deutlich, wie sich mitten im religiösen Themenkreis des Spätmittelalters das menschliche Porträt und überhaupt die Vorstellung von der individuellen Persönlichkeit herausbilden. Ausgehend von der florentinischen Frührenaissance (etwa ab 1420), dann ausstrahlend auf Rom und Venedig (etwa ab 1450/80), werden so die Grundlagen eines neuzeitlichen Selbstverständnisses gelegt und die Vorstellungswelt des Mittelalters zurückgedrängt.

Donatello »Johannes der Täufer« (um 1451)

Holzfigur mit moderner Fassung. Von *Donatello* (1386–1466), dem führenden Bildhauer aus Florenz, für die in Venedig lebenden Florentiner geschaffen. Donatello zeigt uns Johannes den Täufer im Gespräch, den Mund geöffnet, die rechte Hand argumentierend erhoben. Man spürt sehr deutlich das Gegenüber: mit wachem Blick und hochgezogenen Brauen wird der Partner ins Auge gefaßt. Ein Dialog spielt sich ab. Es wird disputiert und zwar so, daß sich der Gesichtsausdruck des Täufers je nach der Richtung, aus der wir ihn in der Nahsicht betrachten, verändert. Dieser Johannes ist nicht so sehr Asket als vielmehr ein geistig wacher und reger Mensch, überraschend selbstsicher, doch ohne Spur von Hochmut. Was er zu sagen hat, darauf deutet die linke Hand: »Es wird einer kommen (nämlich Christus), der ist stärker als ich«. Das ist das religiöse Moment. Dahinter aber steht zugleich die Vorstellung vom bedeutenden Menschen, vom antiken Lehrer und Wanderphilosophen.

Giovanni Bellini »Thronende Madonna mit vier Heiligen« (1488)

Stiftung der Familie Pesaro, die hier ihre Familiengruft hatte. Die dargestellten Heiligen (links Nikolaus von Bari und der Apostel Petrus; rechts der Evangelist Markus und der Hl. Benedikt; vgl. Abb.) sind die Namenspatrone für *Pietro Pesaro*, den Vater, sowie für die Söhne *Nicolò*, *Marco* und *Benedetto*. Der Tod der Mutter hatte den Anstoß zur Stiftung des Bildes gegeben, dessen Doppelcharakter bemerkenswert ist: eine Versammlung von Heiligen, mit deren ›Porträts‹ auf die Familienmitglieder angespielt wird. Es sind lebensvolle Gestalten von hohem, kräftigem Wuchs, aus deren Köpfen Intelligenz und Welterfahrung spricht. *Giovanni Bellini* (um 1430–1516) gab gerade hier sein Bestes. So ist es wohl kein Zufall, wenn sich Dürer, der die Tafel 1495 in Venedig sah, noch nach 30 Jahren ihrer erinnert; sie wurde das Vorbild für seine berühmten »Vier Apostel« (1526).

An besonderen Merkmalen nennen wir: (a) Die perspektivische Bildeinheit (Fortsetzung der Rahmenarchitektur durch Malerei). (b) Die Rahmung selbst, deren Dekor das zarte Formengut der Frührenaissance verarbeitet. (c) Die Bedeutungssteigerung der Muttergottes durch einen ›Triumphbogen‹, wobei das Goldmosaik der Nischenwölbung ihren heiligen Charakter betont. (d) Die Grundstimmung des Bildganzen: erfüllt von einer milden Wärme, kontemplativ, ohne Aktion, melodisch und von schönster Ausgewogenheit.

 Bellini, »Thronende Madonna mit vier Heiligen« (Ausschnitt)

Ecclesiasticus

Tizian »Assunta« / »Himmelfahrt Mariä« (1518)

»Ein epochemachendes Ereignis der europäischen Kunst« (Hubala), und zwar, weil hier für den Begriff ›Hochaltar‹ ein absolut neuer, bahnbrechender Maßstab gesetzt wird: der Altar als ein raumbeherrschendes, auf Weitsicht gearbeitetes Element – ein Prinzip, das jahrhundertelang seine Gültigkeit behalten sollte.

Ähnliches gilt für den Bildaufbau. In der untersten Zone (erdnah, als horizontaler Streifen) sind die Apostel als Männer gekennzeichnet, von denen jeder das Ereignis in einer anderen Weise widerspiegelt (als Gebet, als Frage, als Blick; kniend, stehend oder schreitend; im Profil, in Untersicht, als Rückenfigur oder en face). Doch bleibt das alles eingebettet in einen kraftvollen Gesamtumriß. Köpfe, Arme und Hände werden zum sprechenden Gestus, der dem Bild eine einzige Richtung gibt: die nach oben.

In einer zweiten und dritten Zone erfüllt sich dann der eigentliche Bildsinn. Eine Schar geflügelter Putten-Kinder bildet einen aufstrebenden Bogen, dann einen Kreis und verbindet so in einer sonnengleichen Gloriole die Gestalt Marias mit der Erscheinung Gottvaters.

Das alles ist groß und klar gesehen und wird unterstützt durch einen in den Hauptakzenten symmetrischen Farbaufbau: in der untersten Zone zweimal Rot, zweimal Grün (violette Mitte); in der mittleren Zone Blau neben Rot, wobei das Rot zusammen mit dem der unteren Zone ein nach oben weisendes Dreieck bildet. Das Bildganze verkörpert renaissancehafte Ausgewogenheit, eine Harmonie, die mit den Putten auch das Unbefangen-Heitere einschließt (Kinderbildnisse).

Die Grabdenkmäler im Hauptchor

(A) *Um 1460. Grabdenkmal für den Dogen Franc. Foscari (1423–1457):* Die Größe des Grabmals entspricht der Bedeutung dieses Dogen (unter ihm Ausdehnung der venezianischen Herrschaft auf die Terraferma). *Zur Form:* Die seitlich aufragenden Säulen mit Schildknappen (ein Triumphmotiv gleichsam als Einleitung) lenken das Auge nach oben, zum eigentlichen Grabmal. Der Verstorbene erscheint dort als Liegefigur, umgeben von den Herrschertugenden. Ein Stoffbaldachin würde ihn verdecken (und nur die beiden Wappen in den geflammten Sonnenscheiben von seinem Geschlecht künden), doch die beiden Schildknappen haben den Baldachin zur Seite genommen. Wir sehen freilich nur die leibliche Erscheinung; die Seele des Toten (in Gestalt eines kleinen Kindes) ist bei Christus, dessen Gestalt den Baldachin krönt, und auf den ihrerseits wieder Maria und die Verkündigung hinweisen. Das Ganze ist trotz einzelner spätgotischer Formen dem Gedankengut der Renaissance verpflichtet: der Idee von der großen geschichtsprägenden Persönlichkeit.

(B) *Um 1479. Grabmal für den Dogen Niccolò Tron (1471–1473):* Entwurf von *Antonio Rizzo* (um 1430 ~ 1498). Das Ganze ist durch antikisierende Formen geprägt, wobei die Plastik dominiert (›römische‹ Nischenfiguren). Ein kassettiertes Tonnengewölbe (Christus unter der Wölbung) bildet den Abschluß; darüber die Verkündigungsgruppe und Gottvater. Als eigenhändige Werke Rizzos gelten die drei unteren Figuren: der Doge, Caritas und Prudentia (vgl. zu Rizzo S. 110).

TIZIANO

Tizian »Madonna des Hauses Pesaro« (1519/1526)

Die Pesaro-Madonna entstand unmittelbar im Anschluß an die »Assunta«. Zum ersten Mal tritt uns nun das Stifterporträt, ja die Porträtgruppe als Teil des religiösen Andachtsbildes entgegen. Ein Tabu ist gebrochen, das noch wenige Jahrzehnte vorher niemand anzutasten gewagt hätte. Der einzelne oder die Gruppe werden sich ihrer persönlichen oder geschichtlichen Bedeutung bewußt und treten nun (für alle sichtbar) neben die heiligen Figuren: eine ebenso verpflichtende wie problematische Nähe, die schon den Kern profaner Abspaltung in sich trägt, nämlich die Verselbständigung zum rein innerweltlichen Porträt.

In der Pesaro-Madonna hält Tizian noch die Balance zwischen sakraler und profaner Darstellung. Das Profane drängt sich nicht gewaltsam vor, sondern fügt sich dem Bildganzen in schöner Selbstverständlichkeit ein. Andererseits darf man die gegenwartsbezogene Aktualisierung des religiösen Bildes nicht übersehen. So meint z.B. die Darstellung von Petrus, Franziskus und der Muttergottes mehr als nur die bloße Wiedergabe dieser Gestalten – sie meint das Papsttum, das Mönchtum und die Marienverehrung. Doch bleibt dieser Bezug noch im sakralen Bereich. Geschichtsbezogener sind andere Aspekte.

Links wird die Gestalt *Jacopo Pesaros* durch einen Fahnenträger und einen am Turban kenntlichen Türken auf Venedig bezogen. Die Begleitfiguren sind gleichsam personifizierte Bilderklärungen. Sie wollen sagen: es handelt sich um jenen Jacopo Pesaro, der die venezianischen Truppen im Kampf gegen die Türken befehligte (wobei das Wappen im Banner den damals regierenden Papst anzeigt, in dessen Diensten Jacopo stand).

An Hand solcher Bedeutungszusammenhänge wird klar, wie nun mehr und mehr persönliche Züge in das religiöse Bild eindringen. Wenn z.B. auf der rechten Seite der Hl. Franziskus der Madonna die Familie Pesaro fürbittend empfiehlt, so tritt dieser Aspekt doch deutlich zurück gegenüber dem ganz natürlichen (und sehr viel stärker spürbaren) Wunsch, die Porträts der Familienmitglieder dargestellt zu sehen. Man braucht nur einen entsprechenden Bildausschnitt zu wählen (S. 60), um sofort zu sehen, daß diese Porträts auch für sich allein existieren könnten und den Charakter eines ›Bildes im Bilde‹ haben.

Eine epochemachende Erfindung Tizians ist ferner die Diagonalkomposition. Zum ersten Mal nimmt die Madonna nicht mehr die Bildmitte ein. Dennoch wird unser Blick (über den freien Vordergrund hinweg und an Petrus vorbei) zwingend auf die Muttergottes gelenkt, unterstützt von den beiden Säulen, die Tizian nachträglich hinzufügte. Sie wirken stark auf die Bildordnung zurück und unterstützen den Ausgleich zwischen Ruhe und Bewegung.

Tizian, sog. »Pesaro-Madonna«

◁ *Zur nebenstehenden Abbildung:* Unser Bildausschnitt zeigt einige Mitglieder der Familie Pesaro aus Tizians Madonnenbild in der Frarikirche. Der Portraitcharakter der Köpfe ist unmittelbar greifbar, die lebendige Gruppierung von schönster Ausgewogenheit und Harmonie, der Gesamteindruck nicht ohne ergreifenden Ernst und menschliche Nähe. Die Skala reicht von der reinen Seitenansicht über das verlorene Profil bis zur En-face-Darstellung. Auch die Altersunterschiede werden deutlich: Gelassenheit und Güte bei den Älteren; Distanziertheit beim Jüngeren; spontanes Zurseiteblicken bei dem Mädchen.

9 S. Polo

Gründung im 9. Jh. Der heutige Bau im Kern spätgotisch (u.a. hölzernes Mittelschiffgewölbe), jedoch im 19. Jh. stark verändert. Campanile 1362.

Tintoretto »Abendmahl« (1568/69)

An der inneren Fassadenwand. Es ist Tintorettos dritte Fassung dieses Themas, ein Bild von gesteigerter Dramatik, nicht mehr volkstümlich wie noch in S. Trovaso, sondern von hohem geistigen Anspruch, konzentriert auf wenige, groß gesehene Figuren. Die Einsetzung der Eucharistie ist das eigentliche Thema, ein neuer, von Tintoretto geschaffener Bildtypus. Christus ist aufgestanden und beugt sich weit nach vorne, um zwei Jüngern das Brot zu reichen. Der Vorgang spielt sich in eigenartiger Weise wie auf einer offenen Bühne ab. Die Öffnung zur Landschaft hin muß als die ausstrahlende Kraft des Sakraments verstanden werden (Welthorizont). In der nachdenklichen Gestalt rechts vermutet man den Stifter des Bildes. Ein am Boden liegender Mann, dem durch einen Jünger Brot gereicht wird, symbolisiert die Heilsbedürftigkeit der Menschen. Symbolisch muß wohl auch das spielende Kind verstanden werden, das einen Apfel gereicht bekommt: der Apfel ist jetzt keine verbotene Frucht mehr; die Gaben des ›neuen‹ Adam, wie Christus genannt wird, sind Brot und Wein.

Weitere Ausstattung: Beim Hochaltar zwei Bronzestatuen von *Alessandro Vittoria* (1525–1608). Linke Chorkapelle: »Mariä Verlobung« von *Veronese*. Links, 2. Seitenaltar: *G.B. Tiepolo* »Muttergottes mit Hl. Joh. v. Nepomuk« (1751).

Campo S. Polo **Nr. 9**

Der größte Platz Venedigs nach der Piazza di S. Marco. Keller: »Der Fremde, der nur kurz in Venedig weilt, nimmt gerne an, daß die Paläste der großen Familien alle am Hauptkanal liegen. Aber gerade die Stammhäuser der berühmtesten Geschlechter der Stadtgeschichte stehen an größeren oder kleineren Plätzen (campo oder campiello) oder an Seitenkanälen (rio)«. – Beispiele hier: anschließend an die Kirche, mit der Hauptfront zum Rio di S. Polo, (Nr. 2128) *Pal. Corner-Mocenigo*, vermutlich um 1543 von *Sanmicheli* aus Verona erbaut; daneben (Nr. 1957) der spätbarocke *Pal. Tiepolo-Maffetti*; der Kirche schräg gegenüber der spätgotische *Pal. Soranzo* (Nr. 2169).

Museum Goldoni (Nähe Campo): Calle Nomboli, Nr. 2793 ›Casa di Goldoni‹ im spätgotischen *Pal. Centanni*, wo der ital. Lustspieldichter *Carlo Goldoni* 1707 zur Welt kam (jetzt »Istituto studi teatrali«; *geöffnet* 8^{30}–13^{30} Uhr).

S. Silvestro **Nr. 9**

Gründung im 9. Jh. Die heutige Kirche 1836–1843, klassizistisch; Fassade 1909. *Sehenswert: Jacopo Tintoretto* »Taufe Christi« (um 1580), ein hervorragendes Werk, voll inniger Empfindung, dennoch monumental. Die beiden Männer in einer sehr persönlichen Begegnung gesehen (so, als spiele der Vorgang an abgelegenem Ort). Johannes, wie im Weggehen begriffen, tritt zurück in den Schatten, während Christus, überstrahlt von der Taube des Heiligen Geistes, ins hellste Licht gerückt ist (die Diagonale scheidet Hell und Dunkel).

Tizian, sog. »Pesaro-Madonna« (Ausschnitt)

10 S. Stae *(S. Eustachio)*

Die zum Canal Grande gerichtete Fassade (1709) orientiert sich an den Bauten Palladios, dessen Fassadenschema (erstmals bei S. Giorgio Maggiore um 1600) für eine Reihe venezianischer Kirchenbauten vom 16. bis zum 18. Jh. maßgebend war: vier Kolossalsäulen auf hohem Sockel tragen Gebälk und Giebel – ein Motiv, das an antike Tempelfronten erinnert (hier umgesetzt ins Barocke, vor allem durch einen größeren Anteil der Plastik).

Paläste am Canal Grande (Nähe S. Stae)

In Richtung Rialto (flußabwärts) zuerst *Pal. Pesaro* (hochbarock, 1676–1710, Abb. S. 27), dann *Pal. Corner della Regina* (1724, in der Nachfolge des Pal. Pesaro, doch stärker vertikalisiert).

In Richtung Bahnhof (flußabwärts) zuerst *Pal. Tron* (um 1590, noch vorbarock, zart, feingliedrig), dann *Pal. Belloni-Battagia* (17. Jh., früher venezianischer Barock, die gesprengten Fenstergiebel untypisch). Die beiden folgenden Bauten: zuerst *Venedigs Getreidespeicher* aus dem 15. Jh. (Markuslöwe modern), dann der *Fondaco dei Turchi* mit veneto-byzantinischen Stilelementen (vgl. zum Typus S. 20); das Gebäude heute Naturkundemuseum.

S. Cassiano — Nr. 10

Gründung im 10. Jh. Die heutige Kirche 17. Jh. (Campanile 15. Jh.). Drei Gemälde von *Jacopo Tintoretto* (1518–1594): über dem Hochaltar »Auferstehung Christi« (um 1565), an den Seitenwänden links »Kreuzigung« (um 1568), rechts »Christus in der Vorhölle«. Rechte Chorkapelle: Ausmalung (um 1620) durch *Leandro Bassano* (1557–1622), Sohn des bekannteren Jacopo Bassano.

S. Maria Mater Domini — Nr. 10

Um 1502–1540. »Der Kirchenbau ist schon in vorgotischer Zeit als Kuppelkirche errichtet worden. Als solche hat man ihn auch erneuert und im Sinne der venezianischen Renaissance gestaltet« (Hubala). *Ausstattung:* 2. Altar rechts »Hl. Christina« von *Vincenzo Catena* (um 1470–1531), einem von Giovanni Bellini, hier von Giorgione beeinflußten (mit diesem auch befreundeten) Maler. Rechter Querarm: »Abendmahl« von *Bonifacio Pitati* (1487–1553). Links 2. Seitenaltar: »Verklärung Christi« (1512) von *Franc. Bissolo* (um 1470–1554).

S. Giacomo dell'Orio *(S. Giacomo de Lupio)* — Nr. 10

Die heutige Kirche im 15. Jh. begonnen. Presbyterium erst nach 1500. Campanile romanisch. *Ausstattung:* Hochaltar »Sacra Conversazione« (1546) von *Lorenzo Lotto* (um 1480–1556). Rechte Chorkapelle: Dekoration im Stil der venezianischen Spätrenaissance. Alte Sakristei: Gemälde von *Palma d. J.* – Neue Sakristei (außerhalb der Kirche): Deckengemälde von *Paolo Veronese* (aus einer Scuola hierher versetzt).

11 S. Simeone Piccolo *(dem Bahnhof gegenüber)*

1718–1738, ovaler Kuppelbau mit palladianischem Säulenportikus. Nur vom Grundsätzlichen her von Interesse. Dazu Keller: Venedigs Sakralarchitektur habe sich im 17. Jh. den römischen Raumideen widersetzt und sowohl den Zentralbaugedanken wie die Durchdringung von Längs- und Zentralbau abgelehnt. »So ist es bezeichnend, daß die früheste Ovalkirche erst mit S. Simeone Piccolo auftritt, wobei der Außenbau die Ovalform zu verschleiern strebt«. Das Innere unbedeutend.

12 **Chiesa degli Scalzi** *(S. Maria di Nazareth)*

1683–1705. Zweistöckige spätbarocke Marmorfassade nach römischem Vorbild. Charakteristisch die Verdoppelung der Säulen, die wie beim gleichzeitigen Palazzo Pesaro (Abb. S. 27) frei vor die Fassadenwand treten und zusammen mit einer ebenso kräftigen Bauplastik eine betont muskulöse Oberfläche erzeugen. Die Einzelheiten sind jetzt derber, und die Kunstsprache ist im ganzen lauter geworden (spätbarock) – im Vergleich etwa zur Hochrenaissance, wo selbst bei einem so anspruchsvollen Palast wie dem Palazzo Corner, Ca'Grande (Abb. S. 25) die Doppelsäulen noch mit Zurückhaltung verwendet werden.

Das Innere war ehemals ausgezeichnet durch Deckenfresken Tiepolos. Sie gingen 1915 verloren (Ersatz 1934). Die verbliebene Dekoration ist stark plastisch bestimmt, der Hochaltar ein auftrumpfendes, theatralisches Werk.

Ponte degli Scalzi **Nr. 12**

1934. Eine neuzeitliche Brücke in schöner Anpassung an die venezianische Tradition: unter Zuhilfenahme der modernen Statik »die Verwirklichung einer Formvorstellung, welcher der Brückenbau voraufgehender Jahrhunderte sich nur hatte annähern können« (Keller). – *Bahnhof:* Stazione S. Lucia (1954), benannt nach einem ehemals hier befindlichen Kloster gleichen Namens.

S. Geremia **Nr. 12**

An der Einmündung des *Canale di Cannaregio* gelegen. 1753 begonnen (die Front am Kanal 1871 rekonstruiert). Ein Spätwerk venezianischer Sakralarchitektur, bei der noch einmal (nun aber frei variiert) eine Kreuzkuppelkirche mit palladianischem Einschlag entsteht. Das Innere »von kalter Pracht«.

Palazzo Labia *(am Canale di Cannaregio, neben S. Geremia)* **Nr. 12**

Der Kernbau um 1720, die Fassade gegen 1750. Ein Spätwerk venezianischer Palastarchitektur (heute im Besitz des Rundfunks, restauriert 1969–1972).

Sehenswert und berühmt sind die Fresken G.B. Tiepolos (1696–1770) im großen Festsaal. Sie entstanden vor 1750 (somit noch vor der Ausmalung der Würzburger Residenz). Die zweigeschossige Eingangswand des Saales wird durch Malerei illusionistisch fortgesetzt (diese Teile von *Gerolamo Mengozzi-Colonna*), und so der Rahmen für Tiepolos Bilder geschaffen. Deren Thema: Die Begegnung zwischen Marc Anton und Kleopatra: (a) das Festmahl der ägyptischen Königin mit Marc Anton, (b) Marc Anton überredet die Königin zur Fahrt nach Actium, (c) Decke: Dichtung und Liebe.

Tiepolo steht in diesem Augenblick auf der Höhe seines Schaffens, umworben von den großen venezianischen Familien, die sich darum bemühen, Fresken und Bilder von ihm zu erhalten. Noch einmal, nach der Pause des malerisch so unfruchtbaren 17. Jh., erneuert sich die Kunst Veroneses. Ein letztes Mal erleben wir die festliche Stimmung der ›Gastmähler‹, doch sind sie jetzt in die flüchtigere Atmosphäre des Rokoko getaucht, mit lockerer Strichführung hingeworfen und im ganzen mehr Empfindung als gegenständliche Schilderung.

S. Giobbe **Nr. 12**

Zugang: Dem Canale di Cannaregio entlang bis zur dreibogigen Brücke; dort nach links. *S. Giobbe:* In seiner heutigen Form eine Stiftung des Dogen *Cristoforo Moro* (gest. 1471); Kloster und Hospital 14. Jh. Die Kirche um 1450 spätgotisch begonnen, dann aber, nach Planwechsel, in den Formen der Frührenaissance errichtet: in Venedig eines der ersten Beispiele dieser Stilphase. Der Chor überkuppelt, vom Auftraggeber zur Grablege seiner Familie bestimmt.

Portal: Schon das Eingangsportal aus Marmor stellt mit seinem klaren architektonischen Aufbau (alles Gotische weit hinter sich lassend) ein vorzügliches Beispiel ›wiederbelebter Antike‹ dar: rechteckige Türe, rahmende Pilaster, klassisches Gebälk und Kreisbogenlünette – alles scharf abgegrenzt, eindeutig definiert, von schönen Proportionen und im Gesamtcharakter bestimmt durch jenen zarten Reliefschmuck, der die Frührenaissance und ihre Vorliebe für alles Lineare kennzeichnet. *Portalplastik:* kniend S. Giobbe (Hiob) und der Hl. Franz von Assisi; stehend (Mitte) der Hl. Bernhardin von Siena (den Moro persönlich kannte), ferner rechts der Hl. Antonius, links der Hl. Ludwig.

Inneres: Man wird sofort die toskanische Schmuckfreudigkeit bemerken. Wie schon am Portal, so sind auch hier die architektonischen Glieder mit einem Marmordekor überzogen: frische, jugendliche Formen (Akanthus), wie sie die Frührenaissance charakterisiert. Eine Besonderheit: das Auftreten von ›Tondi‹ (vom antiken Medaillon abgeleitete Kreisform), typisch für Florenz, in Venedig dagegen meist abgelehnt; sie erscheinen hier als Evangelistenreliefs in den Zwickeln der Kuppelwölbung.

Pietro Lombardo (um 1435–1515), hier nach 1471 genannt, war damals neben Mauro Coducci der wichtigste Mann der venezianischen Architektur. Zusammen mit seinen Söhnen Antonio und Tullio prägte er die nachgotische Baukunst Venedigs: (a) 1481 Santa Maria dei Miracoli (Abb. S. 72), (b) ab 1485 Fassade der Scuola Grande di S. Marco (Abb. S. 128), hinzu kommt noch der neue Typus des Dogengrabmals als Ruhmesdenkmal (Beispiele in »Zanipolo«).

Ausstattung: Die Kirche besaß ehemals berühmte Werke der frühen venezianischen Renaissancemalerei (Bellini, Basaiti, Carpaccio) – heute zumeist in der Accademia. Vom verbliebenen Bestand nennen wir: in der *Sakristei* (Cappella Da Mula) ein Triptychon (um 1445) von *Antonio Vivarini.* Vor dem Hochaltar die *Grabplatte* über der Gruft für Cristoforo Moro (1470). *Cappella dei Martini* (2. Kapelle, Nähe Eingang): toskanische Dekoration aus Terrakotta nach Art des Florentiners Luca della Robbia (weiß auf blauem Grund).

13 **S. Marcuola**

1728–1736. Fassade am Canal Grande unvollendet (Richtung Rialto folgt nach rechts der Pal. Vendramin-Calergi, Abb. S. 24). *Inneres:* Saalraum. Die Altäre mit Skulpturen statt mit Altarbildern ausgestattet. Wichtigstes Bild im Chorraum links: »Abendmahl« (1547) von *Tintoretto.* Die früheste seiner Fassungen (in demselben Jahr entstanden wie das »Markuswunder«, Abb. S. 157). Umsetzung von Leonardos Mailänder Bild von 1495/97 ins Volkstümliche: Breitformat, Anordnung der Jünger in zwei Gruppen zu je fünf, dazu die Mittelgruppe mit Christus. Im Vergleich zu späteren Fassungen undramatisch.

14 **Madonna dell'Orto**

Kirche und Klosterbauten aus dem 15. Jh. Die *Fassade* für einen spätgotischen Ziegelbau ungewöhnlich reich, doch mehr dekorativ (und darin venezianisch) als wirklich durchstrukturiert. Zusammenschluß verschiedener Stilelemente: gotisches Maßwerk (an den Fronten der Seitenschiffe); maßwerklose Rundfenster (Fassadenmitte); Portal mit antikisierenden Säulen bei gleichzeitiger Verwendung von gedrehten Diensten, kielbogigem Aufsatz und Krabben (nach Hubala die Portalarchitektur erst um 1460 eingefügt). Am auffallendsten die für Venedig ungewöhnliche Herausstellung von Plastik, deren Anordnung wenig überzeugt. Die Baldachine ein Anklang an S. Marco; dagegen kein geschweifter Giebelabschluß, wie ihn die Frarikirche kennt. *Campanile* (um 1500) mit Kugelhaube: Vorbild für Münchner Frauenkirche(?).

Inneres: 3schiffige, flachgedeckte Säulenbasilika von bedeutenden Ausmaßen, doch ohne Querschiff. Die mittlere Chorkapelle gewölbt und polygonal gebrochen. In der rechten Chorkapelle das Grab Tintorettos (Gedenkstein).

Gemälde von Jacopo Tintoretto (1518–1594)

(a) *Über der Tür zur Mauruskapelle:* »Tempelgang Mariä« (um 1552), ursprünglich Außenflügel der Orgel. Das Bild muß in Konkurrenz zu Tizians herrlicher Darstellung von 1534/38 in der Accademia (Abb. S. 162) gesehen werden. Dort vollzieht sich der Vorgang (bei extremem Breitformat) wie ein Staatsakt vor einer architektonisch bedeutenden, zugleich in die Landschaft Ausblick gewährenden Kulisse: eine ruhige, feierliche, aristokratische Grundhaltung. Ganz anders Tintoretto, der bei verändertem Format auch einen anderen Effekt sucht: wir sehen den Vorgang so, als stünden wir selbst auf der Treppe; wir sind nicht Zuschauer, sondern gleichsam Begleiter der Maria, und es gibt sehr viel weniger zu sehen, was uns zum ästhetischen Genuß verführen könnte. Die eigentliche Handlungsbühne besteht nur aus Stufen. Wir schauen steil nach oben, direkt auf den Hohenpriester. Tintoretto übertrifft somit Tizian an Unmittelbarkeit der Darstellung; dafür ist sein Bild weniger ›schön‹. Bei Tizian spürt man die Selbstsicherheit der Hochrenaissance; bei Tintoretto die veränderte Geisteshaltung der ›manieristischen‹ Generation. Man braucht nur die unheimlichen ›Zeugen‹ des Vorgangs, die bei Tintoretto links auf den Stufen kauern, mit der vornehmen, sorgfältig gekleideten Gesellschaft bei Tizian zu vergleichen, um das prinzipiell Gegensätzliche der beiden Auffassungen zu erkennen.

(b) *Mittlere Chorkapelle:* Monumentale Leinwandbilder (1546) »Anbetung des Goldenen Kalbes« (links) und »Jüngstes Gericht« (rechts). Die beiden Gemälde entstanden einige Jahre vor dem »Tempelgang Mariä«. Es sind Frühwerke des Malers, doch zeigt sich schon hier seine ganz persönliche Auffassung von den darzustellenden Vorgängen. Moses erscheint wie ein »ekstatisch bewegter Schatten« – ein Beispiel für die Hell-Dunkel-Technik Tintorettos, bei der sich das Licht immer mehr zu einem Mittel der Bildaussage verselbständigt. Daneben bemerkt man die Freude des jungen Malers an der Wiedergabe des Gegenständlichen, und so wird der Festzug mit dem Goldenen Kalb zum Ausdruck lebensvoll-prunkender Daseinsfreude. Der Figurentyp ist von Michelangelo beeinflußt.

Noch stärker ist der Einfluß Michelangelos im »Weltgerichtsbild« (gegenüber) zu spüren, wo sich zugleich die Neigung Tintorettos zur dramatisch-visionären Gestaltungsweise zeigt, und man die Kraft seiner bildschöpferischen Phantasie zu spüren bekommt. Tintoretto – das bedeutet den Einbruch des Manierismus in die venezianische Malerei, eine ›Störung‹ des Klassischen: grüblerisch, zweifelnd, ekstatisch, ein leidenschaftliches Fragen.

(c) *An den Wänden der Apsis:* Fünf Tugenden – Einzelfiguren, die nicht für diese Stelle gemalt wurden und auch nicht die Qualität anderer Tintorettobilder erreichen. Ferner die ehemaligen Außenflügel der Orgel: »Erscheinung Christi vor Petrus« und »Martyrium des Hl. Christoph«.

Kapelle der Contarini (linkes Seitenschiff) mit Grabmälern der Familie. Altarbild von *Tintoretto* »Die Hl. Agnes erweckt den Sohn eines Römers« (1569). *Letzte Kapelle: Giovanni Bellini* »Madonnenbild« (1475/80).

S. Alvise — Nr. 14

Gründung als Nonnenkirche, Fassade und Campanile 1388, im 17. Jh. in eine Saalkirche umgewandelt (Nonnenempore belassen). *Sehenswert: G.B. Tiepolo* »Christus auf dem Weg zum Kalvarienberg« (um 1743), abhängig von Tintorettos Darstellung in der Scuola Grande di S. Rocco (Abb. S. 46).

15 **I Gesuiti** *(mit Tiziangemälde)*

Die Kirche ursprünglich Sitz eines Ordens *(Crociferi)*, ab 1657 im Besitz der Jesuiten. Der Neubau im 17. Jh. begonnen, die Ausstattung 18. Jh. *Die Fassade* von römischen Vorbildern abhängig. *Das Innere* (1714–1729) ein ›barocker‹, tonnengewölbter Saalbau mit Seitenkapellen, Querhaus und Chor. Der Gesamteindruck von allen venezianischen Kirchen am ›römischsten‹ und insofern in Venedig ein Fremdkörper, doch in der Einheitlichkeit der Ausstattung eindrucksvoll: Wandpfeiler, mächtige Säulen, Pilastergliederung, Stuckdekoration, Vergoldung, Marmorinkrustation, Fresken *(Louis Dorigny)* und ein kuppelbekrönter Altarbaldachin *(Giuseppe Pozzo)* mit tiefgrünen, gewundenen Säulen und plastischem Altaraufsatz »Trinität über der Weltkugel«.

Wichtigstes Bild (in der letzten linken Seitenkapelle): »Martyrium des Hl. Laurentius« (vor 1559) von *Tizian* (um 1477–1576). Das Bild lebt aus der Spannung von hellen und dunklen Partien. Ins Dunkel gehüllt ist die im Hintergrund aufwachsende Palastfassade, die ›römisch‹ zu verstehen ist, d.h. als Sitz des Kaiser Gallienus, unter dessen Verfolgung (258 n. Chr.) sich das Martyrium vollzog (rund 80 Jahre vor der offiziellen Anerkennung des Christentums). ›Dunkelheit‹ meint hier sowohl das Heimtückische der Marterung als auch die Machtlosigkeit des Bösen, das den Sieg des Glaubens nicht verhindern kann. Der Gemarterte ist in zwiefaches Licht getaucht: neben den Fackeln der Häscher und dem auflodernden Feuer unter dem Rost, gibt es noch eine von oben, aus dunkler Nacht herableuchtende Helligkeit; ein überirdisches Licht, das Licht göttlicher Verheißung. In einem letzten Sichaufbäumen reckt sich Laurentius ihm entgegen, Hilflosigkeit und Errettung in einer einzigen Geste symbolisierend. Das Bild gehört zum Alterswerk des Meisters. Tizian war schon über 80 Jahre, als er es im Gedenken an seinen kurz zuvor verstorbenen Freund Lorenzo Massomo malte. Vielleicht war die Arbeit an diesem Bild für Tizian wie eine Frage an das Leben, gleichsam sein eigener Blick in die bevorstehende Nacht des Todes. Tizian war es freilich vergönnt, noch als nahezu Hundertjähriger zu malen (vgl. seine Pietà, S. 158).

Weitere Ausstattung: Linkes Querhaus: *Tintoretto* »Assunta«. Linke Chorkapelle: Dogengrabmal (1595). Sakristei: Wand- und Deckenbilder von *Palma d. J.*

Palazzi Zen: Bautengruppe des frühen 16. Jh. am nahegelegenen Rio di S. Caterina, vielleicht nach Ratschlägen des Architekturtheoretikers *Sebastiano Serlio* (1475–1554) gestaltet, dessen Bücher über ganz Europa verbreitet waren.

16 **SS. Apostoli**

Eine sehr frühe Gründung. Die Kirche im Laufe der Jahrhunderte mehrfach umgestaltet, zuletzt in der Mitte des 18. Jh. *Sehenswert: Cappella Corner* (um 1490/1500), ein quadratischer Kuppelraum, »ein Juwel venezianischer Frührenaissance« (Hubala) – ursprünglich zur Grablege der Königin von Zypern, Caterina Cornaro (gest. 1510), bestimmt (Grabdenkmäler für den Vater und den Bruder der Königin; das Grabmal der Königin heute in S. Salvatore). Altar mit einem schönen Gemälde *G.B. Tiepolos* »Kommunion der Hl. Lucia«.

S. Felice **Nr. 16**

Heutige Gestalt kurz nach 1531: Renaissancekirche in der Form eines kreuzförmigen Zentralbaues mit mittlerer Kuppel und vier überkuppelten Eckräumen. Es ist die typische Form des venezianischen Sakralbaues in den ersten Jahrzehnten des 16. Jh. Die alte Ausstattung der Kirche weitgehend verloren.
Ca'd'Oro: Meisterwerk venezianischer Spätgotik (S. 23) und Museum (S. 164).

17 Der Bezirk um die Rialtobrücke

Übersicht: Allgemeines zu Rialto – Fondaco dei Tedeschi – S. Bartolomeo – S. Giovanni Crisostomo – Pal. dei Camerlenghi – Pal. dei Dieci Savi – S. Giacomo di Rialto – Fabbriche Nuove – Pescheria – S. Giovanni Elemosinario – Dürer und Venedig – Rialtobrücke.

Das Gebiet um Rialto gehört neben *S. Marco* und dem *Arsenal* zum ältesten Siedlungsterrain Venedigs. Hier, wo bis zur Mitte des 19. Jh. (1854) die einzige Brücke über den Canal Grande bestand, liegt noch heute der Schnittpunkt der vier wichtigsten Stadtteile: nach Süden (der Schleife des Canal Grande folgend) *S. Marco*; nach Westen (bis zur Frarikirche) *S. Polo*; nach Norden (bis zum heutigen Bahnhof) *Cannaregio*; nach Osten (über das Arsenal hinaus) *Castello*. Aufgrund dieser zentralen Lage entstanden hier auch die großen Märkte – der Obst-, der Gemüse- und der Fischmarkt mit den anschließenden, noch heute bestehenden Uferpromenaden: flußaufwärts für die Anlieferung von Öl *(Riva dell'Olio)*, flußabwärts für Wein *(Riva del Vin)*, Metalle *(Riva del Ferro)* und Kohle *(Riva del Carbon)*. Wie Spinnenarme durchziehen von Rialto aus die Hauptgassen das Häusermeer der Stadt und führen (für den Fremden nicht sofort überschaubar) zu den Märkten der einzelnen Quartiere, deren Plätze sich stets um eine Kirche herum gruppieren: *im Norden* bei SS. Apostoli, *im Westen* bei S. Giacomo dell'Orio und S. Polo, *im Süden* bei S. Marco, *im Osten* bei S. Maria Formosa. Als lebensnotwendiges Zentrum ist der Rialto eine öffentliche Angelegenheit. Das Privathaus tritt hier zurück. Beherrschend sind Handelsniederlassungen, Verwaltungsgebäude und Finanzstellen, ein Baubestand der fast durchweg ins 16. Jh. zurück reicht. Man spürt, zumal auf der Seite der Märkte, das Planmäßige der städtebaulichen Regulierungen. Über den mittelalterlichen Kern hinausgehend hat man im 16. Jh. die Ufer verbreitert, die Märkte vergrößert und Gebäude erstellt, die in ihrer monotonen Sachlichkeit schon an neuzeitliche Verwaltungsbauten erinnern. Der künstlerisch bedeutendste Bau ist die Rialtobrücke selbst, die wir der Abbildung wegen am Schluß dieses Kapitels behandeln.

Fondaco dei Tedeschi (heute Hauptpost): Eine deutsche Handelsniederlassung auf venezianischem Boden wird erstmals 1228 erwähnt. Sie muß im Laufe der Jahrhunderte große Bedeutung erlangt haben, denn als sie 1505 abbrannte, übernahm die Republik Venedig die Kosten für einen in seiner Größe erstaunlichen Neubau und beauftragte Giorgione und Tizian, damals noch recht junge Maler, mit den Außenfresken, die leider verlorengingen. Auch die bevorzugte Lage des deutschen Kaufhofes unmittelbar am Rialto muß überraschen, denn die Niederlassungen der Juden und Türken, der Griechen, Dalmatier, Albaner und Armenier waren über die ganze Stadt verstreut, und nur die Perser hatten ihren Kaufhof neben dem der Deutschen am Rialto. Als Institution glich der Kaufhof einer klösterlichen Gemeinschaft. Man war strengen Regeln unterworfen, unterstand venezianischer Aufsicht, wohnte und aß gemeinsam (nur Männer waren zugelassen) und trat in der Öffentlichkeit als ›Bruderschaft‹ mit zugehöriger Kirche (S. Bartolomeo) auf.

Das Gebäude (1505–1508): Die Fassade zum Canal Grande ist nach venezianischer Tradition dreigeteilt und in der Mitte durch den fünfbogigen ›Portego‹ ausgezeichnet. Darüber, an den durch Balustraden betonten Ecken, lagen Sommer- und Winterrefektorium (Speisesäle). Das Gebäude schloß ähnlich wie die spätgotische Ca'd'Oro mit einer zinnenähnlichen Schmuckleiste. Aus Grundriß und Aufriß spricht nüchterne Rationalität: 160 Räume gruppieren sich in vier Stockwerken um einen quadratischen Innenhof mit vierfach übereinandergestellten Pfeilerarkaden sowie einem Brunnen (das ehemalige Brunnenhaus fehlt heute). Die Außenräume des Erdgeschosses waren als Läden eingerichtet, die übrigen Räume als Magazine; die oberen Stockwerke dienten der Verwaltung und dem Wohnen. An der Kanalseite lag links die Zollstelle.

S. Bartolomeo (werktags 9–11 Uhr geöffnet): 1723 ff., nur wenige Schritte vom Fondaco dei Tedeschi entfernt, ehemals die Hauskirche der deutschen Kaufleute. In der rechten Chorkapelle stand im 16. Jh. Dürers berühmtes Bild »Das Rosenkranzfest«, 1506 in Venedig gemalt, später von Kaiser Rudolf II. erworben und seitdem in Prag (vgl. zu Dürer die folgende Seite). Sehenswert im Chor: die ehemaligen Orgelflügel (1507/09) von *Sebastiano del Piombo* (um 1485–1547), einem Bellini-Giorgione-Schüler. Darstellung von vier Heiligen: von tiefem religiösem Ernst, zugleich farbenprächtig und von guter psychologischer Charakterisierung. Hochaltarbild von *Palma d. J.* (»Marter des Hl. Bartolomeo«).

Campo S. Bartolomeo (Campo Goldoni): Ehemals der Kirchplatz von S. Bartolomeo. Denkmal (1883) für *Carlo Goldoni* (1707–1793), ital. Lustspieldichter.

S. Giovanni Crisostomo (vom Fondaco dei Tedeschi etwa 3 Minuten in nördlicher Richtung): Kirche 1497–1504, Ausstattung bis 1525, Campanile 1532 bis 1590. Venezianische Kreuzkuppelkirche in schönstem Renaissancestil von *Mauro Coducci*, etwa gleichzeitig mit dessen zweitem Meisterwerk, dem Pal. Vendramin-Calergi am Canal Grande (Abb. S. 24), *Die Fassade* folgt in vollendeter Weise den Architekturprinzipien der nachgotischen Zeit: das Ganze klar gegliedert und überschaubar. Man bevorzugt große, ruhige Wandflächen (hier rot verputzt), schafft durch Pilaster und Gesimse horizontale und vertikale Bahnen und setzt in die so entstehenden ›Felder‹ architektonische Akzente (Portal, Rundbogenfenster, Kreisfenster), die sich mit zeichnerischer Schärfe als in sich selbst ruhende Gebilde abheben. Die Grundformen sind geometrischer Natur: Rechteck und Dreieck, Kreis und Kreissegment – ein etwas kühles, abstraktes ›Material‹ (vgl. die Umsetzung ins Monumentale bei S. Zaccaria, Abb. S. 126). *Das Innere* baut sich nach denselben Prinzipien auf, nur daß es sich dort um kubische Grundformen handelt. Die Raumteile fügen sich wie aus Würfeln gebildet aneinander, aus den Tonnengewölben ergibt sich die Kreuzform, die Kuppel akzentuiert die Raummitte, das sakrale Ziel bildet der dreiteilige Chor. *Ausstattung:* Altarbild der 1. Seitenkapelle rechts, ein Spätwerk (1513) von *Giovanni Bellini* (um 1430–1516): »Hl. Hieronymus, Hl. Christophorus, Hl. Augustin«. Hochaltarbild von *Sebastiano del Piombo* (um 1485–1547) »Madonna mit Heiligen« (1509/11).

Pal. dei Camerlenghi (1525–1528): Ehemals der Sitz der drei obersten venezianischen Finanzpräsidenten, was sowohl die Lage des Palastes am Rialto als auch seine aufwendige Gestaltung erklären. Die Fassade signalisiert (neben anderen Bauten dieser Art) eine Wende in der Dekorationskunst der Lagunenstadt. Die einheimischen Dekorationsprinzipien (Gotik und Spätgotik) hatten sich überlebt; die neuen Stilkomponenten kamen von außen, aus der Lombardei. »Die zarte venezianische Art zu ornamentieren (vgl. Dogenpalast oder Ca'd'Oro), wurde sehr schnell übertrumpft, ja ausgelöscht«; so sind die neuen Bauten letztlich »Fremdkörper im Stadtbild« (Keller).

Pal. dei Dieci Savi (1513–1521): Ein langgestrecktes Gebäude in Fortsetzung der Rialtobrücke, ehemals Sitz der ›Zehn Weisen‹ als oberstem Gremium der Steuerbehörde (Abgabe des Zehnten). In gewisser Hinsicht ein Gegenstück zum Pal. dei Camerlenghi, nämlich eine Finanzbehörde, doch nicht von gleichem Rang, daher schlichter gehalten: ein sachlicher Verwaltungsbau.

S. Giacomo di Rialto: Der Tradition nach die älteste Kirche Venedigs (7./8. Jh.). Die heutige Kirche aus dem 12. Jh. (1531 und 1601 grundlegend umgebaut) bewahrt noch etwas von der vorgotischen Struktur einer Kreuzkuppelkirche.

Fabbriche Nuove (1552–1555): Entwurf von *Jacopo Sansovino*, der etwa ab 1530 Venedigs führender Architekt war (u.a. Libreria Vecchia, Zecca, Pal. Corner, Ca'Grande, S. Salvatore). Seine dreistöckigen Bauten am Canal Grande öffnen sich im Erdgeschoß als gewölbte Hallen für den Marktbetrieb. Die Rustizierung der Arkadenpfeiler ist wiederum ›unvenezianisch‹ (Sansovino kam aus Florenz), verstärkt sich jedoch noch bei den späteren Barockpalästen der Stadt.

S. Giorgio Maggiore
Dogenpalast
S. Marco
S. Salvatore
S. Maria dei Miracoli
S. Bartolomeo
Fondaco dei Tedeschi
S. Giovanni Crisostomo
Rialto-brücke
Pal. dei Camerlenghi
S. Giacomo di Rialto
S. Giovanni Elemosinario
Fabbriche Nuove
Ca' Da Mosto
Pescheria

Pescheria (Fischmarkt): Neugotische Markthalle (1907). – Anschließend der Palast der Familie *Querini*, denen noch im 14. Jh. dieses ganze Gebiet gehörte.

S. Giovanni Elemosinario (1527–1539): Erste Erwähnung 1051, der Campanile noch gotisch (1398–1410); der spätere Renaissancebau übernimmt die alte Grundform der venezianischen Kreuzkuppelkirche. *Ausstattung:* Hochaltarblatt »Almosenspende des Hl. Johannes« (um 1545) von *Tizian*. Rechte Chorkapelle: Altarbild »Heilige« (um 1535) von *G. A. Pordenone* (1483/84–1539). Im Kirchenraum u.a. das Bild »Der Doge Leonardo Donà besucht die Kirche« von *Palma d. J.*

Dürer und Venedig — Nr. 17

Albrecht Dürer (1471–1528) hat Venedig zweimal besucht: als 23jähriger (1494/95), dann noch einmal mit 34 Jahren (1505/07). Dürer wußte, daß die Zentren der ›modernen‹ Kunst außerhalb Deutschlands lagen und hatte schon in Nürnberg Kupferstiche Mantegnas kopiert. Nun zog es ihn mächtig nach Süden. Zwar war es ihm nicht vergönnt Rom und Florenz kennenzulernen, doch wurde ihm Venedig um so mehr zu einem nachhaltigen Erlebnis. Hier erst entdeckt Dürer die Farbe in ihrer Leuchtkraft und als malerischen Eigenwert. Er bewundert Giovanni Bellini (um 1430–1516) und erhält von ihm die Anregung zu seinen »Vier Aposteln«, notiert sich auch aus venezianischen Bildern einzelne Figuren, die er später wiederverwendet, und gewinnt durch seine Reisen ein neues Verhältnis zur Landschaft, indem er sich das Breitformat und den Himmel als Motiv zu eigen macht. Im übrigen ist er, wie er an Pirkheimer schreibt, »ein Herr«, vornehm gekleidet und angesehen in der Gesellschaft – selbst vom Dogen erhält er in seinem Atelier Besuch. Höhepunkt seines Schaffens war das 1506 für die Deutschen gemalte »Rosenkranzfestbild« (heute in Prag).

Die Rialtobrücke *(Ponte di Rialto: 1588–1591)* — Nr. 17

Antonio da Ponte (um 1512–1597). – Wie uns der berühmte Holzschnitt des *Jacopo de'Barbari* von 1500 zeigt (Abb. 1), war der ›Ponte di Rialto‹ zur Zeit der Frührenaissance noch eine gedeckte Holzbrücke, versehen mit einem aufziehbaren Gatter für die Durchfahrt der Schiffe. Vielleicht hat gerade das Problem der freien Durchfahrt die Umsetzung in die Steinarchitektur lange verzögert. Schon 1501 hatte man diesbezüglich die ersten Projekte vorgelegt, denen eine lange Planungsphase folgte. Berühmte Namen tauchen dabei auf: Michelangelo, Sansovino und Vignola, aber auch Palladio und Scamozzi; sie zeigen uns, daß man den Brückenbau am Rialto als eine bedeutende, sowohl bautechnische als auch baukünstlerische Aufgabe begriff, und das Vorhaben weit über Venedig hinaus die besten Architekten beschäftigte. Venedig indessen ließ sich Zeit. Man zögerte so lange mit der Ausführung, bis die bestmöglichste Lösung und zwar eine ›venezianische‹ gefunden war. Venezianisch war die Ablehnung einer mehrbogigen Brücke, die den Canal Grande zu stark abgeschnürt und den ausdrücklich geforderten freien Durchblick verstellt hätte. Venezianisch war aber auch die Maßgabe, auf der Brücke Kaufläden einzurichten und doch die Funktion als ›Verkehrsweg‹, d.h. als Fußgängerübergang, nicht zu beeinträchtigen. Ausgeführt wurde schließlich das *Projekt von Antonio da Ponte* (Abb. 2), der in diesem Zusammenhang wohl als Gegenspieler zu Palladio und dessen klassizistischen Vorstellungen gesehen werden muß. Palladio hatte ja auch nach dem Brand des Dogenpalastes (1574/1577) dessen Neubau in modernen Formen gefordert, während da Ponte seine Wiederherstellung und damit die Erhaltung des ›Venezianischen‹ betrieb. So auch hier. *Palladios Entwurf* (Abb. 3) besitzt gewiß Größe, doch hätte seine Brücke den Canal Grande zu sehr blokkiert, während da Ponte das Venezianisch-Dekorative sehr viel besser traf und seinem weitgespannten Brückenbogen mit dem Auf und Ab der Treppenwege etwas Leichtes, ja Schwereloses zu geben wußte.

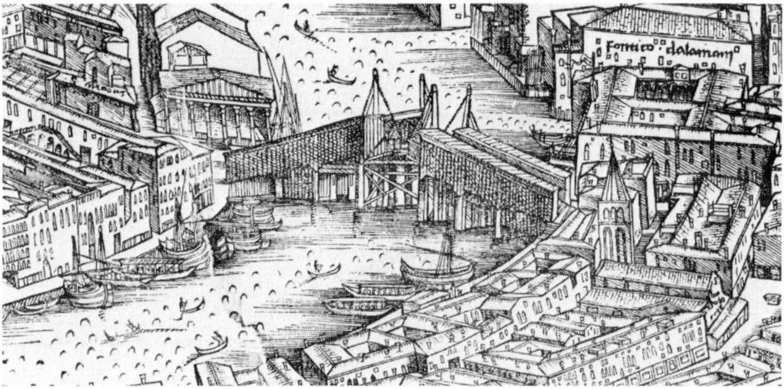

Die mittelalterliche Rialtobrücke

Die Rialtobrücke heute (Antonio da Ponte)

Palladios Brückenentwurf (Gemälde Canalettos)

S.Maria dei Miracoli, Fassadenaufriß

18 S. Maria dei Miracoli

Zugang vom Rialto aus: Dem Fondaco dei Tedeschi entlang durch die Salizzada S. Giov. Crisostomo. Nach der ersten Brücke rechts in die Sal. San Canciamo, dann die dritte Gasse nach rechts, Calle Boldu dei Miracoli. *Zugang von SS. Giov. e Paolo aus:* der Kirchenfassade gegenüber in die Calle Larga (geradeaus) und über die dritte Brücke nach links.

Die Kirche (1481–1489) von *Pietro Lombardo:* Erbaut zur Verehrung eines wundertätigen Marienbildes (Hochaltar). »Die schönste, stilistisch einheitlichste und qualitätvollste Saalkirche der italienischen Frührenaissance, die sich erhalten hat« (Hubala).

Pietro Lombardo (um 1435–1515) – das bedeutet den Einbruch einer neuen Dekorationskunst in das spätgotische Venedig. Jeder Besucher wird vor der Fassade der Miracolikirche das Ungewöhnliche, ja Gegensätzliche der Dekoration empfinden, wenn er sie in Gedanken mit den gotischen Palastfassaden am Canal Grande oder mit den Ziegelsteinfronten der Bettelordenskirchen vergleicht. »Die Art, wie die Porphyr- und Serpentinplatten in ihren schweren und kräftigen Farben in Form von Kreuzen, Kreisen, Oktogonen und Rosetten als Fremdkörper in die Fassade eingebettet werden, ohne sich um die Homogenität der Fläche im mindesten zu kümmern, war Venedig ganz fremd« (Keller). Diese Feststellung mindert indessen nicht die Qualität dieser auf geometrischen Grundformen basierenden Architektur.

Die Abfolge der Details ist durchaus logisch: in der untersten Zone rechteckige Felder, darüber solche mit Halbkreisschluß, zuletzt am Giebel die Kreisform. Das Kreuz über dem Portal verklammert das untere mit dem oberen Geschoß, ebenso die Tür mit den Fenstern. Die übrigen Schmuckformen wirken wie Reflexe auf dieses Mittelornament. In den fünf kleineren Kreisen des Giebels spiegelt sich die Fünfteilung der Wand. Im ganzen der Fassade sind die drei mittleren Achsen betont, die äußeren entlastet. Das alles ist rational entworfen, aber doch liebenswürdig und im einzelnen sehr gewissenhaft gearbeitet.

Der Innenraum erweist sich als vollkommene Entsprechung und zugleich als Steigerung dessen, was in der Fassade vom Material und von der Form her anklingt. Der Raum ist tonnengewölbt und von inkrustierten Wänden umschlossen, ausgerichtet auf den erhöhten Chor, zu dem 14 Stufen hinaufführen (nach Hubala eine Anspielung auf Mariä Tempelgang). Vom etwas dunkler gehaltenen Kirchenraum blickt man so hinauf in die Lichtfülle des architektonisch durch eine Kuppel überhöhten Chores. Die Qualität der dekorativen Details am Triumphbogen, an den Balustraden und den Altarschranken ist außerordentlich und ganz vom antikisierenden Motivschatz der Frührenaissance erfüllt. Man sieht Putten und Greifenpaare, Vasen, Weinlaub und Blumengewinde. Charakteristisch auch die Tondi mit den Evangelisten in den Pendentifs unter dem Kuppeltambour.

19 S. Salvatore

Lage: Nähe Rialto – Campo S. Bartolomeo. Man berührt die Kirche auf dem Weg von S. Marco zum Rialto im Zuge der Merceria (der Hauptgeschäftsstraße).

Die Kirche S. Salvatore (1507–1534), von *Tullio Lombardo und Jacopo Sansovino* erbaut, ist in erster Linie durch ihren Innenraum berühmt. Es handelt sich um den interessanten Versuch, die venezianische Kreuzkuppelkirche der Frührenaissance in monumentale Dimensionen zu übersetzen – letztlich wohl in dem Bestreben, mit S. Marco in einen konkurrierenden Vergleich zu treten (dort fünf, hier drei Kuppeln).

Blickt man in die Gewölbezone, so erkennt man sofort den rhythmischen Wechsel zwischen den drei Kuppeln (ursprünglich ohne Laternen) und den Tonnengewölben der Intervalle. In der unteren Raumhälfte kompliziert sich dieses System im freien Durchblick durch die weit geöffneten ›Pfeiler‹- oder Trabantenräume. Waren diese kuppeltragenden Raumteile in S. Marco noch zweigeschossig und von kompakter Mauermasse, so sind es jetzt allseitig geöffnete, hohe und freie Baldachine, unter die man wie unter einen Portikus tritt. Die Folge ist, daß sich nunmehr das Kirchenschiff (trotz Unterteilung) räumlich außerordentlich weitet. Und diese Weitung bewirkt, daß nun auch der Blick auf die Nebenaltäre und ihre Altarbilder nicht mehr verstellt ist, obschon sich vor den Altären ein eigener Bezirk durchaus abzeichnet.

Im ganzen ergeben sich somit drei große Differenzierungen: die Trabantenkapelle als kleinste Raumeinheit ist durch ›Öffnung‹ in den Gesamtraum integriert; die tonnengewölbten Raumabschnitte verketten diese Kapellen untereinander und integrieren sie in höher aufsteigende Kompartimente, während zuletzt jeweils die Kuppel den übergeordneten Zusammenhang klärt, so daß das Raumganze in den drei Wölbungsschalen gleichsam seinen Zielpunkt hat. Geht man von diesen größeren Kuppelräumen aus, so stellt man fest, daß jeder – für sich gesehen – von vier Trabantenräumen umstellt ist. Das entspricht der bekannten Fünfergruppe der venezianischen Renaissancekirche (sog. Quincunxkirche). Bei S. Salvatore überschneiden sich aber diese Raumgruppen, denn infolge der dreifachen Aneinanderreihung dieses Systems gehört jede der Trabantenkapellen gleichzeitig zwei Großräumen an. Diese ›Komplizierung‹ bedeutet jedoch für den Raumeindruck eine Bereicherung. Der Weg zum Presbyterium wird in der unteren Raumhälfte von zweimal vier Trabantenkapellen begleitet (das sind die ›kleinen‹ architektonischen Schritte, die zugleich der Längstendenz des Gesamtraumes entsprechen), während darüber in der Wölbungszone ein anderer, übergreifender Rhythmus vorherrscht, und sich die Raumfolge aufgliedert in drei vertikal orientierte Großkompartimente. Das Presbyterium ist dagegen lediglich der Abschluß dieses Weges, bringt aber keine Raumsteigerung mehr.

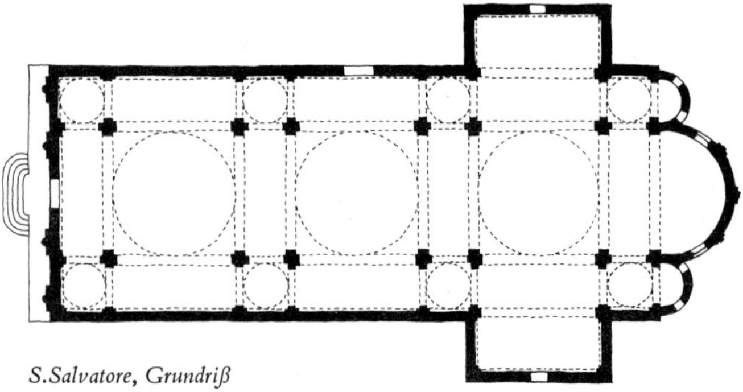

S.Salvatore, Grundriß

Zusammenfassend kann man sagen, daß sich in dem Gleichgewicht zwischen Horizontal- und Vertikaltendenz etwas typisch Renaissancehaftes ausdrückt. Der Raum ist zwar monumentalisiert, aber nicht dynamisch empfunden; er ist längsgerichtet, aber auch ›vertikalisiert‹; er ist großräumig und doch gegliedert. Hinzu kommt die klare Definition der einzelnen Raumabschnitte und der Wand durch Pilaster, Gebälk, Gesimse und Binnenfelder, wobei der umlaufenden ›Attika‹ (ein Wandstreifen oberhalb der Trabantenkapellen) eine wichtige Ordnungsfunktion zukommt. Die Steigerung der Lichtfülle durch die 1574 hinzugefügten Kuppellaternen ist schon ein vorbarocker Schritt, der stärkere Akzente setzt.

Ausstattung (Hauptwerke): 3. Trabantenkapelle rechts vor dem Querhaus: *Tizian* »Verkündigung« (1560/66) in einem Marmorrahmen von *J. Sansovino*. Tizian malte das Bild mit über 80 Jahren, ein typisches Spät- und Alterswerk, bei dem sich die Formen aufzulösen beginnen und der visionäre Charakter überwiegt, rein aus der Farbe gestaltet (nachgedunkelt, die Einzelheiten schwer zu erkennen). Die Auffassung ist dynamisch, ja erregt, der Vorgang in keinem irdischen Raum mehr verankert, der Engel von mächtiger Gestalt, die Taube des Hl. Geistes eine Lichterscheinung, umringt von einer turbulent hereinbrechenden Engelschar. Ein ganz persönliches Werk, weit entfernt von der harmonischen Ausgeglichenheit früherer Tizianbilder (eher der visionären Kunst des 40 Jahre jüngeren Tintoretto verwandt, dessen Werk sich gerade damals voll entfaltet). Von *Tizian* (aus derselben Zeit) auch das Hochaltarbild »Verklärung Christi«, für das ähnliche Beobachtungen gelten (keine feste Örtlichkeit, reines Schweben). – Von hoher Qualität das Dogengrabmal für Francesco Venier (gest. 1556), ein Hauptwerk von *J. Sansovino* (rechts neben Tizians Verkündigung): vorzüglich der Kirche eingepaßt, aus dem Geist der Hochrenaissance entworfen, aber schon schwerer als die Architektur der Kirche; die Statuen (»Tugenden«) ganz der römischen Antike verpflichtet.

20 **S. Stefano**

Daten: Die heutige Kirche um 1374 vollendet. Der Fassadengiebel, die Chorteile und das hölzerne Mittelschiffgewölbe jedoch später (1. H. 15. Jh.). Chorschranken und Chorgestühl 1488, Hochaltar 1613 (frühbarock), Gesamtaufbau der Altarwand 1656. Kreuzgang 1532, erneuert 1664/80.

S. Stefano vertritt beispielhaft den venezianischen Kirchentypus der Spätgotik. Trotz Unterteilung in Mittel- und Seitenschiffe entsteht ein saalartiger Eindruck von schlichtem Charakter, das Langhaus ist holzgedeckt, lediglich die

Chorteile (15. Jh.) sind gewölbt. Dieser Typus ist zu unterscheiden von den viel größeren und aufwendigeren Bettelordenskirchen Venedigs (Frarikirche und SS. Giovanni e Paolo), bei denen die ganze Kirche eingewölbt ist, und der Chor zusammen mit dem Querhaus eine räumlich hohe und weite Anlage mit zahlreichen Kapellen bildet. Demgegenüber stellt sich S. Stefano sehr viel schlichter dar. Die Seitenschiffe tragen einfache Pultdächer, ein Querhaus fehlt, und auch das Mittelschiff war ursprünglich wohl flach gedeckt oder trug einen offenen Dachstuhl (das kunstvolle Holzgewölbe ist eine nachträgliche Einfügung des 15. Jh., eine sehenswerte Besonderheit). Auffallend ist ferner die an den Dogenpalast erinnernde ›textile‹ Wandbehandlung der Arkadenmauern durch Steinmuster im Wechsel verschiedenfarbiger Ziegel – eine typisch venezianische Dekorationsweise.

Gemälde von Jacopo Tintoretto (1518–1594)

Sakristei (schöner Renaissanceraum): »Abendmahl«, »Fußwaschung« und »Christus auf dem Ölberg«. Das Abendmahlsbild (um 1580) etwa gleichzeitig mit dem der Scuola di S. Rocco, doch volkstümlicher, weniger durchgeistigt, mit einer Reihe auffallender Nebenmotive, u.a. rechts der schlafende, über den Tisch gebeugte Jünger; im Vordergrund das Spiel des Jungen mit der Katze; daneben ein Hund, der auf einen Bissen hofft; weiter links ein Jünger, der sein Glas auf ein Silbertablett stellt; ganz links im Hintergrund eine auffallend entblößte junge Frau. – Am Eingang zur kleinen Sakristei die Büste des Hl. Sebastian von *Tullio Lombardo* (Frührenaissance).

Weitere Ausstattung (Hauptwerke): An den Seitenmauern der mittleren Chorkapelle Fragmente einer Chorschranke von 1488 (venezianische Frührenaissance); ferner (heute hinter dem Hochaltar, ehemals davor) das gleichzeitige Chorgestühl (1488). Linkes Seitenschiff, vor dem 5. Altar, Grabstätte von *Giovanni Gabrieli* (1557–1612), Organist von S. Marco, bahnbrechend für die frühbarocke Musik (neue Harmoniegestaltung, Vollstimmigkeit der Chöre), Lehrer von Heinrich Schütz.

Campo Morosini – S. Stefano — Nr. 20

Einer der wenigen Plätze Venedigs, die sich nicht auf einen Kanal (einen rio) hin öffnen. Zugleich ist der Campo ein Beispiel dafür, daß die Stammhäuser berühmter venezianischer Geschlechter (hier der Morosini und der Pisani) häufig nicht am Canal Grande liegen. – Beim *Pal. Loredan* mit seiner langgestreckten Front (Nr. 2945), heute »Istituto Veneto di Scienze, Lettere ed Arti«, bilden spätgotische Bauten den Kern. Erst nach einem Besitzwechsel (1536) erfolgte der Umbau zu der heutigen Form; die Säulenfront der Schmalseite hat man 1618 hinzugefügt. Ein zweiter großer Palast, der *Pal. Pisani* (heute Städt. Konservatorium) liegt etwas zurückgesetzt auf der gegenüberliegenden Platzseite. Seine Dimensionen sind für Venedig ganz und gar unüblich, und auch die Fassadengestaltung wird man innerhalb der Lagunenstadt als Fremdkörper empfinden. Die Baugeschichte reicht von 1614/15 bis ins 18. Jh. – man hat es somit mit einem Barockbauwerk zu tun, wobei das Detail oft mit der Gesamterscheinung im Widerspruch steht. So ist der Steinschnitt der Wände auf Nahsicht berechnet, steigt aber auf bis zu schwindelnder Höhe; die Fensterrahmungen sind schmal und dünn, die Fenster selbst erstaunlich groß. Als venezianisch mag man die steilen Proportionen empfinden, doch vernachlässigt die regelmäßige Verteilung der Fenster den in Venedig üblichen Fassadenrhythmus. Die Fassadenmitte ist venezianischer Tradition entsprechend betont, das Verhältnis zu den Seiten aber bleibt unklar. Das Innere birgt Dekorationen des 18. Jh. (u.a. Sala d'Oro, Kapelle, Bibliothek) und ein kleines Museum. – Zu erwähnen sind die schönen Innenhöfe.

Dogenpalast, Campanile, Piazzetta

21 Das Gebiet zwischen S. Moisè und Teatro La Fenice

S. Moisè: Das Kircheninnere 1632, die Fassade 1668, beides in durchaus unvenezianischen Barockformen, »von auftrumpfender Überladenheit«.

Was sich am Außenbau der 30 Jahre früher begonnenen, ebenfalls barocken »Salute« (Abb. S. 139) noch in den Grenzen einer schönen malerischen Erscheinung hält, zusammengehalten auch durch die großen beruhigenden Kuppelschalen, das artet hier aus in ein ›Zuviel‹ an schmückenden Einzelformen.

Ausstattung: An der inneren Fassadenwand eine schöne *Pietà* von 1732 und aus demselben Jahr die *Reliefs an der Kanzel*. – Der *Hochaltar* behandelt als barockes Szenarium die Übergabe der Gesetzestafeln an Moses auf dem Berge Sinai (in strahlendem Weiß zu denken). – Im Mönchschor ein schönes *Chorgestühl* des 16. Jh. – Im Langhaus links, neben dem ersten Seitenaltar »Die Fußwaschung«, ein stark nachgedunkeltes Spätwerk von *Jacopo Tintoretto* (1518–1594).

Teatro La Fenice (1792): Das letzte bedeutende Bauwerk Venedigs vor dem Untergang der Republik, ›neoklassizistisch‹ wie fast alle europäische Architektur um diese Zeit, erbaut von *Antonio Selva* (1757–1819). Großes Treppenhaus, reiche Innenausstattung; 1836 nach Brand restauriert.

S. Fantin (dem Teatro La Fenice gegenüber): 1507–1564. Eine Kreuzkuppelkirche in den Formen der venezianischen Renaissance. Hervorzuheben die Choranlage (Presbyterium) von *Jacopo Sansovino.*

S. Maria Zobenigo: Gründung 9. Jh., Kirche 16./17. Jh. Die Fassade (1678–1683) wie bei S. Moisè »auftrumpfend«, nicht venezianisch, sondern römisch bestimmt; die Sockelreliefs (Festungen und Städte) erinnern an die *Familie Barbaro* als Stifterin der Fassade. Die Plastik »unstatisch« und »ohne Gefühl für den tektonischen Aufbau der menschlichen Gestalt« (Keller). Inneres 1660 erneuert. Im Presbyterium (Öffnung: Sakristan) von *Tintoretto* die ehemaligen Orgelflügel mit den »Vier Evangelisten« (1552–1557), von Interesse als Frühwerke des Malers.

22 Piazza – Piazzetta – Campanile – Prokuratien – Markusbibliothek

Im 11. Jh. war die Piazzetta noch ein Binnenhafen, und die Lagune reichte bis an den Dogenpalast und an S. Marco heran. Die Kirche (damals noch ohne Vorhalle) und der ›Palast‹ (eine relativ kleine Befestigung) blieben durch einen Kanal im Zuge der heutigen Achse ›Porta della Carta – Gigantentreppe‹ getrennt. Der Dogenpalast war also ursprünglich an vier Seiten vom Wasser umgeben. Aber auch die Piazza hatte im 11. Jh. noch bescheidene Ausmaße. Sie endete kurz nach dem Campanile an einem Kanal. Jenseits davon, in der heutigen Platzmitte, stand die Kirche S. Geminiano.

Eine grundlegende Umgestaltung des Gesamtkomplexes erfolgte gegen Ende des 12. Jh. unter dem Dogen *Sebastiano Zani* (1172–1178). Sie war Ausdruck der politischen Stellung Venedigs, das inzwischen zu einer europäischen Ordnungsmacht hohen Ranges aufgestiegen war und im sog. *Frieden von Venedig* (1177) zwischen Kaiser und Papst vermittelt hatte. Schon damals erhielt die Piazza ihre heutige Längsausdehnung. Der Rio Batario wurde zugeschüttet und die Kirche S. Geminiano nach Westen verlegt, wo sie bis 1807 stand (Napoleon ersetzte sie durch die heutigen Bauten, die u. a. das *Museo Correr* beherbergen). Die Piazza hatte allerdings noch immer nicht die heutige Breite. Die Gebäude schlossen sich vielmehr im Süden unmittelbar an den Campanile an, der also noch nicht freistand. Gegenüber, an der Nordseite, wurde mit dem Bau der ›alten Prokuratien‹ begonnen. Zur selben Zeit verschwand auch der Kanal zwischen S. Marco und dem Dogenpalast, und es entstand die Piazzetta. Schrittweise erfolgte nun auch der Ausbau des Dogenpalastes zu seiner heutigen Form: 1340/65 entstand am Molo der »Große Saal«, um 1400 erhielt die Front ihr heutiges Aussehen, 1424/38 folgte die Front entlang der Piazzetta.

Die letzte große Veränderung brachte das 16. Jh.: 1537/54 bzw. 1582/88 die Errichtung der Libreria Vecchia (dem Dogenpalast gegenüber), 1583–1640 die Procuratie Nuove, deren Zurücksetzung um 15 m der Piazza ihre heutige Breite gab und die Freistellung des Campanile zur Folge hatte.

Das Gebiet um S.Marco und Dogenpalast im 11. Jh.

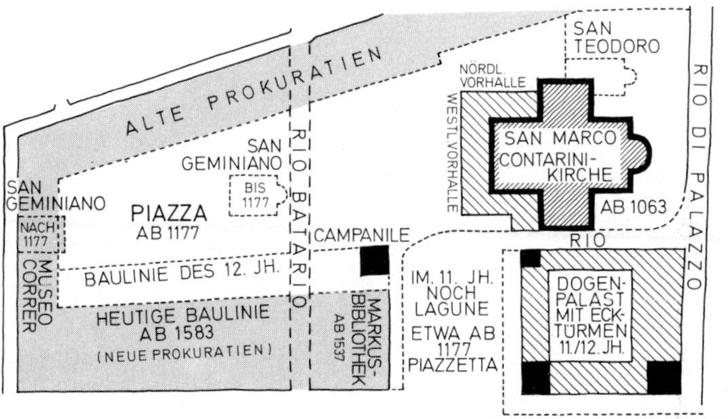

Alte Prokuratien (Ausschnitt)

Der eingestürzte Campanile (1902)

Die Loggetta

(1) *Alte Prokuratien (Procuratie Vecchie):* Vermutlich die frühesten venezianischen Verwaltungsbauten, zurückreichend bis ins 12. Jh., ursprünglich nur zweigeschossig, aber schon mit den charakteristischen Arkaden. Die heutigen, dreigeschossigen Bauten stammen aus der Zeit nach 1500 (Mitwirkung *Sansovinos*), bewahren aber Züge der altvenezianischen Bautradition (Prinzip der Reihung). Man braucht sie nur mit den alten, aus dem 13. Jh. stammenden Teilen des Pal. Farsetti (Abb. S. 20) zu vergleichen, um den Zusammenhang sofort zu erkennen. In ähnlicher Weise hat man sich auch das Aussehen des Dogenpalastes im 12. Jh. vorzustellen: zwei Reihen übereinandergestellter Arkaden, allerdings mit dem wichtigen Unterschied, daß die älteren Bauten die römisch-byzantinische ›Säulenarkade‹ verwenden (größere Nähe zur Antike).

Westliche Schmalseite der Piazza (u.a. *Museo Correr*): In ihrer heutigen Form von 1810, erbaut als ›Eingangstrakt‹ zur napoleonischen Residenz, die aus der Südseite der Piazza bestand. Im Trakt von 1810 noch Fresken im pompejanischen Stil von *Carlo Bevilacqua* und *Giuseppe Borsato*. *Uhrturm* (»Torre dell' Orologio«): Turm (1496–1499), Flügelbauten (1502–1506), 3. Geschoß und Säulen im Erdgeschoß (1755). Hier Zugang zur ›Merceria‹ (Hauptgeschäftsstraße).

(2) *Der Campanile:* Venedigs jahrhundertealtes Wahrzeichen stürzte am 14. Juli 1902 ein. Die Stadt ohne dieses weithin sichtbare Symbol – das schien undenkbar. So kam es zu einer sorgfältigen Rekonstruktion (1903–1912), die uns das alte Bild zuverlässig vermittelt (im Inneren heute ein Aufzug; der Besuch der oberen Plattform wegen des einzigartigen Rundblicks unbedingt anzuraten). Für das Aussehen des Campanile in spätromanischer Zeit (1172) vgl. Torcello (Abb. S. 147). Die spätere Pyramidalform erst nach 1500; Turmhöhe 95 m. *Die baukünstlerische Funktion des Campanile* ist außerordentlich. Dem Stadtbild würde ein integrierender Bestandteil fehlen. Für den Markusplatz bildet er den eigentlichen Maßstab. Er mildert die lange Front der Prokuratien; er kontrastiert als Vertikale mit der Weite des Platzes; er stellt sich gebieterisch neben S. Marco und unterstreicht so den sakralen Schwerpunkt des Gesamtkomplexes; er beherrscht den Winkel zwischen Piazza und Piazzetta und wirkt als Bindeglied zwischen beiden; er ist aber auch durch die Loggetta aufs engste mit dem Dogenpalast verbunden; und schließlich zieht er den Blick von der Lagune aus, über die Piazzetta hinweg, weit in den Stadtorganismus hinein – alles in allem eine unvergleichliche Situation.

(3) *Die Loggetta am Fuße des Campanile* (1537–1540): Von *Jacopo Sansovino* im selben Jahr wie die Markusbibliothek (links) begonnen: eine reine Kulissenarchitektur ohne unmittelbar praktischen Zweck (die Palastwache hat man erst später hier untergebracht). Der Sinn der Loggetta ist baukünstlerischer Natur. Der damals freigestellte Campanile sollte erneut in das veränderte Ensemble von Piazza und Piazzetta eingebunden werden. Sansovino übernimmt daher von der Bibliothek das Motiv der Bogenarkade (umgesetzt in einen zierlicheren Duktus), leitet aber gleichzeitig durch eine nur mäßige Höhe des Bauwerks zur Weite des Platzes über. Typisch venezianisch ist der Bezug zum Dogenpalast. Die Loggetta ist der Porta della Carta gegenübergestellt und bildet den Ausgangspunkt einer Achse, die mit der Gigantentreppe des Dogenpalastes (dem Krönungsort des Dogen) endet. Sie erscheint wie ein Stück antiker Triumphbogenarchitektur, »ein Denkmal venezianischer Seeherrschaft« (Hubala). Die Bronzefiguran »Minerva«, »Apollon«, »Merkur« sowie die »Göttin des Friedens« (*Sansovino*, 1540–1560) müssen als venezianische Tugenden verstanden werden, das mittlere Attikarelief als Darstellung der Gerechtigkeit, die seitlichen als Anspielungen auf Zypern und Kreta.

1537–1554, *Jacopo Sansovino* (1.–16. Arkade vom Campanile aus); 1582–1588 *Vincenzo Scamozzi* (die letzten 7 Arkaden Richtung Lagune). Inneres: Bibliothek und Museo Archeologico (vgl. Museumsteil, S. 166).

Jeder Besucher, der die flache, durch Steinmuster ornamentierte Front des Dogenpalastes mit der zweistöckigen Fassade der Markusbibliothek vergleicht, wird empfinden, daß die architektonischen Wurzeln dieses Bibliotheksbaues nicht in Venedig liegen können. *J. Sansovino* (1486 bis 1570), Architekt und Bildhauer, war Florentiner. Florenz und Rom waren Stationen seiner frühen Tätigkeit, bis er 1527 nach Venedig übersiedelte und hier zum führenden Baumeister der Hochrenaissance wurde (Pal. Corner, Ca'Grande, Zecca, Loggetta, Scala d'Oro). Sansovinos Bibliotheksbau geht letztlich auf römische Vorbilder des Bramantekreises zurück. Die freiräumliche Öffnung des Bauwerks durch Arkaden entspricht zwar venezianischer Tradition, aber das Instrumentarium besteht aus römischen Formen. Im Gegensatz zur Frührenaissance wird hier ein kräftiges Wandrelief wirksam, das sich durch Vor- und Rücksprünge artikuliert. In der vordersten Schicht sind es die körperhaft in Erscheinung tretenden Säulen, in einer zweiten Ebene die differenziert behandelten Arkadenbögen, die unten auf Pfeilern, oben auf Säulen aufruhen. Hinzu kommt ein kräftiges dekoratives Relief: Liegefiguren in den Bogenzwickeln, Löwenköpfe in den Bogenscheiteln, Zierformen am ›dorischen‹ Gebälk der unteren Arkade, ein Fries mit girlandentragenden Putti über der oberen Arkade.

Dennoch wäre diese Fassade in Rom kaum denkbar gewesen: »eine so lange Front ohne feste Verstrebung an den Ecken« (Keller) – das ist venezianisch (vgl. an der Piazza die »Alten Prokuratien«). Parallel dazu bemerken wir eine ebenso häufige Wiederholung in den Liegefiguren der Arkadenbögen: »Es ist merkwürdig, daß gerade einem Florentiner der Sinn für den Eigenwert der Skulptur so schnell abhanden kam, daß er glaubt, hier mit dekorativer Bauplastik dauernd fortissimo spielen zu können« (Keller) – mit anderen Worten: die Bauplastik wird hier (echt venezianisch) vorwiegend als ein schmückendes Element aufgefaßt. Venezianisch ist auch die Auflockerung der Fassade im zweiten Geschoß, und zwar durch die Einfügung der kleinen, durch ihre Kannelur recht zierlich wirkenden Säulen. Betrachtet man das Ganze der Fassade, so bemerkt man eine von unten nach oben zunehmende Belebung durch Schmuckformen, wozu nicht zuletzt der abschließende Fries mit den Putten gehört. Die Fassade ist eben nicht ›monumental‹ (das wäre römisch), sondern von festlicher Heiterkeit (also venezianisch).

Procuratie Nuove (1583–1640): Die Südfront der Piazza im Anschluß an die Markusbibliothek; dieser stilistisch angepaßt, jedoch dreistöckig (begonnen von *Vincenzo Scamozzi*, vollendet von seinem Schüler *Baldassare Longhena*).

Die beiden Granitsäulen auf der Piazzetta **Nr. 22**

Schon die römische Antike kannte die Einzelsäule als Herrschaftssymbol – man denke etwa an das Säulenmonument, das in Brindisi den Endpunkt der Via Appia bezeichnet. Derselbe Symbolgehalt kommt auch den beiden Monolithen auf der Piazzetta zu: es sind Wahrzeichen venezianischer Macht, wie wir sie in Parallele dazu noch heute in Verona, Vicenza, Padua und Udine finden. Sie bezeichnen zumeist auch eine Gerichtsstätte (man vollstreckte hier Todesurteile). Bei den bekrönenden Bildwerken haben wir es mit Umformungen zu tun. Der Markuslöwe, ursprünglich eine östliche Chimäre, erhielt erst in Venedig Flügel und Buch; bei der Statue des Hl. Theodor (errichtet wohl in Erinnerung an die erste, dem Hl. Theodor geweihte Dogenkapelle) handelt es sich im Kern um ein römisches Standbild.

Die Zecca *(das Münzgebäude, links von der Bibliothek)* **Nr. 22**

1537–1547, *Jacopo Sansovino:* Von demselben Architekten wie die Bibliothek, ursprünglich 2geschossig, das 3. Geschoß um 1570 hinzugefügt. Eine für Venedig ganz ungewöhnliche Architektur. Der Eindruck ist schwer und lastend, abweisend und streng (dem Charakter der Lagunenstadt völlig entgegengesetzt). Die Quadern und dann die Rechteckfenster – das bedeutete stilgeschichtlich einen Einbruch der Terraferma in die venezianische Architektur (Keller), auch dann, wenn man annimmt (Hubala), die Münze sei ihrem Zweck entsprechend bewußt festungsartig angelegt worden.

Canaletto, Uferpartie am Riva degli Schiavoni (Ausschnitt)

Zu unserer Abbildung: Antonio Canale gen. *Canaletto* (1697–1768) war der Hauptmeister der venezianischen Stadtansicht (Vedute) in der 1. Hälfte des 18. Jh. In seinen Bildern vereinigen sich architektonische Präzision und malerischer Zugriff zu lebensvoller Anschauung. Canalettos Auftraggeber waren meist Engländer (er selbst ist dreimal in London gewesen). Seine Veduten, darunter zwei berühmte Serien mit je 36 bzw. 24 Gemälden, sind über ganz Europa verstreut; Venedig besitzt nur ganz wenige. Die barocken Tendenzen treten bei Canaletto stark zurück; er bevorzugte die klare und ruhige Beobachtung der Dinge und steht darin dem 19. Jh. sehr viel näher. Canaletto ist zu unterscheiden von seinem Neffen *Bernardo Bellotto* (1720–1780), der in Warschau, Dresden und Wien arbeitete und von *Francesco Guardi* (1712–1793), der in der venezianischen Vedutenmalerei eine spätere Stilstufe, das Rokoko, vertritt und Bilder malte, bei denen sich die Gegenstände in ›impressionistischer‹ Weise atmosphärisch auflösen.

Zur Architektur: (a) *Ponte della Paglia*, im 19. Jh. errichtet, bewahrt in den Grundzügen die Brückenform des 14. Jh. (b) *Pal. delle Prigioni* (ehem. Staatsgefängnis), nach 1563, überwiegend ein Werk des *Antonio da Ponte*, dem Erbauer der Rialtobrücke. ›Venezianisches‹ Gegenstück zur schwerblütigen »Zecca« Sansovinos: flacher im Steinschnitt, gefälliger in der Proportionierung, weniger martialisch. (c) *Ponte dei Sospiri* (Seufzerbrücke) von *Antonio Contin*, 1603 vollendet: durch Korbbogen, Giebelvoluten und kontrastreichen Dekor schon ein Bauwerk von frühbarockem, malerisch-bewegtem Charakter.

S. Marco heute

23 San Marco

Daten: Die Geschichte von S. Marco beginnt 828/829 n. Chr., als venezianische Seeleute Reliquien des Evangelisten Markus aus Alexandrien nach Venedig brachten. Es folgte eine erste, 976 eine zweite Kirche. Von dieser stammen noch die ältesten Teile der Pala d'Oro, byzantinische Goldemailplatten aus Konstantinopel.

11./12. Jh.

Zur Contarinikirche siehe rechte Seite. – 1105 Emailplatten der Pala d'Oro mit der Markusgeschichte. 1160–1200 Kuppelmosaiken. 12. Jh. Fußbodenmosaik.

13. Jh. (1204 Eroberung Konstantinopels)

1204 ff. Erhöhung der Außenkuppeln und Verkleidung der Fassade mit doppelter Säulenreihe sowie Einwölbung der westlichen Vorhalle. 1209 byzantinische Teile der Pala d'Oro (Leben Jesu). 1231–1253 nördliche Vorhalle. 1220–1300 Mosaiken der beiden Vorhallen. Mitte 13. Jh. Aufstellung der Bronzepferde an der Fassade. 1265 Mosaik am linken Außenportal. Ende 13. Jh. Engelstatuen der Vierung.

14. Jh. (Spätgotik)

Anfang 14. Jh. die Kanzeln. 1312–1328 Baptisterium. 1345 gotische Teile der Pala d'Oro. Um 1350 Mosaiken im Baptisterium und der Cap. di S. Isidoro. 1385 ff. am Außenbau spätgotische Giebel. 1394–1404 Ikonostasis der Brüder Masegne.

15./16. Jh. (Früh- und Hochrenaissance)

Um 1430 Cap. dei Mascoli. Um 1470 zwei Frührenaissance-Altäre (Pietro Lombardo und Werkstatt). 1503–1515 Cap. Zen. – Von J. Sansovino: 1537/41 Bronzereliefs (Presbyterium), um 1545 Taufstein im Baptisterium, 1546–1572 Bronzetüre zur Sakristei. – 2. H. 16. Jh. Mosaiken, z. T. nach Tintoretto.

17.–19. Jh. (Mosaiken)

1616/17 Westfassade, obere Reihe. Um 1660 Westfassade, untere Reihe, rechter Teil. 1728 Mosaik links vom Hauptportal (nach Entwurf von Sebastiano Ricci). 1836 Mosaik über dem Mittelportal »Christus als Weltenrichter«.

Der Kernbau von S. Marco: die sog. Contarinikirche *(um 1063–1094)*

Die heutige Markuskirche entstand unter dem Dogen *Domenico Contarini* (1043–1071). Es war bereits der dritte Kirchenbau an dieser Stelle: die sog. Contarinikirche, wie sie unsere Rekonstruktion zeigt (Baubeginn nach 1063, 1094 vollendet, Weihe schon 1071).

In auffallender Parallele zu byzantinischen Bauten sprechen die Kuppeln (wie schon beim römischen Pantheon) in der Außenerscheinung noch nicht mit. Erst das 13. Jh. wird die Außenschalen der Kuppeln erhöhen und damit die Silhouette von S. Marco verändern. Byzantinisch ist auch der Grundriß: eine Kreuzkuppelkirche mit fünf großen Wölbungsschalen – das war keine Erfindung des Abendlandes, sondern die freie Kopie der Justinianischen Apostelkirche in Konstantinopel (6. Jh. n. Chr., 1453 zerstört). Aus Konstantinopel übernahm man auch die Inkrustationstechnik, d.h. die Verkleidung der Innen- und Außenwände mit Marmorplatten. S. Marco wirkt in dieser Hinsicht wie ein Spiegelbild der Hagia Sophia.

Man darf annehmen, daß der Entwurf zur Contarinikirche auf einen byzantinischen Baumeister zurückgeht, während die ausführenden Handwerker wohl aus Oberitalien kamen. Bestimmte heimische Elemente lassen sich darauf zurückführen, u.a. die Hallenkrypta unter dem Chor, dann eine bestimmte Ziegelbautechnik, vor allem aber die stärkere Durchgliederung des Außenbaues durch Mauernischen, Mauerbänder, Rundbogenfriese und Gesimse (Elemente der abendländisch-romanischen Architektur).

Im Inneren besaß die Contarinikirche (mit Ausnahme der Mittelapside) noch nicht den zusammenhängenden Mosaikschmuck von heute. Es gab nur vereinzelte, in Mosaiktechnik ausgeführte Ikonen. Auch waren viele Fenster noch nicht vermauert, so daß die Kirche sehr hell war. Sie war eine echte Emporenkirche (wie noch heute die Hagia Sophia).

Rekonstruktion der Contarinikirche

S. Marco, Fassadenausschnitt

Veränderungen am Außenbau (nach 1204)

Der »Friede von Venedig« (1177) und die Eroberung Konstantinopels (1204) wurden zum auslösenden Moment für eine grundlegende Umgestaltung der Markuskirche. In dem Bewußtsein, zu einer führenden See- und Handelsmacht aufgestiegen zu sein, umgab man die Staatskirche mit einem prunkenden Kleid aus Säulen und Mosaiken und erhöhte gleichzeitig die Außenkuppeln zu ihrer heutigen Form und Größe. Die Säulen, in zwei Reihen übereinandergestellt und meist paarweise geordnet, überzogen schließlich die Portalzone in ihrer ganzen Breite. Ihre Herkunft aus Byzanz und Griechenland, aus Syrien, Ägypten und Kleinasien (von venezianischen Seeleuten nach Venedig gebracht) läßt sich noch heute an den Kapitellen ablesen: klassischer Akanthus, byzantinische Ornamentik, Flechtwerk mit eingelassenen Kreuzen und figürliche Darstellungen, dazu die Verschiedenheit des Marmors nach Musterung und Farbe – das sind die Merkmale. Das alles findet Verwendung in einem rein dekorativen (venezianischen) Sinn und ist ohne statische Notwendigkeit nur ›vorgeblendet‹ – nicht Architektur, sondern ein ästhetisches, in der Fülle der Säulen verkörpertes Machtsymbol von Reichtum und Größe.

Die zweite große Veränderung bestand in der Errichtung voluminöser Scheinkuppeln, mächtige hölzerne Aufbauten über den ›byzantinischen‹ flachen Kuppeln des Contarinibaues (die Kuppelform bald darauf in Padua beim »Santo«, 1232–1307, wiederholt: »um Venedig zu übertrumpfen«).

Des weiteren sind zu nennen: die meist wenig beachteten Reliefs des sog. *Heraklesmeisters* (um 1225/1250), die mitten in gotischer Zeit von einer intensiven Beschäftigung mit der Antike Zeugnis ablegen. Von links: Herakles mit dem kalydonischen Eber; dann mit der Hirschkuh, die Hydra zertretend. Ebenfalls vom Heraklesmeister stammen die Madonna und der Erzengel Gabriel. Byzantinisch: »Hl. Demetrius« und »Hl. Georg«. Die Errichtung der nördlichen Vorhalle (1231–1253) läuft mit diesen Arbeiten parallel.

Um 1250 kommt es dann zur Aufstellung der berühmten Bronzepferde, die als eine einzigartige Siegestrophäe von Byzanz nach Venedig gebracht worden waren. Wohl im Zusammenhang damit wurde nun auch die Piazza zum ersten Mal gepflastert (1267) und die Eingangstüren von S. Marco in Bronze ausgeführt (um 1300). Damit entsteht in Anlehnung an römische Vorbilder so etwas wie ein venezianisches ›Forum‹, ein die Stadtrepublik repräsentierender öffentlicher Platz. Es folgte die Errichtung des Baptisteriums (1312–1328) und die Einfügung einzelner gotischer Maßwerkfenster in die Fassade.

S.Marco, Schnitt
(Erhöhung der Kuppeln)

Zu den Außenmosaiken von S. Marco: Erst nach der Eroberung Konstantinopels (1204) gab man der Fassade auch jene farbigen Mosaiken, die bis heute (wenn auch überwiegend durch spätere Arbeiten ersetzt) die Gesamterscheinung des Bauwerks wesentlich mitbestimmen. Erhalten hat sich aus der frühen Zeit nur das berühmte Mosaik über dem linken Portal (um 1265), doch bewahren auch die späteren (16./17. Jh.) noch die ursprüngliche Thematik: in der oberen Reihe ist die Passion Christi dargestellt; in der Portalzone die Geschichte der Markusreliquien; über dem Mittelportal der Weltenrichter.

Das Mosaik von 1265 (unten links) zeigt die Fassade von S. Marco nach ihrem 1204 begonnenen Umbau. Man erkennt deutlich die überhöhten Kuppeln, ebenso die vier Bronzepferde aus Konstantinopel. Entsprechend der mittelalterlichen Darstellungsweise gibt es noch keinen einheitlichen Bildmaßstab. Architektur und Mensch werden je für sich gesehen, die menschliche Gestalt in die Architektur lediglich ›eingefügt‹. Dargestellt ist die feierliche Überführung der Gebeine des Hl. Markus in die ihm geweihte Kirche. Der Einzug vollzieht sich durch das Mittelportal. Die übrigen Personen sind, der Architektur folgend, zu Gruppen zusammengefaßt.

S.Marco, linkes Portal, Mosaik von 1265 (Ausschnitt)

Bronzepferd von der Fassade von S.Marco

Die vier antiken Bronzepferde waren 1204 von den Venezianern als Beutestücke des 4. Kreuzzuges aus Konstantinopel in die Lagunenstadt gebracht worden. Venedig betrachtete sie in erster Linie als Siegestrophäe und gab ihnen Mitte des 13. Jh. die heutige Aufstellung an der Fassade von S. Marco. Sie mögen dort nicht sehr glücklich postiert sein, stehen aber doch in einem architektonischen Zusammenhang, der ihrer ursprünglichen Bestimmung wohl weitgehend ähnelt. Es handelt sich vermutlich um römisch-kaiserzeitliche Arbeiten für einen hadrianischen Triumphbogen (nach Meinung anderer Forscher um hellenistische Werke), zuletzt aufgestellt in Konstantinopel.

Trotz ihrer hohen Qualität und der fast demonstrativen Zurschaustellung blieben die vier Bildwerke ohne nennenswerte Wirkung auf die venezianische Kunst – ein Beispiel für den mangelnden plastischen Sinn dieser Stadt. Auch als 1481/96 in Venedig das Reiterstandbild für den Söldnerführer Colleoni entstand (Abb. S. 129), kamen die künstlerischen Anstöße von außen, von Florenz.

1797 ließ Napoleon die venezianischen Pferde nach Paris bringen, 1815 erfolgte ihre Rückführung an ihren angestammten Platz. Um sie vor den modernen Umweltschäden zu schützen, sollen sie demnächst durch Kopien ersetzt werden.

Die Markusfassade ist ihrer zeitlichen Stellung nach (1204ff.) ein Dokument der europäischen Gotik. Vergleicht man sie indessen mit den figurenreichen Portalanlagen französischer Königskathedralen aus der Zeit zwischen 1150 und 1250, so wird Venedigs Sonderstellung innerhalb der europäischen Gotik unmittelbar greifbar.

Wir nennen an französischen Beispielen: 1145–1150 Chartres-West, Königsportal; 1200–1210 Chartres-Süd, Mittelportal; 1205–1215 Chartres-Nord, Mittelportal; 1210–1220 Paris, Notre-Dame, Marienportal; 1225–1236 Amiens, Westfassade; 1236–1260 Reims, Westfassade.

In der Gegenüberstellung wird deutlich, daß man in Venedig keinen wirklichen Sinn für die Kraft der plastischen Figur besaß. Während sich der Gläubige beim Eintritt in eine französische Kathedrale mit einer unübersehbaren Fülle heiliger Gestalten konfrontiert sieht (Skulpturen, deren leibliche Erscheinung die Zeugen aus Altem und Neuem Testament in einer fast bedrängenden Unmittelbarkeit körperhaft nahe an den Betrachter heranrücken), bleiben die Portale von S. Marco gleichsam stumm. Der Blick stößt auf eine dichte Folge von Säulen, aber auf keine anschaulichen Gestalten, keine sprechenden Gesichter, weder auf Patriarchen, Propheten oder heilige Männer, noch auf Maria oder Christus. (Eine Ausnahme bilden die Archivolten).

Gleichsam als Ersatz für diesen Verzicht an plastischen Darstellungsmöglichkeiten werden in Venedig die Wandflächen über den Portalen mit Mosaiken ausgestattet (ein Element, das der französischen Kathedrale fremd ist). Das Mosaik ist aber in diesem Augenblick (europäisch gesehen) schon eine veraltete, ›konservative‹, von Byzanz abhängige Kunstform – charakteristisch eben nur für Venedig, das noch immer mit ›byzantinischen‹ Augen, also flächenhaft sieht.

Die Mosaikflächen sind an der Fassade von S. Marco die vom Bildinhalt her wichtigsten Träger der figürlichen Szenen. Man hat sie im Laufe der Jahrhunderte wohl mehrfach restauriert und nach und nach durch ›modernere‹ Darstellungen ersetzt, dabei aber stets am Mosaik festgehalten, obschon das der späteren Sehweise (malerisch, plastisch, perspektivisch) im Grunde widersprach. So reichen die heutigen Mosaiken vom 12. bis ins 19. Jh.

Die Thematik der Mosaiken

Obere Reihe (Entwürfe von *Maffeo da Verona*, Ausführung 1616/17): »Kreuzabnahme«, »Christus in der Vorhölle«, »Auferstehung Christi«, »Himmelfahrt Christi«.

Untere Reihe (Abfolge von rechts nach links): »Der Leichnam des Hl. Markus wird aus Alexandrien entführt« und »Verehrung des Leichnams in Venedig« (beide nach Entwürfen von *Pietro della Vecchia*, um 1660); dann »Venedig empfängt den Leichnam« (nach Entwurf *Sebastiano Riccis*, 1728); zuletzt »Der Leichnam wird in die Markuskirche getragen« (1265), einziges noch erhaltenes Mosaik aus dem 13. Jh. *Über dem Mittelportal:* »Christus als Weltenrichter« (1836).

Die drei Archivolten des Mittelportals mit figürlichen Reliefs

Angesichts der Vorherrschaft von Säule und Mosaik kommt an der Fassade von S. Marco den Archivolten des Mittelportals eine ganz eigene Bedeutung zu. Sie zeigen, daß es auch in Venedig einen gewissen Ansatz zur plastischen Gestaltung gegeben hat, beeinflußt von französischen Vorbildern, indessen vermittelt durch eine italienische Hand, durch *Benedetto Antelami* (12. Jh.).

Spätgotischer Giebel an der Fassade von S.Marco

Die schwer zu deutenden Darstellungen harren noch der endgültigen Entschlüsselung. Auch ihre Datierung ist umstritten. Erkennbar ist aber ein Stilwandel vom Romanischen zum Gotischen. *Die innerste und älteste Archivolte* zeigt symbolische Verschlingungen von Mensch und Tier. *Die zweite, größere Archivolte* trägt allegorische Darstellungen der Monate sowie die Tierkreiszeichen; an der Stirnseite Tugenden und Seligkeiten. *Die dritte und größte Archivolte* (zeitlich die jüngste und zugleich die qualitätvollste) hat die mittelalterlichen Stände zum Thema und zeigt verschiedene Berufe und Tätigkeiten des Menschen; an der Stirnseite Propheten und Engel und im Bogenscheitel Christus als Pantokrator.

Die spätgotische Veränderung der Fassade von S. Marco (um 1385 ff.)

Mit einer gewissen Folgerichtigkeit empfand man zur Zeit der Spätgotik die bis dahin immer noch bestehenden, kreisbogenförmigen Abschlußmauern des Contarinibaues (11. Jh.) als zu streng. Die Gotik hatte längst den Außenbau der Kathedralen zu ›entmaterialisieren‹ versucht und dafür einen reichen Vorrat an filigranen Einzelformen geschaffen. Sicher hat man in Venedig diesen ›malerischen‹ Aspekt rasch erkannt und als etwas Wesensverwandtes aufgegriffen, unbekümmert um die Gesetze der Plastik. Denn die Figuren, die man hier auf gekurvtem Giebel und flammendem Blattwerk postiert hat, haben letztlich keinen festen Halt oder Standort. Sie sind mit venezianischer Unbekümmertheit zu einer Art Ornament gestaltet, das den Fassadenumriß locker umspielt und ihn zugleich atmosphärisch auflöst.

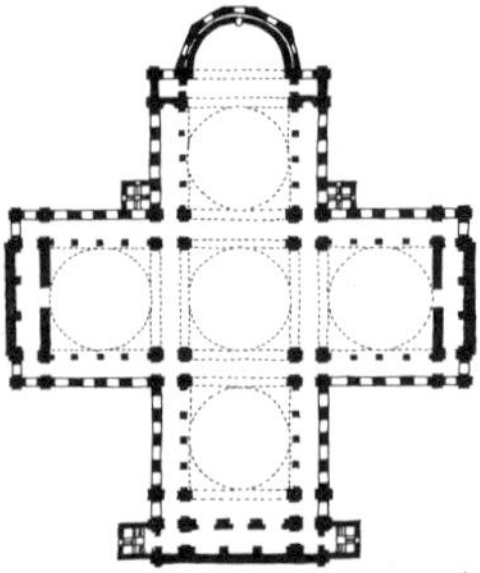

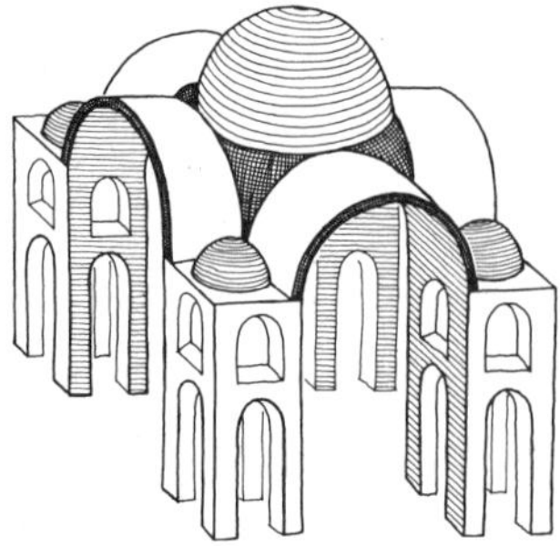

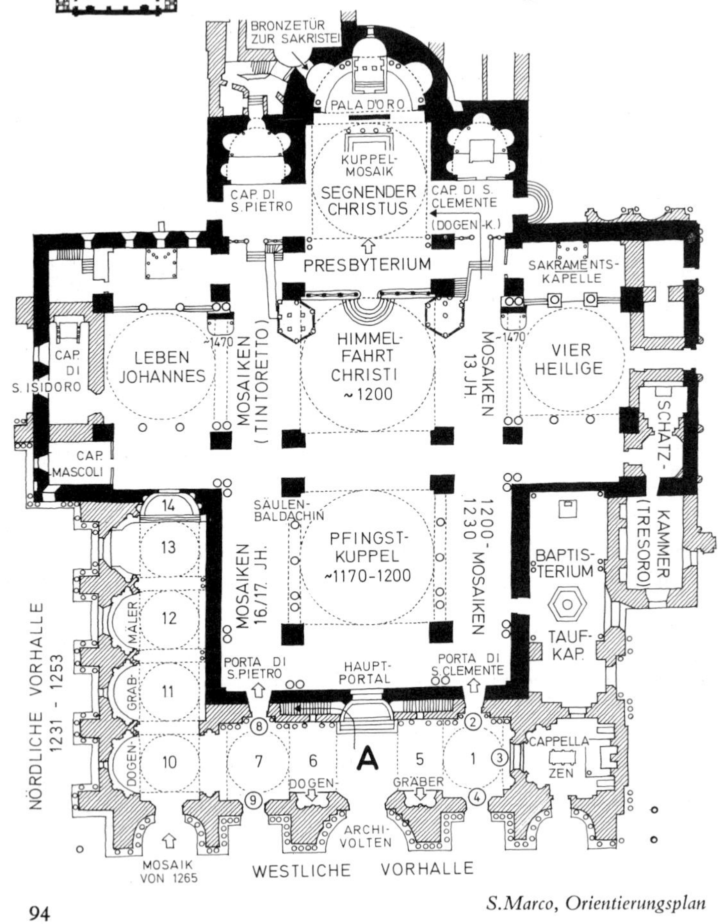

S.Marco, Orientierungsplan

Erläuterungen zu den Abbildungen links

Oben links: Grundriß der Apostelkirche in Konstantinopel (byzantinisches Vorbild für S. Marco), erbaut 536–546 (1453 zerstört). *Oben rechts:* Konstruktionssystem von S. Marco. Die Großkuppel ist abgestützt durch vier Tonnengewölbe, die ihrerseits auf doppelstöckigen, überkuppelten ›Pfeilern‹ aufruhen (Grundschema auch für die venezianische Kreuzkuppelkirche der Renaissance). *Zum Grundriß von S. Marco:* Durch schwarze Kontur hervorgehoben ist der Kernbau von S. Marco, die sog. Contarinikirche (begonnen um 1063): kreuzförmig, mit fünf großen Kuppeln und dreigeteiltem Presbyterium.

Westliche und nördliche Vorhalle von S. Marco — Nr. 23

Als Teil der Contarinikirche war die westliche Vorhalle (Seite zur Piazza) noch flachgedeckt. Ihre Einwölbung erfolgte vermutlich nach 1204, d.h. nach der Eroberung Konstantinopels und zwar im Hinblick auf die geplanten Mosaiken (zugleich Rhythmisierung des Raumes; die Kuppeln als Zentren). Nördliche Vorhalle 1231–1253. Die Mosaiken beider Vorhallen 1220/1300.

Der Fußboden (Paviment) gehört zum Teil noch zur alten Ausstattung (12. Jh.), andere Teile wurden im 13. Jh. erneuert bzw. erweitert. Die schönen Muster aus Marmormosaik beziehen sich nach Form und Größe auf die Kircheneingänge. Der Grundgedanke solcher Böden liegt in der Umsetzung der im Orient üblichen Teppiche in dauerhaften Steinboden (so auch im Inneren von S. Marco, wo man die teppichhafte Wirkung am besten von den Laufgängen aus sieht).

Die Mosaiken der Vorhallen

Die ältesten Mosaiken (stark restauriert und noch zur Contarinikirche gehörend) findet man in der großen Nische des Mittelportals. Die durch Säulenarkaden eingeengten Figuren (Muttergottes, Heilige) wirken unfrei und bewahren in ihrer strengen, additiven Anordnung noch typisch byzantinische Züge (sie sind wohl auch von byzantinischen Künstlern gearbeitet). Die Entfaltung des abendländisch-venezianischen Mosaiks zeigen erst die zeitlich späteren Darstellungen an Wänden und Gewölben der beiden Vorhallen. – Wir geben zunächst eine Übersicht über die Themen und gehen dann auf der folgenden Seite auf die wichtigsten Stilunterschiede ein.

Übersicht über die dargestellten Themen: (1) Die sechs Schöpfungstage. In den vier Ecken als ›Wächter‹ des Heiligtums vier Cherubine (höchste Engelwesen). (2) Geburt von Kain und Abel. Vorbereitung des Opfers. (3) Das Opfer der beiden Brüder. (4) Die Bestrafung Kains. (5/6) Bau der Arche Noah, die Sintflut, Auszug aus der Arche, Noahs Begräbnis, Turmbau zu Babel. (7) Geschichte Abrahams. In den Ecken vier Propheten. (8/9) Fortsetzung der Geschichte Abrahams. (10) Josephsgeschichte. (11) Fortsetzung der Josephsgeschichte (u a. Joseph im Kerker, Traum des Pharaos). (12) Abschluß der Josephsgeschichte (u.a. Joseph als Statthalter in Ägypten). (13) Geschichte Moses (u.a. Errettung des Knaben, Auszug aus Ägypten, Manna- und Wasserwunder). (14) Muttergottes, Hl. Markus, Joh. d. T. (1839/40).

A (Mosaiken des 16. Jh.): Wölbung über der Portalnische: »S. Marco« (1545) nach Entwurf von *Lorenzo Lotto*. Im Lichtschacht: »Kreuzigung« (1549), »Grablegung«, »Marientod« (Entwurf *Pordenone*) sowie vier Evangelisten und acht Propheten.

Dogengrabmäler (zu beiden Seiten des Haupteingangs): Die in die Außenwand eingelassenen Grabmäler (Anfang 12. Jh.) bewahren noch eine schlichte Form und begnügen sich mit Plattenverkleidung, Ornament und Inschrift. Man vergleiche sie mit den aufwendigen Dogengrabmälern der Renaissancezeit in der Frarikirche und in SS. Giovanni e Paolo (Abb. S. 135), um das Anwachsen venezianischer Repräsentation vom 12. bis zum 16. Jh. abschätzen zu können.

S.Marco, Vorhalle, Schöpfungsmosaik (Ausschnitt)

Das Mosaik der sechs Schöpfungstage (westliche Vorhalle)

Angeordnet in drei konzentrischen Kreisen und begleitet von erläuternden Schriftzügen, so entfaltet sich die Schöpfungsgeschichte, aufgeteilt in einzelne Bildfelder, von innen nach außen, wobei jeweils die Zahl der Engel den 1. bis 7. Tag symbolisiert.

Innerster Kreis: (1) Der Geist Gottes schwebt über der Wasserfläche (Abb. oben rechts). (2) »Da sprach Gott: ›Es werde Licht‹ und schied es von der Finsternis.« (3) »Es entstehe ein festes Gewölbe inmitten der Wasserfläche und eine Scheidewand zwischen den Wassern.« (4) »Es sammle sich das Wasser an einem besonderen Ort, damit das Trockene sichtbar werde.« (5) »Die Erde lasse junges Grün sprossen, samentragende Pflanzen und Fruchtbäume« (Abb. oben links): die drei Engel symbolisieren den dritten Schöpfungstag.

Mittlerer Kreis: (1) »Es sollen Lichter am Himmelgewölbe entstehen« (Abb. unten rechts; man erkennt Sonne, Mond und Sterne). (2) »Es wimmle das Wasser überall von lebenden Wesen, und Vögel sollen über der Erde fliegen.« (3) »Die Erde bringe hervor Gewürm und (4) Vieh und alle Arten der wilden Landtiere.« (5) »Lasset uns Menschen machen.« (6) »Gott segnet den siebenten Tag und heiligt ihn.« (7) »Gott haucht dem Menschen Lebensodem in die Nase.« (8) Gott bringt den Menschen in den Garten Eden, wo neben »allerlei [kleineren] Bäumen mit wohlschmeckenden Früchten« auch die beiden [großen] Bäume des Lebens und der Erkenntnis stehen, bewässert von einem Strom, der sich in vier Arme teilt (Abb. unten links): die vier Paradiesesflüsse (vier ›Flußgötter‹).

Der äußere Kreis berichtet in elf Bildern über die Namengebung der Tiere, die Erschaffung der Eva, den Sündenfall und die Vertreibung aus dem Paradies.

Zu Stil und Bedeutung der Mosaiken der Vorhalle

Im Gegensatz zu den streng komponierten Mosaiken der byzantinischen Kunst entfaltet sich in den venezianischen ein typisch abendländischer, reicher Erzählstil, der sich relativ bunter Farben bedient, die figürlichen Szenen wirkungsvoll anzulegen weiß und Freude am Detail erkennen läßt. Der Gesamteindruck ist durch die Aufteilung in Streifen und Felder und durch die umlaufenden Schriftzüge ausgesprochen dekorativ, ein von da ab bleibendes Merkmal venezianischer Kunst.

Wie rasch sich die Darstellungsfähigkeiten in Venedig erweiterten, zeigt unser zweites Abbildungsbeispiel mit einer Szene aus der Geschichte Abrahams (7): in lockerer Anordnung fügen sich hier die Figuren zu vielschichtigen Gruppen, lebhaft in der Bewegung, voller Abwechslung in den Motiven, nicht mehr eingeengt durch Bodenflächen, Architektur oder Pflanzen. Der Goldgrund bildet jetzt eine einheitlich-neutrale ›Malfläche‹, vor der sich die Darstellungen mit größter Freiheit abzeichnen. Eine solche Sicherheit im Erfassen von Mensch und Tier setzt Vorbilder und Anregungen voraus. Vermutlich waren es spätantike, farbig illustrierte Handschriften, die hier als ›Musterbücher‹ zu Rate gezogen wurden.

Dogengrabmäler: (10) Wandgrab für *Bartolomeo Gradenigo* (gest. 1342), darüber Weltgerichtsmosaik von 1538. (11) Grabmal für *Marino Morosini* (gest. 1253): teils frühchristliche Reliefs, teils venezianische Nach- oder Umbildungen.

Aufgang zur Außenterrasse zu den Bronzepferden, den Laufgängen im Inneren, zur Schatzkammer (Tesoro) und zum Museo Marciano: links vom Mitteleingang über eine steile Treppe nach oben (Plan, Buchstabe A).

S.Marco, Vorhalle, Mosaik mit Abrahamsgeschichte

Das gewaltige Raumgefüge (um 1063 beg.) beeindruckt nicht zuletzt durch den politischen Anspruch, der sich in dieser Staatskirchenarchitektur ausspricht. Das 11. Jh. kennt nur wenige Bauten vergleichbaren Ranges: in Deutschland den Kaiserdom zu Speyer – seit seiner Einwölbung (um 1082–1106) ein Werk von europäischer Geltung; in Frankreich den dritten Bau der Abteikirche von Cluny (1088 beg.) – ein weithin sichtbares Symbol abendländischer Reformbewegung; im Osten die beiden Sophienkathedralen in Kiew (1017–1037) und Nowgorod (um 1045–1065) – auch sie ›Staatskirchen‹ auf dem Boden neu sich formierender Territorien, errichtet als Kuppelkirchen nach byzantinischen Vorbildern. An Byzanz orientiert sich auch das aufsteigende Venedig, das sich mit dem Neubau von S. Marco in die stolze Reihe dieser Großbauten einfügt.

Der Bau von 1063 (die sog. *Contarinikirche*) besaß noch nicht die heutigen Mosaiken. Bestimmend war vielmehr die reine Architektur: ein Raumgefüge über kreuzförmigem Grundriß, akzentuiert durch die fünf großen Kuppeln im Wechsel mit den die Kuppeln stützenden Tonnengewölben, aufruhend auf zweigeschossig-ausgehöhlten Pfeilern mit kleinen, kapellenartigen Kuppelräumen.

In dieser ›Urform‹ (mit zunächst nur weißgetünchten Mauerflächen) war S. Marco zugleich, nach byzantinischem Vorbild, eine Emporenkirche. Während heute die Säulenarkaden nur wie ›Architekturmotive‹ wirken, waren sie ehemals die natürlichen, schon wegen des Lichteinfalls notwendigen Öffnungen der unter den Emporen gelegenen Räume. Im Zusammenhang mit der späteren Mosaizierung der Wände (12./13. Jh.) wurden zwar die Emporen beseitigt, die Arkaden jedoch belassen, und so entstanden jene hochgelegenen, eigenartigen Laufgänge, die heute das Kircheninnere umziehen. Die Contarinikirche war überdies stärker durchlichtet als S. Marco heute. Die Vermauerung der meisten Fenster erfolgte erst zugunsten der Mosaiken (das Rundfenster im südlichen Querarm ist eine Hinzufügung des 15. Jh.).

Die Mosaiken im Inneren von S. Marco

Für die frühchristliche wie für die byzantinische Kunst bedeutet das Kuppelgewölbe den Himmel. Auch dann, wenn das Gewölbe weder durch Fresken noch durch Mosaiken ausgezeichnet ist. Die Mosaiken bringen lediglich eine Präzisierung des Gedankens. Ihre gegenständliche Entfaltung erhöht die Anschaulichkeit. Schon das Alte Testament kennt den Begriff des Himmels in der Mehrzahl (»Du hast gemacht den Himmel und aller Himmel Himmel«). Dementsprechend sind auch die Kuppelschalen als Himmelssphären zu verstehen, von der jede einzelne nur einen Teilaspekt des im ganzen umfassenderen Heilsgeschehens verdeutlicht.

 S. Marco, Inneres mit Arkaden (ehemals Emporen)

Die Kuppelmosaiken (1160/1200)

Der Hauptakzent liegt auf der Längsachse, wo Christus zweimal als die zentrale Gestalt erscheint: zuerst als »segnender Christus« in der Kuppel über dem Presbyterium, umgeben von Maria und den Propheten, die in feierlicher Haltung den Kuppelrand umstellen; das zweite Mal über der Raummitte (Vierung) in der »Himmelfahrt«: Christus erscheint hier inmitten von Sternen; darunter Maria zwischen zwei Cherubinen sowie die Apostel.

Beim *Pfingstgeschehen* (Kuppel der Eingangsseite) tritt an die Stelle Christi die Taube des Hl. Geistes. In einer geometrisch-abstrakten Komposition wird sie zum Mittelpunkt eines zwölffachen Strahlenkranzes, der die Ausgießung der Geistesgabe an die Apostel versinnbildlicht, die den äußeren Kuppelrand umstellen.

Die Kuppelmosaiken im Querhaus erreichen nicht dieselbe Qualität. Die nördliche Kuppel behandelt das Leben des Johannes; die südliche zeigt vier Heilige, denen in S. Marco Altäre gewidmet waren.

Das Apsismosaik (durch Inschrift auf 1506 datiert) wiederholt ein frühes Pantokratorbild (der thronende Christus als Weltherrscher), das sich wohl schon im 12. Jh. hier befand. Es ist somit nur vom Typus her mittelalterlich, in der Ausführung aber eine Arbeit der Renaissancezeit.

Zur allgemeinen Rangordnung der Mosaiken: Die Kuppelmosaiken bilden die höchste Stufe einer bedeutungsmäßig von unten nach oben an Pfeilern und Wänden aufsteigenden Bild- und Personenhierarchie. Als *erste Stufe* innerhalb dieser Rangordnung findet man an den Pfeilern und Bögen des westlichen Langhauses einzelne Heiligengestalten; als *zweite Stufe* an den Wänden die Markusgeschichte und die Geschichte der Apostel sowie christliche Tugenden und Engel. Eine *dritte Stufe* bezeichnet das Querhaus. Hier sind im nördlichen Teil die Marienlegende und die Jugend Jesu dargestellt, im südlichen seine Wundertaten und die Passion (die Südrichtung hat nach mittelalterlicher Gepflogenheit höheren Rang als die Nordrichtung). Eine eigene Position nimmt die Westseite der Kirche ein; sie ist traditionsgemäß der Ort der Weltgerichtsdarstellung.

Die nachmittelalterlichen Mosaiken: Zahlreiche Mosaiken des 12./13. Jh. wurden im Laufe der Jahrhunderte schadhaft und schließlich durch solche des 16./17. Jh. (unter Beibehaltung der alten Themen) ersetzt. Daraus erklären sich die auffallenden Stilunterschiede, die heute jeder Betrachter sofort bemerken wird. Die Mosaiken des 12./13. Jh., noch mittelalterlich geprägt, betonen durch eine statuarische Feierlichkeit den geheiligten Charakter der dargestellten Personen und Ereignisse. Die Mosaiken des 16./17. Jh. dagegen folgen malerischen Prinzipien, sind ungleich bewegter und realistischer, gelegentlich auch pathetischer (zumal die des 17. Jh.). Man hat den Eindruck, als handle es sich vom Entwurf her um Leinwandbilder, die lediglich in die Mosaiktechnik umgesetzt wurden (Entwürfe häufig von Tintoretto).

Übersicht über die Mosaiken des 16./17. Jh.: (a) An der Westseite (Lichtschacht) »Weltgericht« nach Entwurf *Tintorettos.* (b) Die Mosaiken an den Tonnengewölben der Nordseite (nach *Tintoretto* u.a. »Hochzeit von Kana« und »Abendmahl«. (c) Im Nordquerhaus: »Marienleben« und »Jugend Jesu« (am Tonnengewölbe (13. Jh.). (d) Tonnengewölbe vor der Chorkuppel *(Tintoretto):* »Verkündigung«, »Anbetung der Könige«, »Verklärung«. (e) Im Südquerhaus: »Marienleben« (die Geschichte der Markusreliquien dagegen aus dem 13. Jh.).

ERE
TES
ARA
SCS
BSAN
ATO MVLIER LIBERATVR IVRE DRACONIS

Die venezianische Stilkomponente der Mosaiken von S. Marco besteht in ihrem dekorativen Charakter. Man überzog die Gewölbe, die Pfeiler und Wände mit einem einheitlich neutralen Goldgrund, vor dem sich die Figuren und Einzelszenen wie Ornamente oder Edelsteine abheben. Eine relativ gleichmäßige Streuung der Motive und der Verzicht auf feste Rahmung oder Feldereinteilung bewirkt, daß die architektonische Struktur nicht betont, sondern eher verschleiert wird. Wände und Gewölbeflächen sind wie mit Stoff überzogen: ein farbig gemusterter Goldmantel, der dem Raum eine immaterielle Aura verleiht.

Besondere Räume und ihre Ausstattung — Nr. 23

Der Zugang zum Presbyterium (Pala d'Oro) erfolgt durch die rechts vom Chor gelegene *Cappella di S. Clemente*, die ehemalige Kapelle des Dogen (Eintritt). Sehenswert sind hier die Säulentrennwand (spätes 14. Jh.) und das farblich hervorragende Apsismosaik (12. Jh.), das den Hl. Clemens zeigt. Die Muttergottes des Altars (um 1465) steht der Donatelloschule nahe.

Presbyterium (mit Pala d'Oro)

Im Presbyterium versammelten sich an hohen Feiertagen neben der Geistlichkeit auch der Doge und die Signoria (die obersten venezianischen Beamten), denn S. Marco war in der Zeit der Republik nicht Bischofs-, sondern Staatskirche. Heute allerdings fehlt der Sitz für den Dogen, und das frühere Gestühl ist durch ein modernes ersetzt. An sehenswerten Einzelheiten nennen wir: die beiden *Sängertribünen* mit Bronzereliefs von *Jacopo Sansovino* (1537 bzw. 1541), die die Markusgeschichte behandeln. Der *Hochaltar* wurde 1834 unter Verwendung alter Teile neu zusammengesetzt (Bronzeleuchter 16. Jh.). Hervorzuheben ist der *Säulenbaldachin:* er trug ehemals eine Holzkuppel (!). Bemerkenswert sind die Säulenschäfte: seltene und kostbare Stücke, die auf antike Vorbilder (Trajansäule in Rom) zurückgehen, doch sind es rein mittelalterliche Gebilde. Die neunfach übereinandergestellten Arkaden dürften von Elfenbeinarbeiten beeinflußt sein. Thematik: Marienleben und Leben Jesu bis zur Auferstehung. Datierung schwankend (Teile 5./6. Jh.(?), sonst 13. Jh.).

Pala d'Oro (10./14. Jh.)

Der goldene Altaraufsatz von S. Marco (heutige Aufstellung modern): eine weltberühmte, teils byzantinische, teils venezianische Goldschmiede- und Emailarbeit, die erst im Laufe von fünf Jahrhunderten ihre jetzige Größe und Form erreichte. Man hat zeitlich und stilistisch verschiedenartige Teile zu unterscheiden. (1) Zum ältesten Bestand zählen die kreisförmigen Goldemailplatten, die heute die Rahmenleiste schmücken (um 976 n. Chr.). (2) Rund 130 Jahre später (1105) entstanden in Venedig die Emailplatten mit der Markusgeschichte sowie den Szenen aus dem Neuen Testament (erzählerischer Stil). (3) Es folgten 1209 die aus Konstantinopel erworbenen sechs großen Darstellungen aus dem Leben Jesu (byzantinisch). (4) 1345 schufen venezianische Künstler die große Mitteltafel mit dem thronenden Christus, dazu die vier Medaillons mit den Evangelisten (farbige Kontraste), die zwölf Apostel und die heutige Rahmung des Ganzen. – So spiegelt sich in der Pala d'Oro ein Stück venezianischer Kunstgeschichte. Es wiederholt sich im Kleinen, was für S. Marco im Großen gilt: die byzantinische Grundlage bleibt erhalten und wirkt weiter; Form und geistiger Gehalt aber finden zu venezianischer Eigenständigkeit.

Bronzetür zur Sakristei (1546/1572): Ein Meisterwerk *Jacopo Sansovinos* (1486 bis 1570) aus dessen Spätphase. Die Grundform zurückgehend auf Ghibertis berühmte Paradiestür am Baptisterium in Florenz. Die *Reliefs:* unten »Grab-

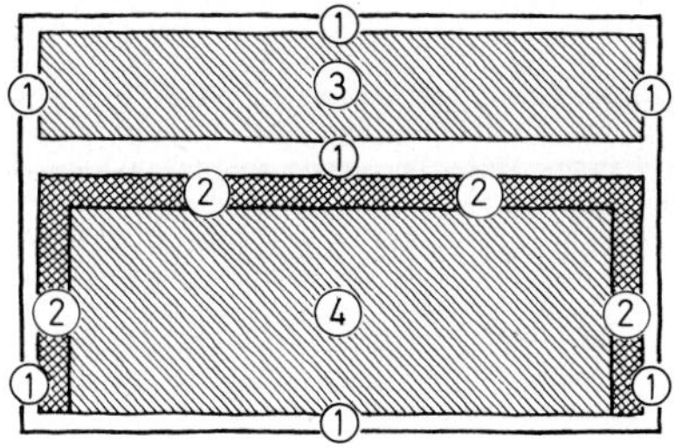

Pala d'Oro, Entstehungs-phasen

legung«, oben »Auferstehung«. In der *Rahmenleiste:* stehend »Heilige«, liegend »Propheten«. Die *Köpfe* der Überlieferung gemäß: Tizian und Aretino (oben), Palladio und Veronese (Mitte), Francesco und Jacopo Sansovino (unten).

Cappella di S. Pietro (nördliche Chorkapelle): Säulenkolonnade mit Statuen (um 1397) aus der Werkstatt der Brüder Masegne.

Kunstwerke im Bereich der Vierung

Im Widerspruch zu der allgemeinen Regel, wonach die venezianische Kunst kein tieferes Verhältnis zur Plastik findet, sind gerade in der Vierung von S. Marco eine ganze Reihe plastischer Werke versammelt, die durchaus Qualität besitzen. Nicht zufällig entstammen sie aber vorwiegend dem 14. oder 15. Jh,. also einer Zeit, als sich Venedig, von Byzanz lösend, der westlichen Kunst aufschließt (vgl. für diese Zeit am Außenbau die Ziergiebel, etwa ab 1385).

Die vier vergoldeten Engelstatuen an den Mauerkanten der Vierung (in Höhe der ehemaligen Emporen) sind die ersten vollplastischen Figuren der venezianischen Kunst: wichtige, aber zumeist nur wenig beachtete Beispiele für das Aufkeimen des Plastischen in Venedig. Sie gehören noch dem 13. Jh. an und sind verwandt (vielleicht beeinflußt oder angeregt) von der Bildhauerwerkstatt des *Benedetto Antelami*, der die französische Kathedralplastik gekannt und auf italienischem Boden verarbeitet hat.

Die beiden Kanzeln (rechts und links des Presbyteriums) stammen schon vom Anfang des 14. Jh. Sie verwenden z. T. ältere Architekturteile, fügen sie aber mit gutem Sinn für dekorative Wirkung zu durchaus plastischen Gebilden zusammen, wobei auch hier wieder die venezianische Leitform der Kuppel auftritt (auch der Säulenbaldachin im Presbyterium hatte ja ursprünglich eine Holzkuppel als Bekrönung).

Die große Säulenkolonnade (eine das Presbyterium abschnürende, lettnerartige Barriere) mit den Statuen der Maria, des Hl. Markus und der Apostel, ist eine Arbeit der *Brüder Masegne* und ihrer Werkstatt (1394–1404): Die fast demonstrative Aufreihung dieser Figuren, die wirkungsvoll in die Blickbahn des Kirchenbesuchers gestellt sind, mutet wie ein Ersatz für die am Außenbau fehlende Portalplastik an. Man empfindet an dieser Stelle, wie selten man in Venedig auf mittelalterliche Bauplastik stößt (Venedig hat die Ausdrucksmöglichkeiten der Plastik zu keiner Zeit voll genützt).

Die beiden Altäre an den Stirnwänden der seitlichen Chorkapellen sind Arbeiten der venezianischen Frührenaissance (um 1470), teilweise wohl von *Pietro Lombardo* und seiner Werkstatt. Schon der Name besagt, daß es sich auch hier um plastische Hervorbringungen handelt, die ihre künstlerischen Wurzeln nicht in Venedig, sondern in der Lombardei haben.

Nördliches Querhaus

(a) *Cappella di S. Isidoro* (um 1350): tonnengewölbt, mit guten, erzählerischen Mosaiken (Mitte 14. Jh.) zum Leben des Hl. Isidor und der Erwerbung seiner Reliquien (1125 in Chios). Wandsarkophag mit guter Liegefigur des Heiligen.

(b) *Cappella dei Mascoli* (um 1430): Bedeutend sind die Altarskulpturen. Sie stammen aus der Zeit um 1430, sind somit später als diejenigen der Säulenkolonnade vor dem Presbyterium und stehen am Übergang zur Frührenaissance. Vor allem an der Muttergottes beobachtet man eine kraftvolle, zügige, fast männliche Faltensprache. Bedeutsam auch die *Mosaiken.* Namentlich im »Marientod« zeigt sich in der frontal und perspektivisch gesehenen Bildarchitektur ein neues, auf die Zukunft weisendes Element.

Gemaltes byzantinisches Kruzifix (unter einem Säulenbaldachin am ersten Langhauspfeiler nach der Vierung): Das eindrucksvolle Werk, Prototyp für zahlreiche andere gemalte Kruzifixe in Venedig, kam nach der Eroberung von Konstantinopel (1204) von dort in die Lagunenstadt, stand anfangs auf der Piazza und befindet sich seit 1290 im Kircheninneren.

Das Baptisterium (Taufkapelle)

Cappella di S. Giovanni (errichtet um 1320, mosaiziert um 1350): Die Gewölbe ruhen hier nicht mehr auf der Wand, sondern auf Freisäulen auf, und das Ornament verdeutlicht in Form von Bordüren die architektonische Struktur. Über dem Taufstein die Aussendung der Apostel (»Gehet hin in alle Welt und taufet alle Völker«), wobei das Moment des Gehens gleichzeitig mit dem des Taufens unmittelbar anschaulich wird und die verschiedenen ›Völker‹ durch unterschiedliche Architekturen symbolisiert sind. In den Gewölbezwickeln hier die griechischen, unter der folgenden Kuppel die lateinischen Kirchenväter. Die zweite Kuppel zeigt Christus umgeben von Engelchören. Bemerkenswert an der Kreuzigung der Abschlußwand sind die Stifterbildnisse des Dogen Andrea Dandolo (1343–1354) und seiner Frau sowie des Erzkanzlers.

Der Taufstein (um 1545), vielleicht nach Entwurf von Jacopo Sansovino, besitzt vier vorzügliche Bronzereliefs mit Darstellungen aus dem Leben des Täufers. *Die Bronzefigur Joh. d. T.* (1565) von *Segala*, einem Künstler aus Padua. In manieristischer Weise gilt das Interesse dem entblößten Körper (der Fellmantel deckt nur den Rücken). Johannes ist hier nicht der leidenschaftliche Prediger (wie bei Donatello, Frarikirche, um 1450), sondern der ›schöne‹ Mensch, eine von allen Seiten gleich wirksame, fast elegante Figur.

Grabmal des Dogen Andrea Dandolo (dem Eingang gegenüber): Mit Liegefigur und zwei Schildträgern, die einen Vorhang zurückhalten (ein von da ab typisches Motiv venezianischer Dogengrabmäler). Dandolo war der letzte in S. Marco bestattete Doge. Die späteren Grabmäler befinden sich überwiegend in der Frarikirche und in SS. Giovanni e Paolo. – Das zweite Grabmal (zeitlich früher und schlichter) zeigt Porträt und Wappen des Dogen *Giovanni Soranza* (gest. 1328).

Cappella Zen (1503/1515): Ursprünglich zur Piazzetta hin geöffneter Raum als Haupteingang der ›Südfassade‹. Der Umbau und die Errichtung des aufwendigen Grabmals erfolgte zu Ehren des Kardinals *Giambattista Zeno*, eines Neffen des venezianischen Papstes Paul II. Hervorzuheben ist die *Bronzefigur der Muttergottes*, ein ›antikisierendes‹ Bildnis, wie es der Kardinal testamentarisch forderte (beeinflußt von den Madonnenbildern Giovanni Bellinis): ein bedeutendes Werk der Renaissanceplastik in Venedig. Vom Aufwand her eindrucksvoll ist auch das *Grabmal des Kardinals* mit der Liegefigur des Verstorbenen. Der Beachtung wert sind ferner die beiden *Löwen* aus rotem Marmor (um 1200), lombardische Arbeiten, vermutlich für ein Portal an S. Marco, dessen Säulen sie trugen (vgl. den Portalvorbau vor San Zeno in Verona).

Die Schatzkammer von S. Marco *(Tesoro)* **Nr. 23**

Als die Venezianer 1204 Konstantinopel eroberten, legten sie mit den damals nach Venedig gebrachten Kostbarkeiten den Grundstock für den später so gewaltig angewachsenen, heute weltberühmten Kirchenschatz von S. Marco. Es handelt sich im wesentlichen um Gegenstände der Kleinkunst, um Goldschmiede- und Emailarbeiten, Reliquiare, Trinkgefäße, Ampullen und ähnliches, neben einigen Architektur- und Ausstattungsresten aus Stein.
Der Besucher wird wohl in der Regel einfach die Fülle der Gegenstände und den Wert der verwendeten Materialien bewundern, im übrigen aber (sofern er kein Spezialist ist) ziemlich willkürlich seine Aufmerksamkeit dem einen oder anderen Stück zuwenden.

In der Mitte des derzeitigen Hauptraumes hat man in vier Vitrinen besonders wertvolle Gegenstände zusammengestellt. Sie sind datiert und beschriftet.

Hervorzuheben ist ein leicht zu erkennender Hostienbehälter in Form einer Fünfkuppelkirche über kreuzförmigem Grundriß (11. Jh.). – Außerhalb der Vitrinen findet man u.a. den sog. »Thron des Hl. Markus« (Reliquiar), vielleicht ein Geschenk des byzantinischen Kaisers Heraclius (gest. 641) an den ersten Patriarchen von Grado. – Zwei Marmorsäulen mit einer Verkündigung (15. Jh.). – Vier byzantinische Reliefikonen in kostbarer Rahmung aus Goldemail und Edelsteinen. – Von großer Seltenheit: ein Tragaltar in Form eines von Säulenarkaden gestützten Kuppelbaldachins, eine Stiftung der byzantinischen Kaiserin im 10. Jh. (hergestellt vielleicht im 6./7. Jh.).

Museo Marciano *(Markusmuseum)* **Nr. 23**

Die Räumlichkeiten liegen über den Vorhallen von S. Marco, wo ehemals die Mosaizisten ihre Werkstätten hatten (Zugang beim Hauptportal über eine steile Treppe). Ausgestellt sind Mosaikfragmente, Altaraufsätze, persische und flandrische Teppiche, Bildteppiche mit Darstellungen aus dem Leben des Hl. Markus (1551 in Florenz bestellt) sowie eine gotische Teppichserie mit Passionsszenen. – Hier auch Zugang zur Orgelempore und zu den Laufstegen (vorzüglicher Blick auf die höher gelegenen Mosaiken und Übersicht über den Fußboden).

Die zur Piazzetta gerichtete Südfassade von S. Marco **Nr. 23**

Die heute geschlossene Front war bis 1503 durch ein großes, in die Vorhalle führendes Portal geöffnet und bildete die repräsentative, zur Lagune gerichtete Empfangsseite von S. Marco. Teile der heute in die Außenwand eingelassenen Reliefplatten sollen zu diesem Portal gehört haben (seit dem 17. Jh. durch eine übergiebelte Marmorwand ersetzt). Die starke Durchfensterung des oberen Stockwerks entspricht wohl kaum der ursprünglichen Situation.

Die beiden freistehenden Marmorpfeiler mit ihrem reichen Reliefschmuck (syrische Arbeiten des 6. Jh.) sind ähnlich wie die Bronzepferde der Westfassade als ›Siegestrophäen‹ zu verstehen. Sie wurden 1256 von den Venezianern im Hafen von Acri erobert. Die sog. *Tetrachen* (Ecke gegen den Dogenpalast) sind vermutlich ein syrisches Bildwerk des 4. Jh. (dunkelroter Porphyr). Wahrscheinlich sind hier Diocletian, Maximian, Valerius und Constantius dargestellt, die seit 285 n. Chr. das Römische Reich als *Augusti* bzw. *Caesari* gemeinsam regierten.

Die Flaggenmasten auf der Piazza **Nr. 23**

Die *Masten* waren schon vor 1500 aufgestellt. Die schönen *Bronzebasen* (1505) sind Arbeiten aus der Werkstatt *Alessandro Leopardis*. Sie symbolisieren Justitia, Stärke (Elefant) und Überfluß. Ferner sind dargestellt Neptun, Nereiden und Tritonen. – Das heutige *Plattenmuster* der Piazza ist eine moderne Kopie nach dem Zustand von 1722.

24 **Der Dogenpalast** *(Palazzo Ducale)*

War das Bauwerk in seinen Anfängen (9. Jh.) zunächst ein wehrhaftes, von Wasser umgebenes Kastell, so wandelt es sich im 12. Jh. zu einem offenen Palast, der angesichts der sicheren Stellung Venedigs auf Befestigungen verzichten kann und dafür Züge der Repräsentation annimmt. Als solcher wird er neben S. Marco zum wichtigsten Bauwerk der Stadt, die im Nebeneinander der beiden Monumente ihren trefflichsten Ausdruck findet: hier der Palast als Zentrum der politischen Macht, der Rechtsprechung und Verwaltung; dort die Staatskirche, die zugleich ›Palastkapelle‹ ist – eine für Venedig typische Symbiose.

Wie viele bedeutende Bauwerke, so ist auch der Dogenpalast ein durch Jahrhunderte gewachsenes Gebilde, dessen historische Schichten es zu erkennen gilt. Mit Bewunderung sieht man, wie hier jede neue Generation mit Erweiterung und Ausschmückung befaßt ist. Wenn Brände das Gewordene zunichte machten, entstand unverzüglich Neues. Spätgotik und Frührenaissance haben daher im Inneren nur geringe Spuren hinterlassen. So sind die Malereien von Giovanni Bellini, Giorgione und Tizian für immer verloren. An ihre Stelle traten die Werke von Veronese und Tintoretto und eine Ausstattung, die zumeist aus Hochrenaissance oder frühem Barock datiert.

Unverfälscht haben sich dagegen die beiden gotischen Fassaden erhalten, die um 1400 auf der Seite zur Lagune, um 1428 auf der Seite zur Piazzetta entstanden sind. Ihr Maßwerk aus Kielbogen und Vierpaß wurde vorbildlich für die Palastfassaden des 14. und 15. Jh.

Übersicht

Wir behandeln zuerst *das Äußere* des Dogenpalastes und zwar in chronologischer Folge, entsprechend den einzelnen Ausbaustufen seit 1340: beginnend mit der Seite zur Lagune, gefolgt vom Westflügel (Piazzetta) mit der »Porta della Carta« und endend mit dem Hof des Palastes, mit dem »Arco Foscari«, der »Gigantentreppe« sowie den Hoffassaden.

Besichtigung der Innenräume des Dogenpalastes (Beschreibung S. 112ff.): Man begibt sich zur »Porta della Carta« (dort auf der Hofseite die Kasse), benützt dann links von der Gigantentreppe den Aufgang zur Loggia des 1. Geschosses und geht über die »Scala d'Oro«, die Prunktreppe des Dogenpalastes, hinauf bis zum 3. Stockwerk. Die Besichtigung verläuft somit von oben nach unten. Man lernt zuerst die Repräsentationsräume des 3. Stockwerks kennen, dann erst die Riesensäle des 2. Stockwerks sowie die Dogenwohnung, zuletzt die Palastgefängnisse. Der Rundgang endet im Hof des Dogenpalastes.

Dogenpalast, Orientierungsplan

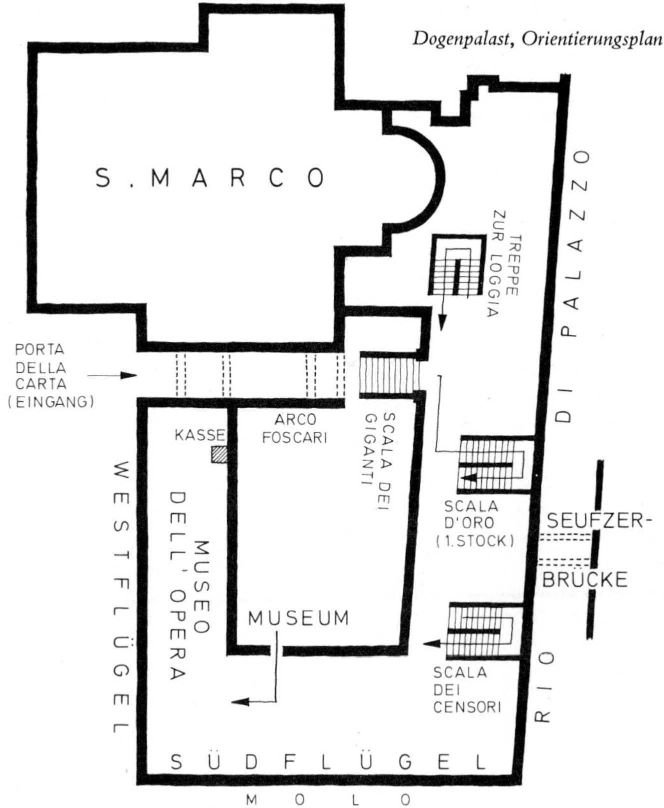

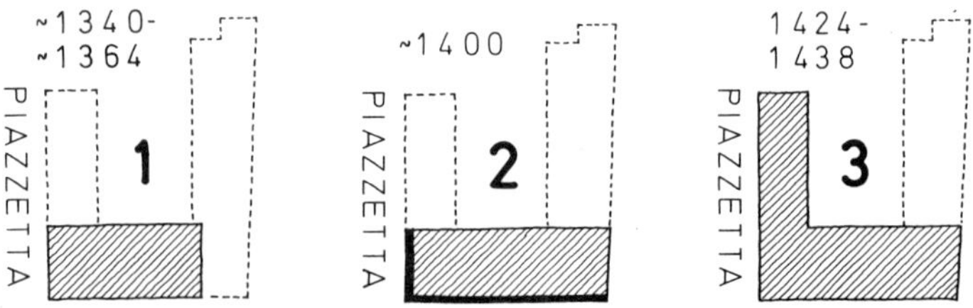

Das Äußere des Dogenpalastes *(Fassaden, Portale, Plastik)* **Nr. 24**

[1] *Um 1340* begann mit der Errichtung des ›Großen Saales‹ (Sala del Maggior Consiglio) die Umwandlung der Dogen*festung* in den Dogen*palast.*

[2] *Außenfassaden:* Die heutige Fassade auf der Seite zur Lagune entstand um 1400 unter Einbeziehung älterer Bauteile; daher rechts die tiefer sitzenden Fenster. Die Fassade leitet sich ab von venezianischen Adelspalästen des 12. und 13. Jh., deren Elemente sie ins Monumentale steigert: im Erdgeschoß offene Arkaden, darüber die durchgehende Loggia, zuletzt eine hohe, geschlossene Wand, deren materielle Schwere durch ein textiles Steinmuster kaschiert wird. Für Venedig, das um 1400 noch überwiegend aus Holzbauten bestand, setzte der Dogenpalast einen neuen Maßstab. Das 15. Jh. folgte seinem Vorbild, begnügte sich aber mit ungemusterten ziegelroten Backsteinfassaden.

Künstlerisch bedeutend ist die Rahmung des großen Mittelfensters, eine Stiftung des Dogen Michele Steno (1400–1413). Diese Fensterarchitektur darf nicht allein dekorativ gesehen werden. Das Fenster steht vielmehr in der Bedeutung eines Wappens über der Frontseite des Palastes, nicht zufällig von Heiligen umstellt und von Caritas (Medaillon) überstrahlt. Ein spätgotisches Merkmal sind die übereinandergestellten Figurenbaldachine, die als schmale, überlängte Türmchen den Fassadenumriß durchstoßen. Dagegen ist die Figur der Justitia eine Hinzufügung von 1577.

Für die zunehmende Westorientierung der venezianischen Kunst im 15. Jh. spricht der Reichtum an figürlicher Plastik, z. B. in den Kapitellen der Erdgeschoßarkaden, wo Pflanzen und Tiere, Jahreszeiten und Lebensalter, Heilige und Propheten, Tugenden und Laster dargestellt sind – ein später Reflex auf die Figurenprogramme französischer Königskathedralen (die Säulenschäfte stecken heute fast 40 cm im modernen Pflaster). – An Großplastik (um 1400) ist hervorzuheben: »Noahs Trunkenheit« (rechte Fassadenecke) sowie »Adam und Eva« (linke Ecke); man vgl. die Eva Rizzos (um 1470), Abb. S. 111.

[3] *Der Westflügel* (1424–1438): errichtet unter dem Dogen Francesco Foscari. Stilistisch eine Weiterführung der Südfront, das Mittelfenster jedoch kompakter und gedrungener. Zusammen mit S. Marco bildete jetzt der Dogenpalast eine würdige ›Empfangskulisse‹ entlang der Piazzetta. Ihr Gegenstück, die Markusbibliothek, entstand erst hundert Jahre später.

[4] *Die Porta della Carta* (1438–1442): Mit ihr erhielt der Dogenpalast seinen prunkvollen Haupteingang, nicht zufällig an der Nahtstelle zwischen Palast und Kirche gelegen, die jetzt miteinander verbunden wurden. Die ursprünglich vergoldete Portalarchitektur bezieht sich zugleich auf den Campanile und begründet damit eine Achse, die später durch die Loggetta und die Gigantentreppe baukünstlerisch noch stärker betont worden ist: architektonische Szenerie für die Dogenkrönungen. Das Portal ist ein Hauptwerk der venezianischen Spätgotik, nicht unbeeinflußt von den stilverwandten Giebelformen von S. Marco (diese ab 1385). Entwurf und Ausführung: *Giovanni Bon* aus Bergamo und sein Sohn *Bartolomeo*, der zur selben Zeit die Fassade der Ca'd'Oro schuf.

[5] *Arco Foscari* (1462–1471): errichtet unter dem Dogen Cristoforo Moro, eine zweistöckige, in Stein umgesetzte Festarchitektur, die in ihrer Doppelfunktion als triumphaler Bogen und turmartige Tribüne in den Ablauf der Dogenkrönung einbezogen war. Während des Krönungsvorgangs, der sich auf der Gigantentreppe vollzog, stand sie dem Dogen als mahnendes Monument vor Augen: auf der Spitze der Hl. Markus als Schutzpatron Venedigs; darunter Tugendallegorien, die an die Pflichten des Herrschers erinnerten; zuunterst die Gestalten von Adam und Eva als Verkörperungen des irdischen Lebens. Bei Adam und Eva handelt es sich um bedeutende Werke von Antonio Rizzo (siehe folgende Seite).

[6] *Scala dei Giganti* (nach 1483): von *Antonio Rizzo*, an Stelle einer älteren Treppe, als monumentaler, für die Dogenkrönungen bestimmter ›Stufenthron‹ (Hubala) errichtet, flankiert von den beiden Kolossalstatuen »Mars« und »Neptun« von *Jacopo Sansovino* (1486–1570). Rizzo kam aus Verona, Sansovino aus Florenz. Beide Fakten beleuchten die Situation der Lagunenstadt in nachgotischer Zeit. Man arbeitet in Architektur und Plastik mit Kräften, die von außen kommen, und übernimmt Stilkomponenten, die sich nur schwer mit der venezianischen Tradition einer leichten, flächenhaft-dekorativen Bauweise vereinbaren lassen.

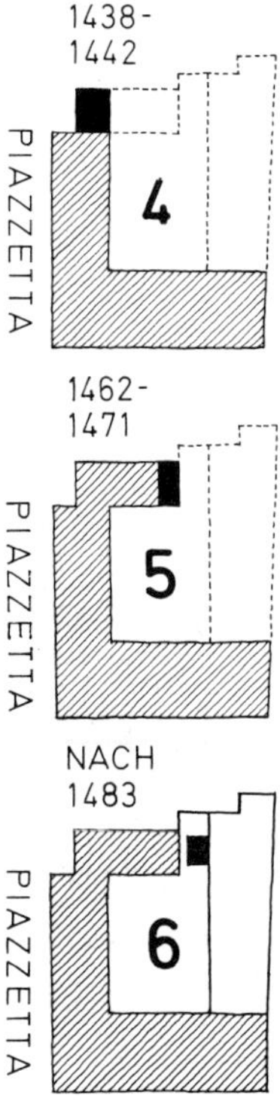

Dogenpalast, Scala dei Giganti

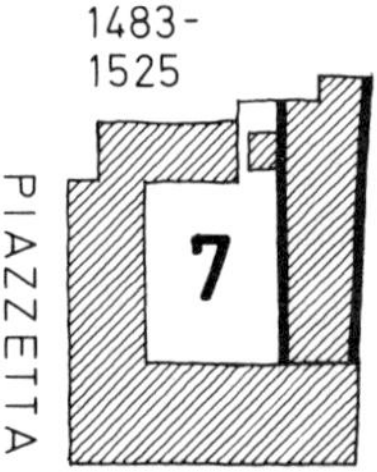

[7] Nach dem großen Brand von 1483, der weite Teile des Ostflügels verwüstete, begann man mit der Neugestaltung der Fassaden sowohl auf der Seite zum Innenhof wie auf der zum Rio di Palazzo. Die Arbeiten beanspruchten knapp 40 Jahre und waren im wesentlichen gegen 1525 beendet.

Stilistisch variieren die beiden Arkadenreihen die spätgotischen Formen der intakt gebliebenen Palastteile: achtseitige Pfeiler und Rundbogen in der unteren Reihe; ein von vier Säulchen umstellter Pfeilerkern in der oberen. Weniger einheitlich sind die Fronten des 2. und 3. Stockwerks. Man erkennt hier die Wiederverwendung älterer Bauteile mit unterschiedlichen Raumhöhen, und den Versuch, das Fassadenganze durch Bildung von Fenstergruppen zu ordnen. Doch ist die Dekoration im Grunde ›unvenezianisch‹, nicht flächenhaft zart, sondern ›lombardisch‹, laut, schwer und aufdringlich.

Adam und Eva *(Bronzeskulpturen von Antonio Rizzo)* **Nr. 24**

Um 1470 für den »Arco Foscari« gearbeitet; dort durch Abgüsse ersetzt. Die Originale heute im Inneren des Dogenpalastes (2. Stock, Sala della Quarantia).

Es handelt sich um Werke von hervorragender Qualität, in denen zum ersten Mal in der venezianischen Plastik das Körperideal der Renaissance einen beredten Ausdruck findet. Schon Dürer hat diese Figuren eingehend studiert und in seinem graphischen Werk verarbeitet. Vergleicht man sie mit der Adam- und Eva-Darstellung an der Ecke des Dogenpalastes gegen die Piazzetta (um 1400), so wird deutlich, wie nun nicht mehr die biblische Belehrung, sondern der menschliche Körper in seiner natürlichen Erscheinung das Interesse des Künstlers beansprucht. Das gotische Bildwerk trägt noch puppenhafte Züge und wirkt unfrei. Um 1470 dagegen formt sich unter den Händen *Rizzos* (~ 1430–1498?) ein gestalthafter, lebendiger Organismus, dem eine starke Ausdruckskraft, auch im Psychologischen, zu eigen ist: Adam mit leidenschaftlichem Pathos sich rechtfertigend; Eva mehr still, eher verschlossen, vor sich hinblickend.

Gerade an der Gestalt der Eva lassen sich die ›modernen‹ Züge gut ablesen. Sie ist selbstbewußt, von natürlicher Anmut und nicht ohne Koketterie, denn sie weiß den wohlgeformten Körper durchaus vorteilhaft den Blicken darzubieten. Das von ihr verkörperte Schönheitsideal verlangt den kräftigen, schwellenden Leib als Symbol der Fruchtbarkeit, während die auffallend kleinen Brüste das Zarte und Mädchenhafte betonen. Der kräftig modellierte Kopf wird von einzelnen Locken jugendlich umspielt, die Figur im ganzen durch die langen Beine gestreckt und nach unten verjüngt.

Antonio Rizzo, Bronzefigur der Eva

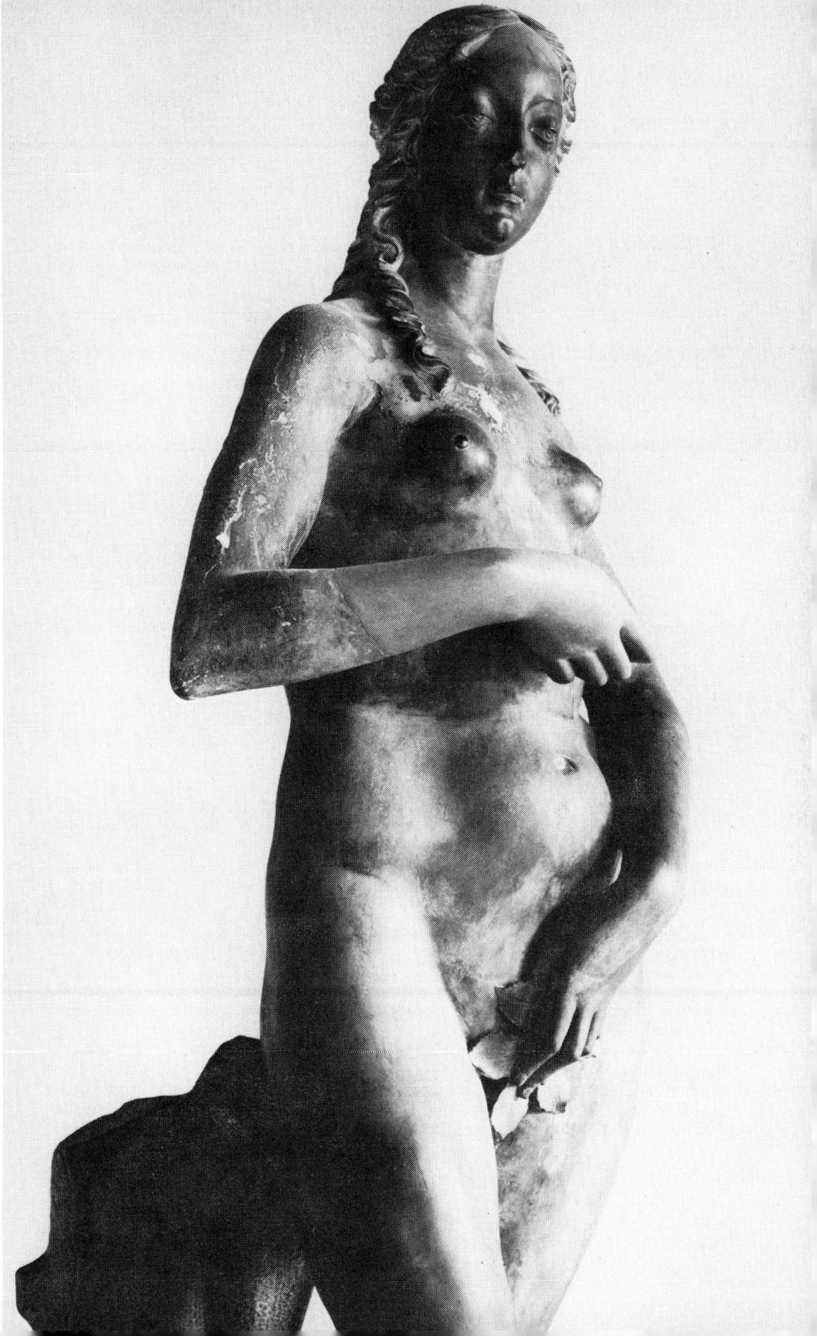

Dogenpalast, Schnitt durch die Scala d'Oro

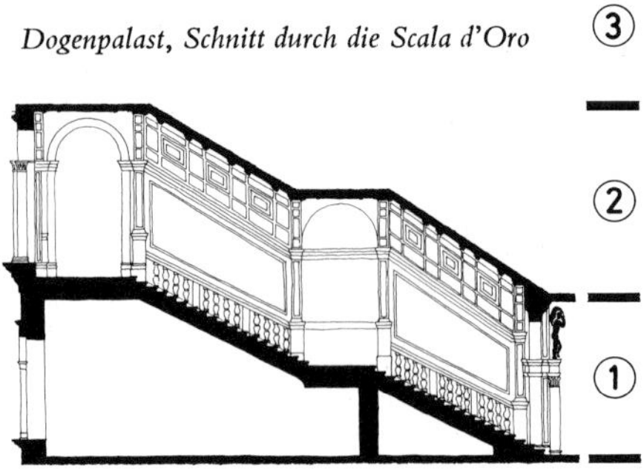

3. Stockwerk
Sala delle Quattro Porte
Anticollegio
Sala del Collegio
Sala del Senato

2. Stockwerk
Dogenwohnung. Im Ostflügel die Riesensäle:
Sala del Maggior Consiglio
Sala dello Scrutino

1. Stockwerk
Amtsräume. Auf Höhe der offenen Loggia Beginn der Prunktreppe (Scala d'Oro)

Das Innere des Dogenpalastes *(Beginn des Rundgangs)* — Nr. 24

[1] Die *Scala d'Oro* (1557–59), die Prunktreppe des Dogenpalastes, führt von den Loggien des 1. Stockwerks, wo die Räume der Zensoren und Notare lagen, zunächst zum 2. Stockwerk, und zwar (a) in einem Nebenarm (1. Podest) zur Dogenwohnung, und (b) im Hauptarm (2. Podest) zu verschiedenen Amtsräumen auf Höhe der Dogenwohnung. Die Treppe führt dann weiter in das 3. (oberste) Geschoß zu den dort gelegenen Amts- und Repräsentationsräumen.

Die Scala d'Oro, so benannt nach ihrer Vergoldung, gehört zu den eindrucksvollsten Treppenanlagen Italiens. Im Rahmen des Dogenpalastes charakterisiert sie die prunkvolle nachgotische Ära, in der man an Stelle der schlichten Holztreppen große repräsentative Aufgänge mit kassettierten ›römischen‹ Tonnengewölben und ›antiker‹ Grotteskendekoration schuf. Den äußeren Anlaß gab der schon erwähnte Brand von 1483, doch dauerte es mehr als 70 Jahre, bis aus verschiedenen Projekten, darunter eines von Palladio, die jetzige Lösung hervorging, im wesentlichen wohl nach Entwurf von Jacopo Sansovino. Im Sinne der wiederentdeckten antiken Mythologie bewachen *Herkules*, der die Hydra erschlägt, und *Atlas*, der die Weltkugel trägt, den Eingang. Die Stuckdekoration von *Alessandro Vittoria* (1525–1608): Im Hauptlauf von linearer Strenge; zur Dogenwohnung hin reicher und bewegter; im letzten Abschnitt groß und schwer.

Dogenpalast, 3. Stockwerk, Ostflügel — Nr. 24

[2] *Atrio Quadrato* (Vorraum): Vom ursprünglichen Bestand hat sich hier nur die Decke (um 1560) erhalten. Sie gibt eine gute Vorstellung vom venezianischen Dekorationssystem des 16. Jh., dem der Besucher beim Rundgang durch den Dogenpalast in immer neuen Abwandlungen begegnet. Die aus der Antike übernommene Kassettendecke erfährt in Venedig eine wirkungsvolle Belebung, indem sich die einzelnen Felder zu gerahmten Bildern verselbständigen, die untereinander durch Stege verbunden sind. So ergibt sich ein lebhafter Form- und Richtungswechsel, und es entsteht der Eindruck großer Fülle und Pracht. Dominierend ist letztlich die Malerei. ›In Gold gefaßt‹ erscheint sie an der Decke als Steigerung dessen, was sich großformatig in den Leinwandbildern der Wände, thematisch stets auf Venedig bezogen, entfaltet.

Mit dem achteckigen Hauptbild der Decke, einem Werk *Tintorettos* (1561/64), lernen wir ein erstes Beispiel venezianischer Staatsikonographie kennen. Der Doge (rechts) mit dem Markuslöwen, begleitet von seinem Namenspatron, dem Hl. Hieronymus, einer schwebenden Gestalt, tritt vor Venetia (ganz links), die ihm durch Justitia (Mitte) das Zeremonienschwert überreichen läßt – eine Kreiskomposition mit der »Gerechtigkeit« als Mittelpunkt. Venedig und der Doge bilden die äußeren Pole. In der Diagonalen wird die Welt des Überirdischen in die Handlung miteinbezogen. Ein Bildschema, das »für die barocke Deckenmalerei exemplarische Bedeutung gewann« (Hubala).

Wände: Ehemals mit rotem Damast ausgeschlagen und mit vier mythologischen Bildern von Tintoretto geschmückt (heute in Raum 4). Vom derzeitigen Bestand wäre zu nennen: »Verkündigung an die Hirten« von *Francesco Bassano.*

[3] *Sala delle Quattro Porte* (nach 1574): Ihrer Funktion nach eine ›Diele‹ als Warte- und Verbindungsraum vor und zwischen den Repräsentationsräumen. Die für Venedig ungewöhnliche Tonnenwölbung, die Stuckierung sowie die Portale mit antikisierenden Götterfiguren gehen auf Entwürfe (oder Einfluß) Palladios zurück.

Die *Statuen über den Portalen* symbolisieren: (a) »Beredsamkeit«, »Rhetorik«, »Wachsamkeit«; (b) »Krieg«, »Pallas«, »Friede«; (c) »Glaube«, »Autorität«, »Gerechtigkeit«; (d) »Verschwiegenheit«, »Treue«, »Fleiß«.

Die Deckengemälde (Werkstatt Tintorettos) zeigen »Jupiter übergibt Venedig symbolisch die Herrschaft über die Adria«, dann »Juno stiftet Venedig den Pfau als Symbol des Stolzes und den Blitz als Symbol der Macht«, zuletzt »Venedig sprengt das Joch der Sklaverei«. In den Trabantenbildern Allegorien venezianischer Städte und Landschaften, u. a. Verona, Brescia, Padua, Vicenza.

Wandgemälde: (A) »Votivbild des Dogen Antonio Grimani«, von *Tizian* begonnen, um 1600 von anderer Hand vollendet und dabei durch die Seitenfiguren erweitert. (B) »Ankunft des polnischen Königs Heinrich III. in Venedig« von *Andrea Vicentino*, ein kulturhistorisch bemerkenswertes Gemälde, das u. a. den von Palladio geplanten Triumphbogen zeigt. Der König in schwarzer Kleidung, neben ihm der Doge (rechts). Die venezianische Serenissima schreitet durch den Triumphbogen dem König entgegen. In den Booten rechts Fanfarenbläser und Trommler.

Beim *Durchgang in den Raum 4* links das Gemälde »Die Botschafter von Nürnberg empfangen vom Dogen Leonardo Loredan das venezianische Gesetzbuch« (1590/95).

Dogenpalast, 3. Stockwerk, Ostflügel

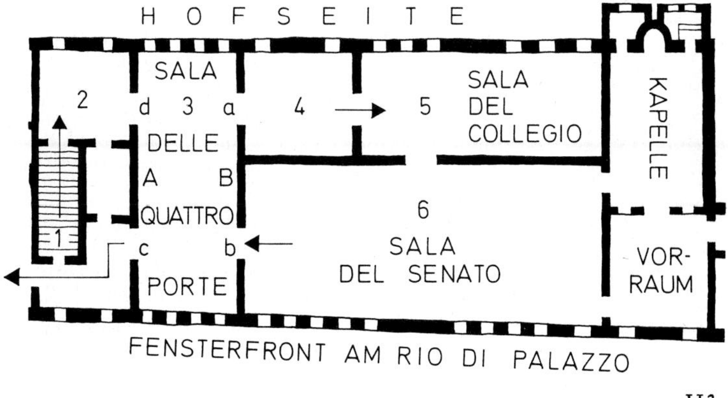

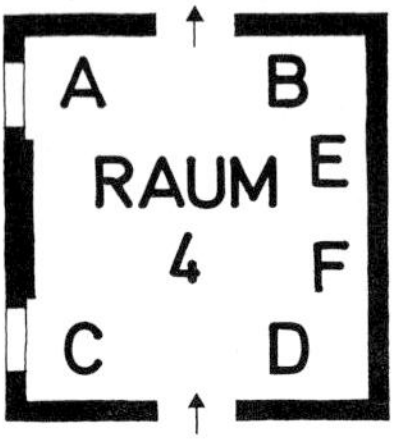

Jacopo Tintoretto (1518–1594)
A: »Bacchus und Ariadne«. B: »Minerva trennt Krieg und Frieden«. C: »Merkur und die drei Grazien«. D: »Die Schmiede des Vulkan«.

Paolo Veronese (1528–1588)
E: »Der Raub der Europa«.

Jacopo Bassano (1510/18–1592)
F: »Jakobs Rückkehr aus Kanaan«.

[4] *Sala dell' Anticollegio:* Man hat hier Gelegenheit, in zumeist guter Beleuchtung, Werke von Tintoretto, Veronese und Jacopo Bassano hinsichtlich ihrer stilistischen Eigenart miteinander zu vergleichen.

A, B, C, D: In den vier Gemälden *Tintorettos* richtet sich das ganze Interesse auf die menschliche Figur, von der die Bildfläche fast vollständig eingenommen wird. Durch ausgeklügelte Kompositionen wird der nackte Körper in seiner Schönheit und Stärke, unter stets wechselnden Ansichten, gezeigt: als Bilddiagonale, als Rückenakt, in der Schrägansicht, im Vor- und Zurückbeugen oder in seitlicher Wendung. Das Ganze ist getragen von einer poetischen Stimmung und wirkt leicht und gleichsam lautlos – entgegen der sonst zu beobachtenden Neigung Tintorettos zu pathetischer Dramatisierung.

E: Von völlig anderer Art ist das Bild *Veroneses* »Der Raub der Europa«. Hier geht alle Wirkung von den kostbaren Stoffen und ihrer kunstvollen Drapierung aus: eine von starken Empfindungen durchströmte Poesie festlicher Farben vor dem Hintergrund einer arkadischen Landschaft.

F: Auch *Bassanos* Gemälde »Jakobs Rückkehr aus Kanaan« verwandelt die alttestamentliche Szene in eine Poesie vom Landleben. Der Aufbruch der Karawane steht unmittelbar bevor. Aus dunkler Ferne leuchtet das Reiseziel geheimnisvoll auf. Im Vordergrund herrscht rege Tätigkeit, doch ohne sichtbare Anstrengung: ein Bild friedlicher Geschäftigkeit, stillebenhaft ›in Schönheit getaucht‹.

[5] *Sala del Collegio* (beg. 1574): Von allen Räumen des Dogenplastes ist dies wohl der schönste; ausgewogen in seinen Proportionen und von größter Dichte und Geschlossenheit in seiner durchweg wertvollen Ausstattung. Der Entwurf zu diesem Juwel venezianischer Dekorationskunst stammt wohl im wesentlichen von *Antonio da Ponte*, dem Erbauer der Rialtobrücke. Hier, wo sich auf relativ kleinem Raum die Kunst der Lagunenstadt in exemplarischer Weise präsentiert, empfing Venedig seine höchsten Besucher. Es war der Raum des Staatsrates, den man kurz ›Das Kollegium‹ (Collegio) nannte. Unter dem Vorsitz des Dogen umfaßte es Minister und Ratgeber, die höchsten Richter und den Leiter der Staatskanzlei. Auch das Patriziat Venedigs und der Terraferma sowie die religiösen Orden waren in ihm vertreten – als Ratgeber, die in der Regel nur für sechs Monate gewählt waren. Das Kollegium hatte u. a. darüber zu entscheiden, welche Angelegenheiten dem Senat (der im anschließenden Raum tagte) vorzulegen seien und welche der Geheimhaltung unterlagen. Das Kollegium verhandelte ferner mit der Römischen Kirche und übte einen Teil der Rechtsprechung aus.

Bemerkenswert sind die aus libanesischem Zedernholz gefertigten Türen, ferner die an den Wänden umlaufenden Sitze und das Tribunal, die sich im Gegensatz zu den anderen Räumen des Dogenpalastes durch eine klassische Linienführung von vornehmer Zurückhaltung auszeichnen. Die Gliederung der unteren Wandteile durch kannelierte Pilaster (am Dogenthron durch Säulen und Dreiecksgiebel) wird durch eine zarte Vergoldung unterstrichen. Bei festlichen Anlässen schmückte man die Holzvertäfelung durch wertvolle Tapisserien.

Das große Wandbild über dem Dogenthron (Sala del Collegio)

Dieses prächtige, festliche Bild, von *Paolo Veronese* um 1578 gemalt, ist seiner ganzen Auffassung nach ein typisch venezianisches Werk. Es verherrlicht die Republik Venedig, hat aber gleichwohl den Charakter eines Andachtsbildes und gibt in diesem Rahmen ein Porträt des Dogen Sebastiano Venier, des Kommandanten der venezianischen Flotte in der Seeschlacht von Lepanto. Eine ähnliche Überlagerung von Votivbild, Porträt und Staatsrepräsentation hatte schon Tizian (1519/26) mit seiner Pesaro-Madonna (Abb. S. 59) vollzogen, doch blieb das Tizianbild letztlich im persönlichen Bereich verankert. Bei Veronese erweitert sich die Darstellung zum Breitformat mit zahlreichen Figuren, und der zeremonielle Vorgang gewinnt durch die unmittelbare Berührung mit der göttlichen Erscheinung eine gesteigerte Bedeutung.

Meisterhaft ist der kompositorische Bezug zwischen Gemälde und Dogenthron. Die Giebelfläche des Thrones wird gleichsam zum Sockel des ganzen Bildes und bindet so die vordere Dreiergruppe an die Architektur des Raumes. Eine herrliche Erfindung ist die Gestalt des knieenden Dogen, dem der Zeremonienmantel (bei weit ausgebreiteten Armen über der Rüstung getragen) ein beherrschendes Gewicht verleiht. Veronese suggeriert uns eine Bilddiagonale, deren Verlängerung auf Christus verweist.

Die Mitte des Bildes nimmt indessen »Venetia« ein, bekleidet mit einem hermelingefütterten Mantel, dessen Rot sich mit dem des Dogen sinnbildhaft verbindet. Beide Gestalten wenden sich demutsvoll an die in Silbertönen gekleidete Allegorie des Glaubens (links), die fürbittend den ›Kelch des Dankes‹ Christus darreicht. Christus, mit der Weltkugel in der Hand, antwortet mit einem Segensgestus, umgeben von einer großen Schar musizierender Engel mit Lorbeer und Friedenspalmen.

Im unteren Teil des Bildes ist links die venezianische Flotte in der Schlacht von Lepanto zu sehen. Rechts erweitert sich die Darstellung zum Gruppenporträt, belebt durch einen Pagen, der die Mantelschleppe trägt. Ein zweiter Page hält einen Helm in der Hand – eine Anspielung auf die Rolle des Dogen als Kommandant der Flotte in den Ereignissen von 1571. Auch die gemalten Nischenfiguren stehen dazu in einem Bezug. Dargestellt sind der »Hl. Sebastian« und »Justitia«, an deren Festtag der Sieg von Lepanto errungen wurde.

Die Seeschlacht von Lepanto

In der Schlacht von Lepanto siegte am 7. Oktober 1571 die verbündete spanisch-venezianisch-päpstliche Galeerenflotte gegen die Türken, deren Mittelmeerherrschaft dadurch gebrochen wurde. Venedig war von diesen Ereignissen unmittelbar berührt, da die Türken ganz Griechenland und Teile der Adriatischen Küste in Besitz hielten. Seine Vormachtstellung hatte Venedig seit dem vorübergehenden Verlust der Terraferma (1508) ohnehin verloren. Auch der Seesieg von Lepanto bedeutete letztlich nur einen Machtzuwachs für Spanien. In Venedig indessen erhob man das Ereignis zu einem ruhmreichen Thema der Kunst, das innerhalb des Dogenpalastes gleich mehrfach auftaucht. – *Lepanto* (ital.) ist der Name für die heute versandete, ehemals bedeutende Hafenstadt Naupaktos am Eingang zum korinthischen Meerbusen. Sie war seit 1471 venezianisch, fiel aber 1499 an die Türken.

Die Decke der Sala del Collegio

Aus ihrer Gliederung spricht Reichtum und Fülle im Wechselspiel von Einheit und Vielfalt, Zentrierung und Gruppenbildung. Ruhe und Bewegung halten sich die Waage. Der Raum erfährt eine Steigerung, bleibt aber in seiner Ausgewogenheit unangetastet. Die Gemälde beziehen sich im Sinne der Staatsrepräsentation auf Venedig. »Mars und Neptun« verkörpern die Land- und Seemacht (Eingangsseite), »Der Glaube« die religiösen Grundlagen (Mitte), »Justitia und Pax« die Idee von Gerechtigkeit und Frieden, alle von *Paolo Veronese*.

In den Feldern der Randzone, von der Mitte aus rundum ablesbar, erscheinen Tugenden: »Treue« (Hund), »Erwerbsstreben« (Füllhorn), »Wachsamkeit« (Kranich), »Fleiß« (Spinnengewebe), »Mäßigung« (Adler), »Großmut« (Zepter), »Friedfertigkeit« (Taube) und »Sanftmut« (Lamm). Veronese leistet hier Erstaunliches in dem Bestreben, den Allegorien trotz ungünstiger Bildformate zu lebendiger Wirkung zu verhelfen. Steile Untersichten, einprägsame Gesten, Versatzstücke aus Natur und Kunst und eine kontrastreiche Farbgebung sind die sicher gehandhabten Mittel.

Die Leinwandbilder der Längsseite (Werkstatt Tintorettos) erreichen nicht die Qualität eines Veronese. In vergröberter Form wiederholen sie die Grundmotive des venezianischen Votivbildes mit dem Dogen als zentraler Figur.

Von größerem Reiz ist das Wandbild der Eingangsseite »Der Doge Andrea Gritti kniet vor der Madonna« von *Tintoretto*, mit der schönen Gruppe des Dogen, dem Hl. Markus und zwei Putten. Das Bild ist als Gegenstück zur gegenüberliegenden Schmalseite gedacht, eine typisch venezianische Teilsymmetrie, denn Fenster und Portale, Uhr und Kamin sind asymmetrisch angeordnet. Auch folgen Wandtäfelung, Wandgemälde und Decke nicht demselben Rhythmus. Bemerkenswert die in reinen, schlichten Formen entworfenen Portale.

[6] *Sala del Senato:* Am auffallendsten ist hier zunächst die sehr viel schwerere Decke, deren Stilmerkmale schon auf den kommenden Barock vorausweisen. Die wulstigen, plastisch betonten Rahmenleisten erzeugen in ihrem gekurvten und verschlungenen Verlauf ein unruhi-

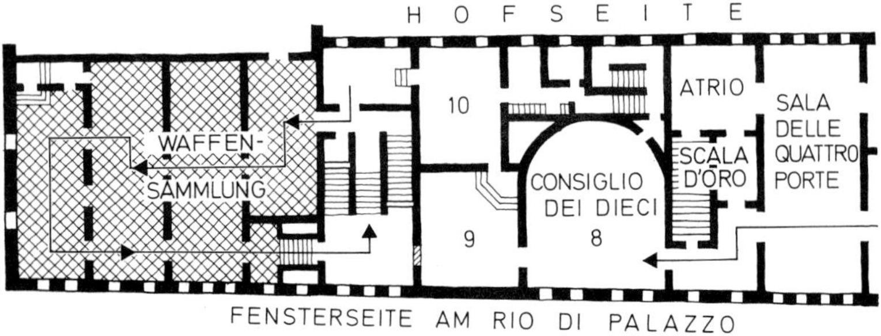

Dogenpalast, 3. Stockwerk, Ostflügel

geres Gesamtbild: ein weitmaschiges Muster für die Malerei, die sich nun in sehr viel größeren Feldern dominierend, und farblich ein Ganzes bildend, ausbreitet. Der Entwurf zu dieser Decke fällt in die Zeit um 1578 (er liegt somit nur um wenige Jahre später als die Sala del Collegio); die Ausführung verzögerte sich bis 1590/95.

Einen gewissen Geschmackswandel erkennt man auch an der strengeren Gliederung der Wände, an dem weit in den Raum ausgreifenden Gestühl und an der Höhe des Tribunals – eine im Ganzen stärkere Akzentuierung als in der Sala del Collegio. Man bevorzugte um 1590 kräftigere Formen und eine betont plastische Struktur, ablesbar u.a. auch am umlaufenden Gebälk mit seinem überreichen Dekor, und an den neu hinzukommenden Hermenpilastern mit ihrer wuchtigen Körperlichkeit.

Die Deckenmalerei gilt wieder der Verherrlichung Venedigs, am demonstrativsten im großen Mittelbild (1581/84), wo Venetia von den antiken Gottheiten zur Herrin der Meere erhoben wird: ein Gemälde nach Entwurf Tintorettos, dessen Bilderfindung sich von Darstellungen des Jüngsten Gerichts als abhängig erweist. *Die Leinwandbilder entlang der Wände* sollten ursprünglich eine »Landschaftsbeschreibung der venezianischen Staaten« bilden, doch wurde dieser Plan wieder fallen gelassen. Man entschied sich stattdessen für das gewohnte Dogen-Votivbild (der Doge im Gebet vor Christus oder Maria), Werke von *Palma d.J.* – Hervorzuheben ist die große Bildkomposition über dem Tribunal »Verehrung des toten Christus«, eine spiegelbildliche Verdoppelung des Dogen-Votivbildes. Zusammen mit den beiden gemalten Figurennischen wirkt es klärend, die Achsen betonend, auf das Raumganze zurück (Palma d.J. ?).

Der Senat zählte im 16. Jh. an die hundert Mitglieder. In Purpur gekleidet hatten sie ihre Plätze im Gestühl entlang der Wände. Das Tribunal blieb dem Dogen, dem Kollegium und den obersten Richtern vorbehalten. Vgl. die Bilddokumentation in der Saalmitte.

Vorraum und Hauskapelle (nicht immer zugänglich): 1593 von Scamozzi entworfen, 1766 erneuert. Im Vorraum eine Madonnenplastik von *Jacopo Sansovino* (1486–1570). Die Wandmalereien in der Kapelle (1814) nach Art der venezianischen Frührenaissance.

Rundgang: Es folgen eine Reihe von Amtsräumen, die wir wegen ihrer geringeren künstlerischen Bedeutung nur kurz erwähnen. Nach einem Durchgang durch die Waffensammlung kommt man zur Scala dei Censori und von dort in das 2. Stockwerk mit den Riesensälen, der Dogenwohnung und einer kleinen Gemäldesammlung.

[8] *Sala del Consiglio dei Dieci:* Hier tagten das Verfassungsgericht und die Staatsinquisition. Die Behörde befaßte sich mit kriminellen und politischen Straftaten, mit Hochverrat und Spionage, aber auch mit Duellen und privaten Gewaltakten; sie regelte ferner die öffentlichen Feste und Aufzüge.

Unter chronologischem Gesichtspunkt ist vor allem die Decke von Interesse. Ihre Gliederung ist noch sehr einfach, ein Hinweis auf das frühe Entstehungsdatum (um 1553), rund zwanzig Jahre *vor* der Sala del Collegio (Raum 5). Aus diesen einfachen Mustern (Ovale und Rechtecke, durch Stege verbunden) entwickelten sich die bald darauf sehr viel differenziertere Decken. Die Malerei behandelt antike Gottheiten und auf Venedig bezogene Allegorien. Das Mittelbild »Jupiter schleudert seine Blitze gegen die Laster« (eine Anspielung auf das hier tagende Gericht) heute durch Kopie ersetzt; das Original, von Veronese, im Louvre. Von *Paolo Veronese* ferner das Rechteckbild links »Juno überreicht Venetia die Dogenmütze«.

Das Gestühl modern erneuert. In den Wandgemälden erweitert sich das für Venedig typische Breitformat zum umlaufenden Bildfries. *Links* »Die venezianischen Gesandten in Bologna vor Papst Clemens VII. und Kaiser Karl V.« (*Marco Vecellio*, vor 1604). *Mittelbild* »Anbetung der Hll. Drei Könige« (*A. Aliense*, um 1600). *Rechts* »Papst Alexander III. segnet den Dogen Sebastiano Ziani« (*Leandro und Francesco Bassano*, 1592).

[9] *Sala della Bussola:* So benannt nach dem hölzernen Einbau in der rechten Ecke (1596), hinter dem sich zwei Türen verbergen, die eine Verbindung zwischen der »Sala del Consiglio« (Raum 7) und dem Beratungszimmer der Vorsteher (Raum 9) herstellen.

Die »Sala della Bussola« diente als Warteraum für diejenigen, die sich vor den Gerichten zu verantworten hatten oder als Zeugen geladen waren. Über eine Treppe (Türe) bestand Verbindung zum Saal des Großen Rates im 2. Stockwerk (»Sala del Maggior Consiglio«).

Die Decke folgt in ihrer Gliederung noch den einfachen Grundformen von Rechteck und Quadrat, bringt aber gegenüber dem vorhergehenden Raum (Raum 7) als Neuerung an den langgestreckten Feldern die Abrundung der Schmalseiten.

Gemälde: Das große Mittelbild der Decke »Der Hl. Markus umgeben von den theologischen Tugenden« ist leider nur noch als Kopie präsent; das Original von Veronese befindet sich heute im Louvre. – *Wandgemälde* (nach 1596): In der Mitte ein Dogen-Votivbild von *M. Vecellio* (1606/12); an den Seiten zwei Historienbilder »Eroberung von Brescia« und »Eroberung von Bergamo« *(A. Aliense)*.

[10] *Sala dei Tre Capi:* In diesem Raum tagte das venezianische Inquisitionsgericht der »Drei Vorsteher«, die jährlich in geheimer Wahl bestellt wurden. Sie befaßten sich mit Hochverratsdelikten und Spionage sowie mit der Überwachung der Patrizier. Original ist hier nur noch die Decke (Mitarbeit Veroneses) und der Kamin nach Entwurf Jacopo Sansovinos.

[10a] *Sala dei Inquisitori:* Der Amtsraum des Vorsitzenden der Inquisitionsbehörde. Ursprünglich mit Leder ausgekleidet. In der Deckenmitte heute das Bild »Die Rückkehr des verlorenen Sohnes« von *Jacopo Tintoretto.*

Die Waffensammlung (in den folgenden vier Räumen): Als Rüstkammer zum Schutze des Palastes seit 1532 hier untergebracht. Heutige Aufstellung museal.

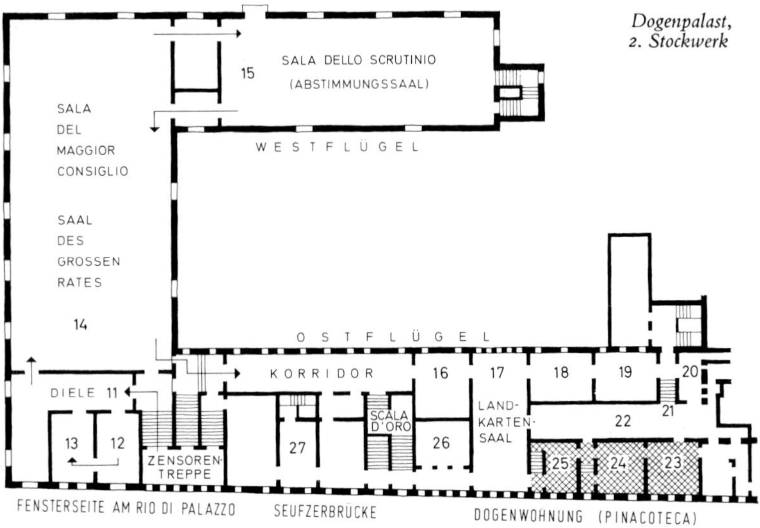

Dogenpalast,
2. Stockwerk

Dogenpalast, 2. Stockwerk, Süd- und Westflügel Nr. 24

(Ostflügel mit Dogenwohnung siehe S. 124)

Rundgang: Von der Zensorentreppe aus kommt man nach links in eine große Diele (Raum 11), die sich an der Fensterseite im rechten Winkel fortsetzt. Die altertümliche Raumaufteilung hier und im darüber gelegenen Stockwerk der Waffensammlung gehört noch zu einem der Ecktürme, die bis 1340 die Außenerscheinung des Dogenpalastes charakterisierten. Nur hier hat sich an den Fenstern auch das gotische Maßwerk erhalten (Außenfassade, rechter Teil).

[11] *Andito del Maggior Consiglio* (Diele): Sehr schön die vergoldete, ornamental gefaßte Balkendecke aus dem späten 16. Jh. (Gestühl 17. Jh.). Die Wandmalereien zeigen *rechts* die barocke Version eines Dogen-Votivbildes (1615) von *Palma d. J.*, *gegenüber* u. a. ein Bild von *Domenico Tintoretto*, Sohn des berühmten Jacopo Tintoretto: In Erinnerung an den Seesieg von Lepanto wird der Göttin Justitia ein Schiffsmodell dargebracht.

[12] *Sala della Quarantia Civil Vecchia* (›Saal der Vierzig‹): Benannt nach der Mitgliederzahl des hier tagenden ›Zivilgerichts‹. Die großen Wandgemälde aus dem 17. Jh., das gerahmte Madonnenbild aus dem späten 15. Jh.

[13] *Sala del Guariento:* Benannt nach den hier aufbewahrten Resten eines großen Wandgemäldes, das der aus Padua stammende Maler *Guariento* in den Jahren 1365–67 für den damals gerade fertiggestellten Großen Ratssaal (Raum 14) geschaffen hat. Das Gemälde befand sich bis 1903 noch an der alten Stelle und zwar *unter* dem heute dort zu sehenden Paradiesbild Tintorettos von 1577. Den ursprünglichen Bildzusammenhang klärt die Rekonstruktion in der Raummitte: eine von Giotto abzuleitende Komposition, von der die venezianische Malerei der Spätgotik stark beeinflußt wurde.

[14] *Sala del Maggior Consiglio:* Trotz seiner gewaltigen Ausmaße von 54×25 m wirkt der »Große Ratssaal« des Dogenpalastes durchaus harmonisch, ja fast wie selbstverständlich – ein schönes Beispiel für ein sicheres Proportionsgefühl. Auch die größten Dimensionen sind hier durch gute Maßverhältnisse gebändigt und für das Auge angenehm gemacht. Bedenkt man ferner, daß bei den Sitzungen der wahlberechtigten Bürgerschaft bis zu 1800 Personen versammelt waren, so erscheint die Raumgröße auch unter praktischen Gesichtspunkten als durchaus angebracht, ja notwendig, nämlich als Ort einer ins Innere des Palastes verlegten Freiversammlung. Erstaunlich jedoch bleibt, daß man um 1340 konstruktiv schon in der Lage war, einen derartigen Riesensaal stützenlos und mit flacher Decke zu errichten. Auch ist zu bedenken, welches Selbstbewußtsein sich in den venezianischen Institutionen ausspricht, wenn sie sich in dieser Form darzustellen wußten. In stilistischer Hinsicht darf man allerdings nicht übersehen, daß die heutige Dekoration erst nach dem großen Brand von 1577 entstanden ist, also nicht mehr der Gotik angehört, sondern Geist und Zeit der Renaissance repräsentiert und zwar in einer späten, schon manieristischen Ausprägung, am Übergang zum Barock.

Der heutige Eindruck eines weiten leeren Raumes ist im übrigen irreführend. Zur Zeit der Republik wurde der größte Teil des Saales vom Gestühl der Ratsmitglieder eingenommen: 9 Doppelreihen in der Mitte, je 2 Doppelreihen an den Langseiten und an der Westseite. Die östliche Schmalseite mit dem Stufenpodest blieb dem Dogen und den obersten Beamten vorbehalten.

An der Ausstattung des Saales waren im Laufe von knapp zweieinhalb Jahrhunderten jeweils die besten Künstler beteiligt, über die Venedig verfügte. Dabei wurde bei allem Formenwandel an dem einmal festgelegten, schriftlich überlieferten Bildprogramm durch Spätgotik, Frührenaissance, Renaissance und Manierismus unverändert festgehalten.

Die Ausmalung des Saales begann 1365/67 durch den schon erwähnten *Guariento*, den sich Venedig aus Padua geholt hatte. Er schuf an der Ostwand, über dem Dogenthron, jenes Riesengemälde, an dessen Stelle 1588 das jetzige Paradiesbild Tintorettos trat. Auf Guariento folgten zu Anfang des 15. Jh. *Gentile da Fabriano* und *Pisanello* mit ihrem höfisch verfeinerten Spätstil. Danach hören wir von *Giovanni Bellini* (Lehrmeister von Giorgione, Tizian und Dürer); schließlich von *Carpaccio* und *Tizian* – doch gingen alle ihre Werke beim Brand von 1577 zugrunde.

Die Neugestaltung nach 1577 leitete *Antonio da Ponte*, der Erbauer der Rialtobrücke. Tizian war ein Jahr zuvor gestorben. So kamen für die Ausmalung nur Tintoretto und Veronese in Betracht, unterstützt von Palma d.J., Francesco Bassano und einer Reihe geringerer Namen.

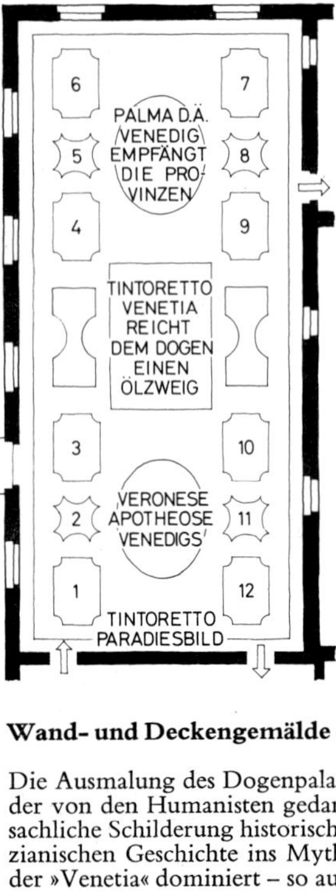

Sala del Maggior Consiglio, Deckenschema

(1) *Paolo Veronese,* »Belagerung von Scutari durch venezianische Truppen«.

(2) *Francesco Bassano,* »Sieg über Ferrara«.

(3/4) *Werkstatt Tintorettos,* »Sieg über Ferrara und Eroberung von Gallipoli«.

(5) *Francesco Bassano,* »Sieg über Kaiser Maximilian bei Cadore«.

(6) *Palma d.J.,* »Eroberung von Padua«.

(7) *Palma d.J.,* »Sieg über Mailand in der Schlacht von Cremona«.

(8) *Francesco Bassano,* »Sieg über Mailand bei Maclodio«.

(9/10) *Werkstatt Tintorettos,* »Verteidigung von Brescia und Eroberung von Riva am Gardasee«.

(11) *Francesco Bassano,* »Sieg über die Mailänder in Casalmaggiore«.

(12) *Paolo Veronese,* »Eroberung von Smyrna«.

Wand- und Deckengemälde der Sala del Maggior Consiglio — Nr. 24

Die Ausmalung des Dogenpalastes in der Zeit nach 1577 steht ganz im Zeichen der von den Humanisten gedanklich entwickelten »Allegorie«. Nicht mehr die sachliche Schilderung historischer Ereignisse, sondern »die Verklärung der venezianischen Geschichte ins Mythische« (Keller) durch die personifizierte Gestalt der »Venetia« dominiert – so auch bei Tintoretto und Veronese.

Die »Apotheose Venedigs« von Paolo Veronese (Abb.)

Veroneses Deckengemälde ist ein besonders charakteristisches Beispiel für den neuen allegorischen Stil und zugleich das qualitativ beste Bild des ganzen Saales. Veronese ›inszeniert‹ ein prachtvolles Schaustück strahlender Festlichkeit. Im Vordergrund fügen sich geharnischte Reiter, Soldaten und Offiziere als ›Einleitungsmotiv‹ in das Bogenrund der Rahmung: eine Palastwache, die sich nur mühsam einer neugierigen Menschenmenge erwehren kann.

Auf einer balkonartigen Estrade, dem Gewimmel der Straße enthoben, haben sich die Vornehmen der venezianischen Gesellschaft versammelt. Sie nehmen offensichtlich Teil an einem Geschehen, das sich in der oberen Bildhälfte (in Wahrheit nur gedanklich) vollzieht. In steiler Untersicht erhebt sich dort eine Festdekoration mit zwei gedrehten Kolossalsäulen, wie sie ähnlich, jedoch erst 50 Jahre später, am Altarbaldachin von St. Peter in Rom auftauchen.

Auf einer Wolkenbank, flankiert von den beiden Kolossalsäulen, haben sich göttergleiche Gestalten (Tugenden) um einen Herrscherthron gelagert. Es ist »Venetia« (mit Zepter), die hier als Göttin gebietet. Sie wird gekrönt durch einen fliegenden Genius, der in kühner Untersicht zugleich vom Rücken her gesehen ist – eine Bilderfindung, die auf Tintorettos »Markuswunder« von 1548 (Abb. S. 157) zurückgeht.

Veronese, »Apotheose Venedigs« (Ausschnitt)

»Venetia« war eine Erfindung der Humanisten. Ein umfangreiches Programm zur Ausmalung des Dogenpalastes machte sie ab 1553/54 ikonographisch zur zentralen Gestalt und damit innerhalb der europäischen Kunst, nach gewissen Vorstufen in Florenz, zur »ersten Ruhmes-Allegorie für ein Staatswesen« – ein bedeutender Vorgang vor allem im Hinblick auf die nachfolgende Barockmalerei, die sich solcher Allegorien mit Vorliebe bediente.

Im einzelnen ist die Qualität der Ausmalung schwankend. Tintoretto und Palma d. Ä. bleiben in ihren großen Deckengemälden hinter der Erfindungsgabe Veroneses deutlich zurück. Von guter Qualität sind aber eine Reihe der kleineren Bilder mit kriegerischen Themen. Auch die Wandgemälde, um 1590/1600ff. geschaffen und somit etwas später als die Decke, behandeln geschichtliche Vorgänge, wobei sich die venezianische Freude an prunkhaften Aufzügen, Empfängen und Staatsvisiten in ganzer Breite entfaltet.

Auf der Seite zur Lagune finden sich die Geschichte des 4. Kreuzzuges und die Eroberung Konstantinopels (1204) dargestellt; *auf der gegenüberliegenden Seite* die Versöhnung zwischen Friedrich Barbarossa und Papst Alexander III., der sog. »Friede von Venedig« (1177), der unter Mithilfe des Dogen zustande gekommen sein soll. Beide Ereignisse dokumentieren den Aufstieg Venedigs zu einem europäisch-politischen Machtfaktor.

Von gänzlich anderem Charakter ist das große Paradiesbild über dem Dogenthron der östlichen Saalwand. Es war ursprünglich Veronese zugedacht, der aber 1588 starb. So ging der Auftrag an den damals 70jährigen Tintoretto, der die gewaltige Figurenfülle, gemäß der Lauretanischen Litanei, in drei maßstäblich abgestufte Schichten gliederte: Engel, Heilige, Selige. Entsprechend dieser Rangstufen gibt es große, mittlere und kleinere Figuren, die sich insgesamt zu Kreisen und Kreissegmenten gruppieren – mit Christus als Mittelpunkt.

[15] *Sala dello Scrutinio:* Der Raum wurde anfangs als Bibliothek benutzt, nach Erbauung der Libreria Vecchia (1537ff.) nur noch für Vorbereitung und Durchführung öffentlicher Wahlen verwendet. Wand- und Deckengemälde behandeln venezianische See- und Landschlachten im Bereich des Orients, Bilder von z.T. sehr guter Qualität (u.a. Tintoretto). Unterhalb des Konsolgesimses Dogenporträts. Über dem Tribunal das »Jüngste Gericht« *(Palma d. J.)*. Der Triumphbogen (1694) für Francesco Morosini ist ein spätes Zeugnis wiedererwachter Hoffnung, die verlorene Machtstellung Venedigs zurückzugewinnen.

Rundgang: Man geht wieder zurück in die »Sala del Maggior Consiglio« und kommt links vom Paradiesbild Tintorettos durch eine Türe in einen Korridor, der in den Ostflügel (vorbei an der »Scala d'Oro«) zur Dogenwohnung führt.

Dogenpalast, 2. Stockwerk, Ostflügel *(Dogenwohnung)* **Nr. 24**

[16] *Sala degli Scarlatti:* Ehemals ein Vorzimmer zur Dogenwohnung. Sehenswert die Holzdecke (1507) mit Goldrosetten auf blauem Grund. Kamin von *Antonio* und *Tullio Lombardo* (1507). Madonnenrelief von *Pietro Lombardo* (?).

[17] *Sala dello Scudo* (Landkartensaal): Die Karten dokumentieren die venezianische Herrschaft. Es sind Kopien von 1761 nach Originalen um 1540.

[18] *Sala Grimani:* Sehenswerte Decke mit Goldornamenten auf blauem Grund (nach 1504). Bildfries mit allegorischen Themen (u.a. »Architektur«, »Geographie«). Marmorkamin (15. Jh.) mit Stuckaufsatz von 1585/95. Die beiden religiösen Bilder vielleicht von Gerolamo Bassano.

[19] *Sala Erizzo:* Decke Anfang 16.Jh. Bildfries mit Puttenszenen und Kriegstrophäen 1633/38. Marmorkamin (15.Jh.) mit Stuckaufsatz von 1630/40.

[20] *Sala degli Stucchi:* Gewölbe mit Stuckdekoration um 1620. Im 18.Jh. ergänzt durch Wandstuck mit eingelassenen Gemälden, u.a. »Hl. Familie« *(G. Salviati)* und »Anbetung der Hll. Drei Könige« *(B. Pitati)*.

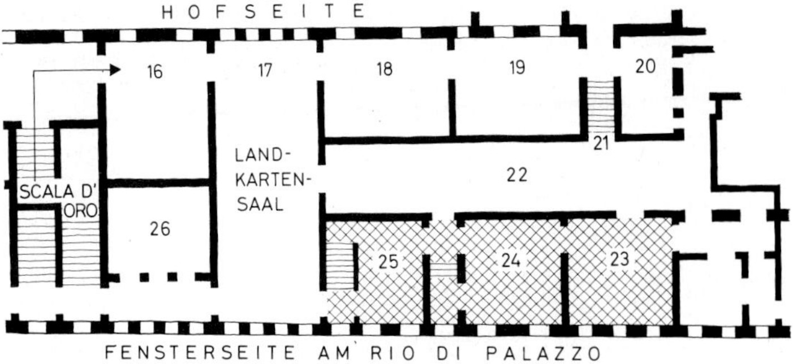

Dogenpalast, 2. Stockwerk, Ostflügel

[21] *Kleine Dogentreppe:* Über der Innenseite der Türe das einzige im Dogenpalast erhaltene *Tizianbild*, ein Fresko »Hl. Christophorus« von 1523/24.

[22] *Sala dei Filosofi:* so benannt nach einem zeitweise hier untergebrachten Bilderzyklus; eine schlichte Diele als Zugang zu den Dogengemächern.

Pinakothek (Bildauswahl)

[23] *1. Saal:* (a) *Giovanni Bellini* »Beweinung Christi« (um 1470); eindrucksvolles Bild aus der Frühzeit des Malers; nur der Mittelteil original, ursprünglich im Halbkreis schließend; Landschaft und Nebenfiguren von anderer Hand. (b) »Markuslöwe« (1516) von *Vittore Carpaccio.*

[24] *2. Saal:* Gemälde von *Hieronymus Bosch* (a) »Die Hölle«, (b) »Die Himmelfahrt«, (c) »Das irdische Paradies«, (d) »Der Sturz der Verdammten«, ferner von Bosch zwei Triptychen. (e) *Quentin Massys* »Verspottung Christi«.

[25] *3. Saal:* (a) »Die Madonna mit dem Kinde« von *Boccaccio Boccaccino.* (b) »Christus, von Engeln beweint« von *Antonello de Saliba.*

[26] *Sala degli Scudieri:* ehemals Raum der Wachen und Adjutanten. (a) In der Raummitte »Neptun bringt Venedig die Meeresgaben dar«, ein Gemälde von *Giov. Batt. Tiepolo*, das ehemals die »Sala delle Quattro Porte« (3. Stock, Raum 3) schmückte; dort durch Kopie ersetzt. (b) Drei Gemälde von *Domen. Tintoretto.*

[27] »*Quarantia Criminal*«*:* Die vergoldete Balkendecke original, die übrige Einrichtung verloren; Wiederherstellung aufgrund bildlicher Überlieferung.

Die Gefängnisse

Mit ihrer Besichtigung schließt der Rundgang. Der Weg führt über verwinkelte Gänge und Treppchen sowie über die Seufzerbrücke und endet bei der Censorentreppe. – Ursprünglich gab es Gefangenenzellen nur im Palast selbst. Der Bau eines eigenen Gefängnisses am Rio di Palazzo, um 1560 begonnen, um 1610 abgeschlossen, sollte die Haftbedingungen erleichtern, doch blieben auch die älteren Räume noch in Benützung. Entgegen dem heutigen Eindruck waren sie einst an Wänden, Decken und Fußböden vollständig mit Holz ausgeschlagen.

Museo dell'Opera di Palazzo

Die Museumsräume befinden sich im Erdgeschoß des Süd- und Westflügels. Ausgestellt sind originale Teile vom Dogenpalast (Architekturglieder und Skulpturen), die im Zuge der Restaurierungen ausgewechselt wurden.

Die Fassade von S. Zaccaria (um 1500 vollendet): Die beiden unteren Stockwerke bleiben trotz Pilastergliederung und Muschelnischen kleinteilig und mit den gedrehten Säulchen der Spätgotik verhaftet (das Portal wurde später hinzugefügt). Erst vom 3. Geschoß an (Abb.) haben wir es mit einem architektonischen Aufbau im Sinne der Renaissance zu tun. Diese Teile sind das Werk *Mauro Coduccis*. Pilaster und Doppelsäulen setzen deutliche Akzente, sei es als Rahmung von Fenstern und Fenstergruppen oder als Eckbetonung. Jeder Fassadenteil ist klar definiert und je nach Bedeutung auch ornamentiert. Das Ganze schließt mit den für Mauro Coducci charakteristischen Rundgiebeln.

25 **S. Zaccaria**

Daten: S. Zaccaria war bis zur Säkularisation von 1810 Nonnenkloster. Seine Gründung fällt vielleicht schon ins 9. Jh. Die heutige Kirche entstand zwischen 1460 und 1500. Nach Hubala: Langhaus mit Kuppel 1460–1486 von *A. Gambello*, Umgangschor mit Kapellenkranz nach 1480 von *Mauro Coducci.*

Inneres: Das Raumbild von S. Zaccaria steht etwas unentschieden zwischen Gotik und Renaissance. Das Langhaus ist zwar basilikal angelegt, mit etwas erhöhtem Mittelschiff und den zugehörigen Fenstern, aber die Grundtendenz geht deutlich auf eine Hallenkirche. Auch die Kuppel des Vorjochs kommt durch den ›gotischen‹ Wölbungszusammenhang kaum zur Geltung, und in der Choranlage, die *Mauro Coducci* nach 1480 als eines der bedeutendsten Werke venezianischer Frührenaissance errichtete, findet sich das rätselhafte Element ›gotischer‹, durch Spitzbogen und Maßwerk gekennzeichneter Biforien.

Giovanni Bellini, »Thronende Madonna mit Heiligen« (1505)

Zweiter Seitenaltar links. – Eines der schönsten Bilder Bellinis, ein Spätwerk des damals 75jährigen Meisters (1430–1516), in dem er die Summe seines künstlerischen Schaffens zieht. Man vergleiche damit die Fassung von 1480/85 in der »Accademia« (Abb. S. 153): die Figuren wirken jetzt sehr viel freier, haben an Volumen und sicherem Stand gewonnen und beziehen sich auf einen geweiteten Raum. Lebhafter sind die Silhouetten, von wärmerer Tönung die leuchtenden Farben, lockerer die Gruppierung insgesamt.

Cappella di S. Tarasio (vom Hauptaltar nach links): Sehenswert wegen der Gewölbefresken des Florentiners *Andrea Castagno* (um 1421–1457), einem führenden Maler der italienischen Frührenaissance. Für die Beurteilung der Fresken ist das Datum (1442) entscheidend: eine bahnbrechende Kunstform mit groß gesehenen Figuren, im Detail realistisch, ungezwungen in der Haltung – ein neues Bild vom Heiligen als ›Persönlichkeit‹ bahnt sich an. – Altäre 1443.

Campo S. Maria Formosa

26 S. Maria Formosa

Daten: Der heutige Bau 1493–1500 von *Mauro Coducci* als Renaissancekirche errichtet. Fassade zum Campo 1604 hinzugefügt. Barocker Campanile 17. Jh.

Im Inneren (rechtes Querhaus) ein Hauptwerk der venezianischen Malerei der Hochrenaissance: »Hl. Barbara« von *Palma d. Ä.*, kurz nach 1520, Mitteltafel eines marmorgerahmten Polyptychons. Palma, der als Maler schöner Frauen berühmt wurde, gibt die Heilige (ganz im Sinne der Renaissance) als große, kraftvolle Erscheinung mit schöner, individueller Physiognomie.

Campo S. Maria Formosa: Unsere Abbildung läßt den für Venedig typischen, städtebaulichen Zusammenhang gut erkennen. Der Platz wird an zwei Seiten von Kanälen ›bedient‹, wie sie für die Versorgung des Marktes unerläßlich sind. Zugleich ist der Campo ein Festplatz, dessen Palastfassaden seinen gesellschaftlichen Charakter betonen. Architektonischer Hauptakzent aber ist die Kirche, die an keinem der venezianischen Plätze fehlt.

S. Giuliano — Nr. 26

Die heutige Kirche etwa 1553–1585, von *Jacopo Sansovino* mit der Fassade begonnen. Über dem Portal die Bronzefigur des Stifters der Fassade, eines gelehrten Arztes und Humanisten namens *Tommaso Rangone.* Die Figur (nach Hubala) das »Urbild einer langen Reihe ›demokratischer‹ Ehrenstatuen«. – Im *Inneren* wichtig: 2. Seitenaltar rechts, mit qualitätvollen Statuen von *Alessandro Vittoria* (1525–1608), einem Schüler Sansovinos (von Vittoria u. a. die Stuckdekorationen der Scala d'Oro im Dogenpalast und Pal. Balbi am Canal Grande).

S. Maria della Fava — Nr. 26

Saalkirche 1711, Sanktuarium und Kuppel 1750/53. – 1. Seitenkapelle rechts: »Anna, Joachim und Maria«, ein Frühwerk von *Giov. B. Tiepolo.* – 2. Seitenaltar links: »Der Hl. Filippo Neri bittet für die Armen«, ein Hauptwerk *Piazzettas.*

Fassade der Scuola Grande di S. Marco: Wirkungsvoller Umriß durch die abschließenden halbkreisförmigen Giebel. Starke Vertikalisierung durch senkrechte Bahnen unter Verwendung von Pilastern. Großer Formenreichtum in den Details.

27 **Scuola Grande di S. Marco** *(heute »Ospedale Civile«)*

Daten: Gründung der Bruderschaft um 1260. Die Gebäude nach einem Brand von 1485 neu erstellt. Fassade 1485–1495, wohl nach Entwurf von *Pietro Lombardo* (vgl. Miracolikirche, Abb. S. 72), aber unter späterer Mitarbeit von *Mauro Coducci*, namentlich in den oberen Teilen (vgl. S. Zaccaria, Abb. S. 126).

Die Fassade gehört zu den schönsten Beispielen der venezianischen Frührenaissance. In ihrem malerisch-dekorativen Charakter ist sie ein typisches Zeugnis der Lagunenstadt, die der Architektur stets einen bildhaften Ausdruck zu geben wußte. Mit völliger Unbefangenheit wird an der Fassade auch die Kenntnis der Perspektive zur Schau gestellt: aus vorgetäuschten Nischen treten ›Markuslöwen‹ heraus, während illusionistische Bogenhallen dem Betrachter räumliche Tiefe suggerieren. – In der Zweiteilung der Fassade spiegelt sich das Innere: links der Bruderschaftssaal und die Kapelle, rechts die Herberge. Links setzen Hauptportal und erhöhter Giebel die Akzente (das Plattenmuster als Zentrum); rechts wiederholt sich dasselbe in einfacheren Formen. In der abschließenden Giebelreihe wird ein Bezug zu S. Marco deutlich, während die Farbigkeit der Fassade eine Verwandtschaft zum Dogenpalast bringt. In allem aber wird die große Linie gewahrt und ein einprägsamer Umriß gewonnen.

Inneres (Zutritt Mo–Sa 10–12 Uhr): Große Halle im Erdgeschoß. Das Treppenhaus (Mauro Coducci) neuerdings rekonstruiert. Im Obergeschoß zwei schöne Säle. Im zweiten Saal, mit vergoldeter Decke, ehemals ein Bilderzyklus von Jacopo Tintoretto, heute in der »Accademia«. Jetziger Bestand u.a. »Hochzeit von Kana« (1622) von *Padovano*, und »Kreuzigung« von *Donato Veneziano*. Im Saal des ›Albergo‹ (Decke 1504) u.a. »Auffindung der Markusreliquien« von *Domenico Tintoretto*, mit Porträts der Bruderschaftsmitglieder (Fensterwand). Gegenüber: »Szenen der Markuslegende« von *Giovanni Mansueti*.

Das Reiterdenkmal für Bartolomeo Colleoni **Nr. 27**

Bartolomeo Colleoni (1400–1475): Söldnerführer im Dienste der Republik Venedig, gebürtig aus Bergamo, ein Liebhaber von Kunst und Wissenschaft, außerordentlich vermögend, aber auch freigebig, lebte die letzten 18 Jahre auf seinem Schloß Malpaga, wo er einen regelrechten Hofstaat unterhielt.

Daten: Für das testamentarisch geforderte Denkmal schuf der florentinische Maler und Bildhauer *Andrea Verrocchio* (1436–1488), der Lehrer Leonardo da Vincis, 1481 ein lebensgroßes Wachsmodell des Pferdes und erhielt daraufhin den Auftrag für das Denkmal. Seine Arbeit war unvollendet, als er 1488 starb. Die Weiterführung und den Guß besorgte *Alessandro Leopardi*, 1496.

Zum Denkmal: Venedig besaß seit 1204 die vier Bronzepferde aus Byzanz an der Fassade von S. Marco. Doch blieben diese Werke bei dem mangelnden Sinn der Venezianer für Plastik ohne jede Nachwirkung. Auch beim Colleonidenkmal kamen die künstlerischen Impulse von außen, d.h. von Florenz. Dort hatten Maler wie Paolo Uccello (1436) und Andrea del Castagno (1456) das antike Reitermotiv aufgegriffen, und Donatello, auch er ein Florentiner, schuf mit dem Gattamelatamonument in Padua (1446–1453) das erste bronzene Reiterstandbild der Neuzeit. Von diesen Darstellungen abhängig, vertritt das Colleonidenkmal schon eine spätere Stilstufe. Das Pferd wirkt leichter im Gang, es dreht ein wenig den Kopf, winkelt die Beine stärker ab und trägt den Reiter mit größerer Sicherheit, der sich seinerseits entschiedener postiert, den linken Ellbogen effektvoll abgewinkelt. – Hervorragend ist die Placierung des Standbildes: abgesetzt von der Kirche gibt es dem vorderen Teil des Campos eine eigene Mitte, bleibt aber durch Sockelhöhe und Richtung auf Kirche und Scuola bezogen. Die Ausformung des Sockels folgt mit seinen sechs Säulen ganz dem venezianischen Geschmack (vgl. die Säulen an der Fassade von S. Marco).

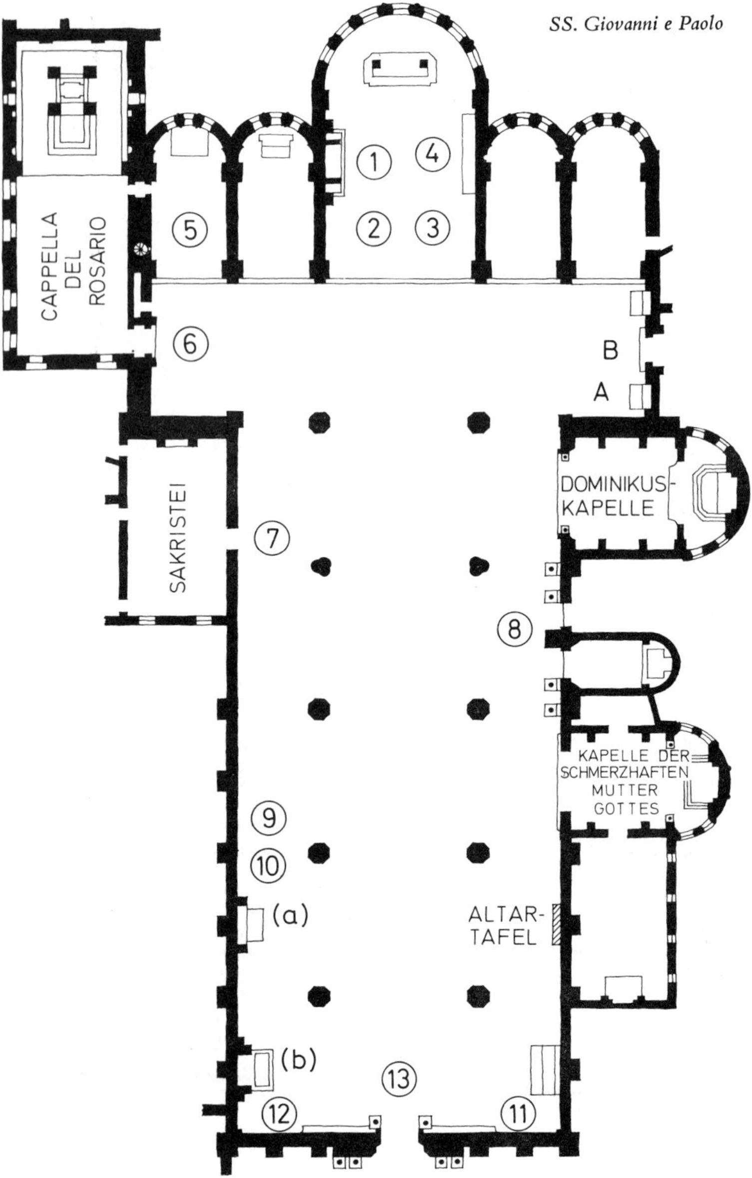

1
2
3
4
5
CAPPELLA DEL ROSARIO
6
B
A
SAKRISTEI
7
DOMINIKUS-KAPELLE
8
KAPELLE DER SCHMERZHAFTEN MUTTER GOTTES
9
10
(a)
ALTAR-TAFEL
(b)
13
12
11

SS. Giovanni e Paolo *(in Venedig kurz »Zanipolo« genannt)* Nr. 27

Zugang: (a) Vom Markusplatz aus beim Uhrturm durch die ›Merceria‹, immer dem Hinweisschild »Ospedale Civile« folgend. Fußweg von knapp 20 Min., vorbei am Campo S. Maria Formosa (Abb. S. 127) mit der gleichnamigen Kirche. (b) Vom Rialto aus beim Campo S. Bartolomeo der Beschilderung »Ospedale Civile« folgend, oder (schöner) dem Fondaco dei Tedeschi entlang, vorbei an S. Giov. Crisostomo, dann nach rechts (dritte Gasse wieder rechts) zu S. Maria dei Miracoli und weiter zu »Zanipolo« (20 Min.).

Daten: Dominikanerkirche. Baugeschichte noch nicht vollständig geklärt. Nach Hubala verhalten sich die Bauteile im Vergleich zur Frarikirche wie folgt:

	»Zanipolo«	*Frarikirche*
Langhaus	1. H. 14. Jh.	1. H. 15. Jh. (um 1420–1443)
Querhaus	1360–1380	um 1360
Chorteile	1360–1380	um 1340–1360
Hauptapsis	nach 1400	um 1340–1360

Kurzinformation: Die beiden Bettelordenskirchen »Zanipolo« (Dominikaner) und »Frari« (Franziskaner) sind die bedeutendsten Zeugnisse der spätgotischen Sakralbaukunst auf venezianischem Boden. Beide Kirchen sind während des 14. und 15. Jh. (neben S. Marco) absolut stadtbeherrschend. Es sind die größten und zugleich die populärsten Bauten Venedigs, vom Volke mehr geschätzt und als wesensverwandter empfunden als die ›byzantinische‹, feierlich-strenge Kuppelkirche von S. Marco. Auch als im 16. und 17. Jh. mit Renaissance und Barock äußerlich sehr viel glanzvollere Bauten entstehen, behaupten sich »Zanipolo« und Frarikirche als die ehrwürdigsten Orte, um die zahlreich entstehenden Dogengrabmäler aufzunehmen, ja sie werden zu »Ruhmeshallen« der venezianischen Geschichte, und ihre Grabmalkunst fügt sich zu einer lückenlosen Abfolge venezianischer Plastik im Nacheinander von Spätgotik, Frührenaissance, Renaissance und Barock.

Fassade: Der obere Teil gotisch, die drei Tabernakel und ihre Skulpturen modern. Im unteren Teil Fragmente einer begonnenen, offenbar aber steckengebliebenen Verkleidung in den Formen der frühen venezianischen Renaissance (um 1460). In den Blendnischen Dogengrabmäler (13. Jh.). Das *Hauptportal* (um 1458–1460) zeigt gotische Formen neben solchen der Antike: eine charakteristische Erscheinung in der Zeit des Übergangs von der spätmittelalterlichen Kunstauffassung zur Renaissance. Man hält am Traditionsgut fest, verwendet aber schon neue Motive, wie hier den Akanthus.

Das Innere: Sieht man die schmucklosen Backsteinwände, so mag man an das asketische Lebensideal der Mönche denken. Dann aber trifft der Blick auf die säulenhaften Rundpfeiler, auf Kreuzgratgewölbe, auf Querhaus, Chorkapellen und Kuppel – alles Merkmale, die in der Ordensarchitektur ihre entwicklungsgeschichtlichen Voraussetzungen haben: Rundpfeiler (12. Jh.), Vieleckchor (Mitte 13. Jh.), Durchlichtung (Anfang 14. Jh.). Auch ihre Synthese findet man um 1300 schon in Verona und Treviso. »Zanipolo« aber bringt diese Elemente zur höchsten Steigerung, was zeigt, daß sich auch die Bettelorden am künstlerischen ›Wettstreit‹ beteiligten. Zur schönsten Vollendung kommt in »Zanipolo« vor allem der Chor. Anders als in der Frarikirche bildet hier das Langhaus noch eine Bahn, die sich deutlich auf diesen großen »Lichtkörper« hin ausrichtet: ein optischer Zielpunkt, der dem dunkleren Langhaus als dem Ort der Gläubigen bewußt gegenübergestellt ist. Die Trennungslinie zwischen beiden markierte das anders geformte vierte Pfeilerpaar. Bis dorthin reichte der Mönchschor, eingefaßt durch einen Lettner. Heute fehlt diese Abschrankung, doch ist der entscheidende Hell-Dunkel-Kontrast geblieben. Der Chor als Symbol des Allerheiligsten wird zur »großdekorativen, den Raum beherrschenden Form« (Gross).

Linke Abbildung:
Neunteilige Altartafel aus der Zeit um 1475/80

Rechte Abbildung:
Ausschnitt aus dem Deckengemälde von Piazzetta in der Dominikuskapelle

Werke der Malerei in »Zanipolo«

Rechtes Seitenschiff. – *Altartafel* (um 1475/80): noch im Originalrahmen; die Malerei gelegentlich Giovanni Bellini zugeschrieben; das Ganze stilistisch ein Werk der Frührenaissance. Eine neue Auffassung zeigt schon der Rahmen, der sich wie eine ›antike‹ Architektur aus Rundbogen, Pilastern und verkröpftem Gebälk aufbaut; doch wird er andererseits noch als ornamentale Fläche gesehen – ein Nachwirken spätgotischer Schmuckfreudigkeit. Bei den Figuren richtet sich das Bemühen auf Monumentalität (leichte Untersicht) und auf genaue Erfassung ›nach der Natur‹: ein etwas mühsamer, betont zeichnerischer Wissenschaftsstil, wie ihn der paduaner Kreis um Mantegna pflegte. In den drei Hauptfiguren, den Hll. Christophorus, Vincenz Ferrer und Sebastian, überwiegt noch das statuarische Moment; die Belebung der Großfigur und ihre Einbettung in Natur und Handlung ist in dieser Zeit noch kaum gelöst. Besser gelingt schon die vielfigurige Erzählung im kleinen Format (untere Zone). – Aufschlußreich ist ein Vergleich mit der 250 Jahre späteren Darstellung des Hl. Dominikus durch Piazzetta im Deckengemälde der Dominikuskapelle (Abb.): hier das Ringen um Erfassung der neu entdeckten Wirklichkeit; dort die leidenschaftliche Imagination des Überirdischen.

Dominikuskapelle (1690–1716): Sehenswert das Deckengemälde von *Piazzetta* (1682–1754) »Verherrlichung des Hl. Dominikus« (1727). Eine asymmetrische Komposition in Braun, Rosa und Weiß mit schönen Silbertönen, die eine traumhaft-unwirkliche Stimmung erzeugen. Von größter Freiheit die Erfindung der Figuren; in steilster Untersicht werden sie dem Betrachter entrückt und zu Elementen einer aus Wolken sich auftürmenden Himmelsphäre – eine Kunstform, die im österreichischen und süddeutschen Rokoko (lange vor Tiepolo) breite Nachfolge fand.

(A) Im unteren Wandteil »Kreuztragung« von *Alvise Vivarini* (15. Jh.), darüber »Marienkrönung« (16. Jh.). – *Reiterdenkmal* für Orsini (gest. 1509).

(B) Zwei hervorragende Werke: Unten (elektrisch zu beleuchten) »Almosenspende des Hl. Antonius Pierozzi« (1542), Erzbischof von Florenz. Ein bewegendes Bild von *Lorenzo Lotto* (um 1480–1556): die Gruppe der Bittenden von Tizians »Assunta« beeinflußt, auch die Farbgebung in der Art Tizians, die Psychologie erstaunlich lebenswahr, daneben schöne stillebenhafte Details. – Darüber das gewaltige *Bildfenster* (nach 1470), eine berühmte, noch gotische Arbeit der Muraner Werkstätten: Zwei Reihen biblischer Gestalten, in den Vierpässen die Evangelistensymbole und Kirchenväter, weiter unten Heilige des Dominikanerordens und stehend die Hll. Theodorus, Johannes, Paulus und Georg.

Hochaltar (um 1619): vielleicht nach Entwurf von Baldassare Longhena. Die Plastik um 1660. Als Beispiel einer barocken Altararchitektur weiterwirkend auf Süddeutschland und Österreich (Hubala).

Cappella del Rosario (Bilder von Veronese): Die 1582 gestiftete Kapelle war mit Gemälden von Tintoretto, Palma d.J. u.a. ausgestattet, als sie 1867 ausbrannte. In die neugeschnitzte Decke (1932) hat man vorzügliche Gemälde von *Paolo Veronese* (1528–1588) eingefügt (durch Münzeinwurf zu beleuchten): Im Presbyterium das schöne Bild »Anbetung der Könige«. Die Marmorreliefs um 1730. Im vorderen Raumteil »Himmelfahrt Mariä«, aufschlußreich im Vergleich mit Tizians »Assunta« (Abb. S. 57), die hier eine ›barocke‹ Umsetzung, Belebung, szenische Erweiterung und Dramatisierung erfährt. Die »Anbetung der Hirten« variiert sehr frei ein Tintorettobild, die »Verkündigung« beeindruckt durch die ungewöhnliche Perspektive mit gedrehten Säulen in steilster Untersicht. Sehr schön auch das Bild »Die Geburt Christi« an der Eingangswand.

[1] *Grabmal* (um 1492) *für Andrea Vendramin*: Entwurf *Tullio Lombardo* (um 1455–1532). Das schönste aller venezianischen Dogengrabmäler (Abb.). Architektur und Skulptur orientieren sich an der römischen Antike, getragen von einem heroischen Pathos. Der zarte Oberflächendekor ›venezianisch‹. Hauptmotiv ist ein Triumphbogen mit kassettiertem Tonnengewölbe, aufruhend auf freigestellten Säulen, die den Rahmen für die von Tugenden umstellte Grabkiste bilden. Darüber die Liegefigur des Toten, von seinen Dienern bewacht. Der Wandaufbau wird zum Träger einer teils christlichen, teils humanistischen Themenfolge. In den seitlichen Nischen standen ehemals Adam und Eva (die heute dort befindlichen Krieger gehören auf die äußeren Sockel, wo jetzt schwächliche Ersatzfiguren stehen). Die antike Thematik kommt in den Sockelreliefs und in den Medaillons zu Wort. Im Bogenfeld ein Votivrelief (von geringerer Qualität), seitlich davon die Verkündigung. Die plastisch schönsten Werke, die beiden Krieger und die Tugenden, gelten als eigenhändige Arbeiten von Tullio Lombardo; die übrigen Figuren und der Dekor stammen wohl von Tullios Vater und von seinem Bruder.

[2] *Wandgrabmal für Marco Corner* (gest. 1368): Das älteste Dogengrabmal in »Zanipolo«. Von hoher Bedeutung die Madonnenstatue, nach Hubala »das erste rein gotische Bildwerk« in Venedig, von französischen Vorbildern abhängig, ein Werk von *Nino Pisano*. Das Grabmal als solches fragmentarisch.

[3] *Wandgrab für Michele Morosini* (gest. 1382): Der gotische Zusammenhang zwischen Architektur, Malerei und Plastik hier noch intakt und für das 14. Jh. als ›Typus‹ zu bewerten; wichtig im Vergleich mit dem Vendramin-Grabmal.

[4] *Grabmal für Leonardo Loredan* (gest. 1521), Ausführung 1572: Der Doge als ›Friedensstifter‹ zwischen »Venetia« (links) und der »Liga von Cambrai«. Die Dogenfigur von G. *Campagna* (vgl. 1591 Hochaltar in S. Giorgio Maggiore).

[5] *Rechts: Wandgrabmal für Jacopo Cavalli* (gest. 1384): Einfacherer Grabmalstypus; der Tote als Krieger betont. – Das linke *Grabmal von* 1362.

[6] *Drei Grabmäler der Familie Venier:* Über dem Portal (dieses 1584): um 1400; links um 1410/11; rechts 1907. – *Reiterstandbild* links: nach 1511.

[7] *Grabmal für Pasquale Malipiero* (gest. 1462): Sehr schöne Arbeit im Stile der venezianischen Frührenaissance, florentinisch beeinflußt. Figuren von *Pietro Lombardo.* Hervorzuheben: Pietàrelief, Stoffbaldachin, Greifen.

[8] *Grabmal Valier* (gest. 1708): Das letzte venezianische Dogendenkmal, eine theatralische Barockdekoration, nicht ohne Qualität in den Figuren und Reliefs. In der Mitte Bertucci, der Vater, links sein Sohn, rechts dessen Gemahlin.

[9] *Grabmal des Dogen Tommaso Mocenigo* (1423): Übergang von der Spätgotik zur Frührenaissance. Hervorzuheben: der Stoffbaldachin (hier zum ersten Mal), die Muschelnischen, die pilasterartigen Streben, der Schildknappe links.

[10] *Grabdenkmal für Niccolò Marcello* (gest. 1474): 1481 vollendet, Vorläufer des Vendramin-Grabmals (Abb.), doch weniger frei und von geringerer Monumentalität. (a) *Altar* mit guter Kopie eines 1867 verbrannten Tizianbildes »Petrus-Martyr«. (b) *Marmorstatue* »Hl. Hieronymus«, Hauptwerk von *Alessandro Vittoria* (1525–1608).

[11] *Grabmal für Pietro Mocenigo* (gest. 1476): 1481 vollendet, gilt als das Meisterwerk von *Pietro Lombardo* (1435–1515). Er nimmt gewisse Grundzüge, wie Triumphbogen und Nischenfiguren, vorweg, die dann im Vendramin-Grabmal seines Sohnes Tullio (Abb.) zur vollen Entfaltung kommen. Bei Pietro bleibt die Architektur noch flächenhaft und eingebunden in den schönen Dekor. Hervorzuheben: das Tragen der Grabkiste und der aufrecht (!) stehende Doge; nach Hubala eine Analogie zum Auferstandenen (ganz oben). In den Sockelreliefs zwei Taten des Herkules.

[12] *Grabmal des Giovanni Mocenigo* (gest. 1485): um 1500 vollendet, von *Tullio Lombardo* (um 1455–1532), doch später als dessen Vendramin-Grabmal (Abb.). Die Wendung zur ›klassizistischen‹ Strenge zeigt sich in einem Verzicht auf Ornamentik. An die Stelle eines Triumphbogens tritt eine Säulenarchitektur mit großen, ruhigen Wand- und Gebälkflächen. Sockelreliefs: Johannesleben.

[13] *Monument für Alvise I.* (gest. 1577) und seine Gemahlin: um 1580 begonnen, 1646 vollendet. Die Einbeziehung des Portals ist ein frühbarockes Element.

28 S. Francesco della Vigna

Daten: Heutige Kirche 1534 von *Jacopo Sansovino* begonnen. Fassade 1568–1572 von *Andrea Palladio*. Turmabschluß 1758: dem Campanile auf der Piazza verwandt.

Fassade: Sie ist die früheste der von Palladio konzipierten Kirchenfassaden Venedigs, zeitlich somit vor S. Giorgio Maggiore und Retendore. Wichtigste Elemente: gemeinsame Sockelzone für beide Ordnungen, Thermenfenster über dem Eingang, gewölbter Fries im Bereich der kleinen Ordnung.

Ausstattung (Auswahl): 1. Kapelle rechts »Joh. d. T. und Heilige« von *Giuseppe Salviati*. – Cappella Giustinian (beim Chor links) mit Skulpturen aus der Zeit um 1500 und einem Altarbild von *Veronese* (1562). – Ein Spätwerk von *Giovanni Bellini* befindet sich etwas versteckt in der Cappella Santa (Sakristeitüre, Korridor): »Madonna mit Heiligen und Stifter« (1507).

29 Scuola di S. Giorgio degli Schiavoni

Kurzinformation: Das malerische Werk *Vittore Carpaccios* (um 1455–1526) kann man in Venedig außer in der »Accademia« (Ursulalegende) und einzelnen Bildern im Museum Correr und der Ca'd'Oro nur hier, im Bruderschaftsgebäude der Dalmatiner (»Schiavoni«), kennenlernen, wo die Malereien noch im ursprünglichen Wandzusammenhang stehen.

Zu den Bildern (1502–1507): Vittore Carpaccio gehört mit seinem Werk in die Zeit der venezianischen Frührenaissance. Befreundet mit Giovanni Bellini entdecken beide eine neue künstlerische Welt: Bellini mehr Landschaft und Persönlichkeit, Carpaccio die vornehme Gesellschaft und das Interieur. Eine starke Erzählerbegabung und ein feiner Sinn für alles Dekorative zeichnen ihn aus, zwei typisch venezianische Eigenschaften. In seinen Bildern herrscht eine stillebenhafte Atmosphäre, bei der sich die exakte Wiedergabe der Dinge mit Poesie, mit Licht und herrlichen Farbnuancen verbindet. Seine ganze Liebe gilt dem schönen Detail, und was er vorträgt, liest sich nicht selten wie ein Reisebericht aus fremden Ländern.

Bildfolge (links beginnend): »Drachentötung« und »Triumph«. Altarwand: »St. Georg tauft in Libyen ein Herrscherpaar« und »Der Hl. Trifon bezwingt den Basilisken«. Rechts: »Gethsemane«, »Berufung des Matthäus«, »Der Hl. Hieronymus bändigt den Löwen« und »Studierstube« (Hieronymus oder Augustin). – Die Ursulalegende (1490–1496) schuf Carpaccio rund zehn Jahre früher.

S. Giorgio dei Greci — Nr. 29

Daten: Gründung einer griechischen ›fraternità‹ Ende 15. Jh. – Die Kirche 1539–1571, oberitalienische Spätrenaissance. Campanile 1587–1592. Erweiterungsbauten mit Treppenanlage 17. Jh. – Museum siehe unten.

Scuola di S. Giorgio degli Schiavoni, Gemälde von Carpaccio

Die Ausstattung ist ein bemerkenswertes Beispiel dafür, wie lange sich in Venedig die Tradition byzantinischer Malerei lebendig erhalten hat. Die Mosaiken der Ikonostasis, die Ikonen und Kultgeräte stammen im wesentlichen aus dem 16./17. Jh., halten aber am Stil des 12./13. Jh. fest, mit dem Unterschied, daß unter dem Einfluß der abendländischen Malerei mehr die Empfindungswerte dominieren.

Pal. Flangini (Museum): neben der Kirche. Sammlung griechischer Ikonen des 15.–18. Jh. Zugänglich durch das hier befindliche griechische Kulturinstitut.

S. Giovanni in Bragora **Nr. 29**

Daten: Heutige Kirche 1475–1479, spätgotisch, mit hölzernem Gewölbe über dem Mittelschiff (wie in S. Stefano, Nr. 20). Presbyterium 1485–1494.

Ausstattung: Im Presbyterium (Stuckdekoration 1593) »Abendmahl« und »Fußwaschung« von *Paris Bordone* (1500–1571), einem Tizianschüler. An der Rückwand in einem Marmorrahmen »Taufe Christi« (1494), ein Hauptwerk von *Cima da Conegliano* (um 1460–1517/18), in dem Landschaft, Atmosphäre, Harmonie und Liebe zur Natur bestimmend sind, beeinflußt von Giovanni Bellini. Der Marmorrahmen aus derselben Zeit, Frührenaissance. – Linke Chorkapelle: »Madonna mit Heiligen« (1478) von *Bartolomeo Vivarini.* – Sakristei: Holzkruzifix von *Leonhard d. Deutschen*, um 1490. – 1. Seitenkapelle links: »Der Auferstandene« von *Alvise Vivarini* (um 1445–1505); von demselben Maler an der Wand »Madonna mit musizierenden Engeln«. Vivarini verkörpert in der venezianischen Malerei die Übergangsphase vom spätgotischen Byzantinismus zur Frührenaissance. – Eingangswand: »Christus vor Kaiphas« von *Palma d.J.*

S. Maria della Pietà *(S. Maria della Visitazione)* **Nr. 29**

1745–1760 *(Giorgio Massari).* Die quergestellte Vorhalle ›römisch‹. Das Innere ein Saalbau (Oratorium) mit Sängeremporen.

Deckenfresken (1754–1760) von *G.B. Tiepolo* (zeitlich nach den Gemälden der Würzburger Residenz): »Stärke und Frieden«, »Aufnahme Marias in den Himmel«, »Apotheose des Glaubens und der Kirche«. Im Chor ein entwicklungsgeschichtlich wichtiges Bild von *Moretto da Brescia* (um 1498–1554) »Christus im Hause des Pharisäers Simon«: Voraussetzung für Veroneses Gastmähler-Kompositionen.

30 **Das Arsenal** *(Arsenale)*

Venedigs berühmte Schiffswerft, der Überlieferung nach 1104 gegründet und bis ins 16. Jh. immer wieder erweitert, galt in Europa als vorbildlich. Das Gebiet war eingefaßt von Mauern und Türmen, zugänglich nur durch je einen See- und einen Landeingang. Letzterem, dem »Ingresso di Terra«, gab man 1460 die Form eines Triumphbogens, »das erste reine Bauwerk der Renaissance in Venedig« (Hubala); Hinzufügung der Statuen 1682. Die 1692 aufgestellten Löwen sind Beutestücke aus Griechenland (Piräus, Eleusis, Delos).

Museo Storico Navale (Marinemuseum): Nach rechts, dem Fondamenta dell' Arsenale entlang, Richtung Riva degli Schiavoni, zum Campo Angelo Emo, Nr. 2148.

31 **S. Pietro in Castello**

Die Kirche S. Pietro bildet den Gegenpol zu S. Marco. Hier, am östlichsten Rande der Stadt, hatte der venezianische Bischof, ab 1451 der Patriarch, seinen Amtssitz – weit entfernt vom Zentrum der politischen Macht, die sich in S. Marco repräsentiert sah. Erst nach dem Untergang der Republik (1797) wurde S. Marco Sitz des Patriarchats. – Die heutige Kirche entstand 1619ff. an Stelle einer älteren, wohl des 12. Jh. Schon vorher, ab 1600, hatte man mit der Fassade begonnen, für die auch Andrea Palladio Pläne geliefert haben soll. Der Campanile (1482–1488) von *Mauro* Coducci, Frührenaissance; die ursprüngliche Turmhaube, ein Tempietto, ging 1670 durch Einsturz verloren.

Ausstattung: Langhaus, rechte Seite: sog. »Cattedra«, ein Marmorsitz, dessen Rückenlehne islamische Ornamente aufweist. – Hochaltar (1649) mit Reliquienschrein von 1690. – Die Chorfresken (1735) von *Gerolamo Pellegrini*; die Leinwandbilder der Chorwände von *Gregorio Lazzarini*. – Cappella Vendramin: 2. H. 17. Jh. – Linkes Seitenschiff: Spätwerk *Veroneses* »Hl. Joh. Ev., Petrus und Paulus«.

32 **Ausstellungsgelände** *(Giardini Pubblici)*

Vaporettostation ›Giardini‹. – Hier findet alle zwei Jahre die »Mostra Biennale Internazionale d'Arte Moderna« statt (Gründung 1895). Die Ausstellung gibt einen Überblick über die jeweils neuesten Richtungen in Malerei und Plastik.

33 **S. Maria della Salute**

Daten: Als 1630 in Venedig die Pest wütete, gelobte man den Bau einer Kirche. Unter den elf eingereichten Modellen fiel die Wahl auf den Entwurf des damals 26jährigen *Baldassare Longhena* (1597–1682). Die »Salute« wurde sein Meisterwerk, die schönste Barockkirche Venedigs (von Longhena u.a. am Canal Grande der Pal. Pesaro, Abb. S. 27, und der Pal. Rezzonico). 1631 wurde mit den Arbeiten begonnen, die rund 20 Jahre in Anspruch nahmen. Die plastische Ausschmückung zumeist 1660/78, an den Seitenfassaden bis kurz vor 1700. – Im Anschluß an die »Salute« errichtete man die »*Dogana da Mar*« (1676–1682), die Zollstation.

Zur Kirche: Mit sicherem Gefühl für malerische Wirkungen ist die »Salute« städtebaulich hervorragend placiert. Sie akzentuiert die Einfahrt in den Canal Grande und nimmt zugleich durch Kuppeln und Türme Bezug auf die beiden Palladio-Kirchen »S. Giorgio Maggiore«

S.Maria della Salute

und »Retendore«. So entstand über die Weite der Wasserfläche hinweg ein Kirchen- und Kuppeldreieck von schöner Bildhaftigkeit.

Die »Salute« ist in erster Linie auf Fernwirkung hin konzipiert und ein Bauwerk, das im barocken Sinn allseitig ›Fassade‹ sein will. Im unteren Teil gewinnen die Achteckseiten durch Portal und Kapellen den Charakter von Fassaden, am Tambour sind es die auffallend großen Voluten, die den Umriß bestimmen, und schließlich sind auch die Kuppeln, wie bei S. Marco, nur hölzerne Überbauten, also optische, für das Auge bestimmte Volumina, während die eigentlichen Steingewölbe darunter liegen. Das ganze Bauwerk ist somit eine einzige, große Plastik, die körperhaft im Freiraum steht. Dieser barocke Gedanke wird jedoch in den Einzelformen (da Venedig letztlich kein barockes Empfinden besitzt) wieder zurückgenommen: es gibt keine geschwungene Fassade, keine gekrümmten Wände, keine komplizierten Gewölbeformen, keine durchbrochenen Giebel (Keller). Die »Salute« steht also der Renaissancebaukunst noch immer nahe; sie orientiert sich überwiegend an Palladios Bauten: »ein mit Barockformen bereicherter Palladianismus« (Niero).

Auch *das Innere* entbehrt einer echten barocken Theatralik. Es herrscht eher eine verstandesmäßige Kühle, und wie alle Zentralbauten ist auch die »Salute« mit dem Problem der ›leeren Mitte‹ belastet. Es handelt sich im Grunde um einen überkuppelten Freiraum, der erst durch eine große Menschenmenge Sinn erhält. Seine Monumentalität wirkt etwas unangemessen, wenn man bedenkt, daß es sich um eine Marienkirche handelt. Venedig verfährt allerdings auch in dieser Hinsicht sehr frei und macht aus Maria eine ›Gebieterin des Meeres‹, eine ›Capitana del Mar‹: als Immakulata-Statue auf die Spitze der Kuppel gestellt, trägt sie den Kommandostab eines venezianischen Großadmirals!

Zur Plastik: Man hat am ganzen Bauwerk über 120 Marmorfiguren gezählt. Dieser hohe Anteil an skulpturalen Werken ist ein barockes Stilelement. Wir nennen: Am Hauptportal die Madonna und zwei Sibyllen, in den Portalnischen die vier Evangelisten; an den Seitenfassaden Allegorien und Engel; auf den Voluten 14 Propheten; auf der Hauptkuppel die Immakulata; auf der Nebenkuppel der Hl. Markus mit Blick zum Dogenpalast. – *Im Inneren* über den Kolossalsäulen Propheten, im Umgang venezianische Heilige; im Sanktuarium ein Apostelzyklus sowie die lateinischen Kirchenväter. – Auch der *Hochaltar* ist ganz als plastisches Werk empfunden: vor der Muttergottes kniet links die ›Venetia‹, rechts flieht die ›Pest‹; das Ganze ist außerordentlich bewegt und bildet den Rahmen für ein byzantinisches Gnadenbild.

Große Sakristei (Gemälde)

Zugang vom Chor aus links. – Sehenswert das große Bild von *Jacopo Tintoretto* »Die Hochzeit von Kana« (1561), zeitlich noch vor der Ausmalung der Scuola di S. Rocco, die 1564 beginnt; in der Breite der gesellschaftlichen Schilderung echt venezianisch, den berühmten ›Gastmählern‹ Veroneses vorausgehend. – Von *Tizian* »Hl. Markus thronend« (1511/12), beeinflußt von Giorgiones »Madonna von Castelfranco«, doch in der Komposition freier; von *Tizian* ferner die Deckengemälde (aus S. Spirito) »David und Goliath«, »Abraham und Isaak« sowie »Kain und Abel« (1542/44).

S. Gregorio (rechts neben der »Salute«): Ehemals Benediktinerkloster, 1808 säkularisiert. Die polygonal gebrochene Chorpartie mit hohen geschlitzten Fenstern (hier 1461) entsprach vom 13. bis zum 15. Jh. venezianischer Baugewohnheit. – *Zur Sammlung Guggenheim:* rechts über die Brücke, geradeaus (8 Min.).

34 **Il Retendore** *(Erlöserkirche)*

Daten: 1576, als in Venedig die Pest wütete, gelobte man den Bau der Kirche. 1577–1592 wurde sie nach Plänen von *Andrea Palladio* (1508–1580) errichtet. Die gottesdienstliche Betreuung übernahmen die Franziskaner.

Die Fassade: Sie vereinfacht und komprimiert zugleich die Fassadenelemente von S. Giorgio Maggiore. In der gedrängten Schlichtheit ihres Aufbaus ist sie eine Glanzleistung der Prospektarchitektur. An Einzelheiten sind (im Vergleich zu S. Giorgio Maggiore) zu nennen: Portalrahmung und ›Tempelfront‹ sind enger miteinander verzahnt und formengleich (Giebelparallelität). Die Kuppel ist weiter nach vorne gerückt; sie spricht im Fassadenganzen unmittelbar mit. Umgekehrt bleibt die ›Tempelfront‹ relativ niedrig. Zwischen beiden vermittelt das abgewalmte Dach des Langhauses. Weiter rückwärts geben die schmalen Rundtürmchen der Baugruppe seitlichen Halt. Portal und Figurennischen bilden eine Dreiergruppe; das findet seine Entsprechung im Beieinander von Kuppel und Türmchen. Die seitliche Verfestigung übernehmen vorne die Pilaster.

Zum Inneren: Palladio greift in der »Retendore« noch einmal die Baugedanken seiner zehn Jahre früher konzipierten Benediktinerkirche »S. Giorgio Maggiore« auf, hat es aber mit sehr viel bescheideneren Verhältnissen zu tun; er muß auf Seitenschiffe und Querhaus verzichten, und auch der Mönchschor ist bedeutend geringer bemessen. Trotz aller dieser Einschränkungen empfanden die Franziskanermönche die Kirche als zu prunkvoll und ihren eigenen Vorstellungen so entgegengesetzt, daß sie den Dienst verweigerten und nur eine päpstliche Verordnung die Annahme erzwang.

In der Tat war es nun so, daß sich Palladio an antiken Thermenbauten orientierte und deren Monumentalität für den christlichen Kirchenbau nutzbar machen wollte. Im Sinne der Antike sah er in der Verwendung der Säule die höchste Auszeichnung der Architektur. Doch empfand er zugleich venezianisch, also ›dekorativ‹. Er begnügte sich mit der schönen äußeren Erscheinung und gliederte seine Wände durch Halbsäulen. In diesem Zusammenhang erfand er auch die ›Nischenachse‹, deren Aneinanderreihung die Langhausseiten der »Retendore« kennzeichnet. Es handelt sich dabei um eine architektonische Gruppen- und Motivbildung, bei der jeweils zwei übereinandergestellte Nischen von Halbsäulen gerahmt werden.

Vier solcher ›Gruppen‹ stehen sich im Hauptraum axial gegenüber und verleihen ihm ein monumentales Gewicht, während die Kapellen stark zurücktreten. Man könnte von einer ›Triumphstraße‹ sprechen, die sich unter der Kuppel platzartig erweitert und zuletzt in einer bogenförmigen Säulenkolonnade endet, die den Blick (nach dem Vorbild antiker Thermenräume) auf einen dahinter liegenden, größenmäßig nicht abschätzbaren Raum richtet: den Mönchschor. Was die beschriebene Wegstrecke formal zusammenhält, ist die gleichartige Wandgliederung mittels durchgehendem, unverkröpftem Gebälk, Halbsäulen, Säulen und Nischen, wobei sich die Struktur schrittweise verändert, indem sich die Säule zuerst mit dem Pfeiler verbindet (Kuppelraum), dann aber, in der abschließenden Kolonnade, zu freier Körperlichkeit verselbständigt. (Lit. Timofiewitsch)

35 **S. Giorgio Maggiore**

Daten: Die Kirche wurde 1566 nach Plänen von *Andrea Palladio* (1508–1580) begonnen, war bei dessen Tod noch unvollendet und wurde 1610 geweiht. Die Fassade kam erst sehr spät (1597–1610) zur Ausführung. Der Campanile stand schon seit 1470 (ein Teil der Vorgängerbauten), ist aber in seiner heutigen Form, durch einen Einsturz bedingt, eine Neufassung von 1791 nach dem Vorbild des Markusturmes. Von den beiden Kreuzgängen wurde der vordere noch unter Palladio begonnen (1579–1614) und in der Barockzeit durch *Baldassare Longhena*, den Erbauer der »Salute«, mit Treppenhaus (1641/43) und Bibliothek (1641) versehen. Der zweite Kreuzgang gehört noch in die Zeit *vor* Palladio (1516–1540). Noch älter ist das hinter dem Mönchschor gelegene sog. »Dormitorium« (1460 beg.), im wesentlichen zwischen 1488 und 1521 erbaut.

Die Fassade: Palladios Fassadengestaltungen haben im 16. und 17. Jh. typenbildend gewirkt und namentlich in Venedig und der Terraferma eine breite Nachfolge gefunden. Nach seinem Erstlingswerk, der Fassade von S. Francesco della Vigna (1568–1572), ist S. Giorgio Maggiore sein zweiter Entwurf (ausgeführt erst nach seinem Tod), die »Retendore« sein dritter (ausgeführt *vor* S. Giorgio Maggiore). Der Grundgedanke ist jedesmal eine antikisierende Tempelfront mit Kolossalsäulen und abschließendem Dreiecksgiebel. Bei S. Giorgio Maggiore wird man indessen die ganze Baugruppe, also Turm und Kuppel, Langhaus und Fassade zusammensehen müssen. Sie bilden in der Verbindung mit den Klostergebäuden ein geschlossenes ›Motiv‹, das in echt venezianischer Weise malerisch und bildhaft konzipiert ist – berechnet vor allem für die Sicht von der Piazzetta aus, deren Blickbahn es abschließt. Über die Lagune hinweg wirkt besonders die hochgezogene Fassadenmitte vorteilhaft; erst in der Nahsicht ergeben sich daraus proportionale Unstimmigkeiten zu den niedrigeren Seitenflügeln, ein Moment, das immer wieder kritisiert wurde. Die unter anderen Bedingungen stehende Fassade der »Retendore« wirkt in dieser Hinsicht geschlossener.

Das Innere von S. Giorgio Maggiore **Nr. 35**

Von allen Baumeistern des 16. Jh. ist Palladio am stärksten von der römischen Antike beeinflußt, deren Bauten er in Rom studierte, zeichnerisch festhielt und zu rekonstruieren versuchte. Palladio fand auf diese Weise zu einem Stil der großen Form, und gemäß der antiken Kunsttheorie (Vitruv) wurde ihm die Säule zum wichtigsten Instrumentarium. So sehen wir auch das Mittelschiff von S. Giorgio Maggiore von Kolossalsäulen gegliedert, die den Raum, zusammen mit dem verkröpften Gebälk, wirkungsvoll rhythmisieren und ihm einen großen Atem verleihen. Eine zweite, formal zurückgestufte Ordnung konstituiert sich in den Arkadenbögen und ihren Pilastern, die sich maßstäblich auf die niedrigeren Seitenschiffe beziehen und deren Raummantel bestimmen. Ein drittes Element ist der Verzicht auf Dekor. Palladio unterscheidet sich hierin gleichermaßen von Hochrenaissance und Barock. In seinem Streben nach ›reiner‹ Architektur hält er auch die Zone zwischen Arkadenbögen und Gebälk von schmückenden Reliefs frei. Für ihn wird die Wand als solche zum ›Relief‹. Er empfindet sie optisch-dekorativ und suggeriert uns durch Halbsäulen (!) ein An- und Abschwellen der Oberfläche. Dabei erhält jeder Raum seine eigene Struktur. Während im Langhaus die Halbsäule dominiert, treten in der Vierung Pilaster hinzu. In schöner Gruppenbildung wird dort die Ecke kantig betont, andererseits das Kantige durch Halb- und Dreiviertelsäulen wieder neutralisiert und in den Gesamtzusammenhang eingebunden. In den Querhausachsen wiederum erfolgt eine deutliche Zurückstufung bis zum flachen Wandpilaster (Abb.), doch läßt ihn eine geringe Schwellung der Säule verwandt erscheinen. Zu einer Formsteigerung kommt es noch einmal im Altarraum, indem die Ecken des Raumes durch kannelierte, festlich wirkende Freisäulen besetzt sind. Das ›Abschlußmotiv‹ bildet eine durchbrochene Wand zum Mönchschor. (Lit. Timofiewitsch)

S. Giorgio Maggiore, Querhaus

Hochaltar (1591–1593): das skulpturale Hauptwerk von *Girolamo Campagna*, einem Schüler Sansovinos. Campagna (1550–1623), rund 40 Jahre jünger als Palladio, steht mit seinem Werk zeitlich zwischen Michelangelo und Bernini und verkörpert einen Vorbarock, der zu größerem Bewegungsreichtum drängt und einer mehr malerisch-dekorativen Auffassung zuneigt (Altarentwurf durch den Maler *Aliense*).

Der Gedanke, die Weltkugel durch die vier Evangelisten tragen zu lassen, ist als Bilderfindung schon in ottonischer Zeit bekannt, als Umsetzung in die Vollplastik aber ebenso neu wie kühn. Der Darstellungssinn läßt sich (nach Timofiewitsch) etwa so formulieren: In den Evangelisten verkörpert sich das irdische Dasein. Unter der Last der Weltkugel sind die Gestalten tief gebeugt und zu höchster Anstrengung gezwungen. Unterschiedlich ist ihre Haltung: *Johannes* (vorne links) vom Alter gezeichnet, den Blick wie nach innen gerichtet; *Markus* (vorne rechts) von Trauer und Schmerz erfüllt; *Lukas* (mit dem Stier) caesarenhaft, mit heroischer Geste; *Matthäus* fragend, auf Antwort hoffend.

Im Gegensatz zu diesen Kontrasten verkörpert die ehemals vergoldete Kugel die Vollkommenheit der göttlichen Gedanken: den geschaffenen Kosmos. Darüber erscheint Gott-Vater, aus allen irdischen Bedingungen herausgenommen, in einem schwebenden Sein, doch auf die Schöpfung bezogen durch den Doppelgestus des Segnens (rechte Hand) und der Verdammung (linke Hand gesenkt).

Jacopo Tintoretto (1518–1594): Von ihm zwei Leinwandbilder an den Wänden des Presbyteriums. Spätwerke (1594), erst kurz vor seinem Tod vollendet.

»*Mannaregen*« (links): Mit Recht hat man immer wieder hervorgehoben, daß Tintoretto hier weniger das alttestamentliche Wunder darstellt als vielmehr die Menschen in ihren alltäglichen Verrichtungen; der ›Mannaregen‹ wird umgedeutet in die allgemeine Vorstellung und Bitte »Gib uns unser täglich Brot«. – Tintoretto rückt die Gestalt des Moses, dem er das Aussehen Christi gibt, in die rechte untere Ecke des Bildes. Links davon sieht man Moses Bruder Aaron, Urbild des Hohenpriesters. Rechts der Stifter des Bildes. Die übrigen Figuren sind durch einen Wasserlauf und eine Brücke getrennt. Man findet (etwa im Uhrzeigersinn betrachtet) folgende Darstellungen: Frauen beim Nähen und Waschen, am linken Bildrand einen Schuster, weiter oben einen Schmied. Es folgen nach rechts im Hintergrund Priester und Leviten, weiter vorne Frauen mit Wäsche und Stoffen, dann die Tätigkeit des Spinnens; schließlich folgt ein Gelehrter, in einen Folianten vertieft; zuletzt ein Eseltreiber.

»*Abendmahl*« (rechts): Die letzte der zahlreichen Fassungen, die Tintoretto im Laufe seines Lebens diesem Ereignis gegeben hat, und zugleich ein Höhepunkt seiner Lichtmalerei. Die ungewöhnliche Perspektive, der Einbruch der Engel rechts oben, der Lichtkranz auf der Gegenseite, dann Gestik, Raum und Farben – das alles steht im Dienste einer innerlich erregten Darstellung, mit der eine neue Dimension gewonnen werden soll: nicht die Wiedergabe eines alltäglichen Vorgangs, sondern Veranschaulichung des Überirdischen.

Mönchschor: Prachtvolles Gestühl (1594–1598), geschmückt mit Szenen aus dem Leben des Hl. Bernhard, dem Gründer des Benediktinerordens. Die Chorarchitektur (nach Hubala) vielleicht vorbildlich für St. Michael in München.

Campanile (Zugang links vom Mönchschor): Sehr lohnend der Blick auf Stadt und Lagune. Der Besuch des Turmes (Aufzug) daher unbedingt anzuraten.

Altäre im Kirchenraum mit einer Reihe schöner Gemälde: (a) Von *Tintoretto* und seiner Werkstatt im N-Querhaus »Hl. Stephanus«, im S-Querhaus »Marienkrönung« (1594). Auf dem Nebenaltar »Muttergottes und Heilige« (1708) von *Sebastiano Ricci* (1659–1734), dessen Kunst eine Wiederbelebung der Malerei Veroneses (16. Jh.) brachte – Voraussetzung auch für Tiepolos Werk. (c) Im rechten Seitenschiff (Nähe Eingang) »Geburt Christi« (1592), ein schönes Bild von *Jacopo Bassano* mit großartiger Farb- und Lichtwirkung.

36 Chioggia

Verkehrsverbindung (vgl. Karte S. 174): Chioggia liegt am südlichsten Punkt der Lagune im Mündungsgebiet der Brenta, etwa 28 km von Venedig entfernt. Man erreicht es mit Linie 11 vom Riva degli Schiavoni aus (teils Schiff, teils Bus) in etwa 90 Min.; im Sommer auch kürzere Direktverbindung.

Chioggia, das südliche Einfallstor in die Lagune, war schon in römischer Zeit befestigt. Durch seine Lage, u.a. als Fischereihafen (noch heute) wirtschaftlich begünstigt, erlebte es seit dem 11. Jh. (Stadtrecht) eine rasche Entwicklung. – 1378 waren die Genuesen im Krieg gegen Venedig bis zu diesem Punkt vorgedrungen. Chioggia wurde belagert, schließlich aber die genuesische Flotte vernichtend geschlagen. Venedigs größte Bedrohung endete mit Venedigs größtem Sieg. – Bei der Anfahrt nach Chioggia achte man im Gebiet zwischen Pellestrina und Chioggia auf die kilometerlangen Dämme. Es handelt sich keineswegs um moderne Anlagen, sondern um Befestigungen aus istrischem Stein, von den Venezianern 1751/70 erstellt – die letzte große Leistung der Republik.

Chioggia mag den Besucher im ersten Augenblick an Venedig erinnern, doch ist seine Bauweise eigenständig. Venezianische Fassaden finden sich nur vereinzelt. Charakteristisch sind Laubengänge, die sich auf der rechten Seite der Hauptstraße vom Hafen bis zum Dom hinziehen.

Kunstdenkmäler: Im sog. »*Palazzo del Podestà*« (modern), an der Hauptstraße gelegen, ein wichtiges Beispiel der venezianischen Malerei des 15. Jh. »Justitia« von *Jacobello del Fiore*, einem Meister des ›Weichen Stils‹. – Ferner neben dem Rathaus der gotische *Getreidespeicher* von 1322. – Der *Dom* (1633–1674), am Ende der Hauptstraße, ist ein ›palladianischer‹ Monumentalbau nach Plänen von *Baldassare Longhena* (Erbauer der »Salute«). – Rechts vor dem Dom die kleine Kirche *S. Martino* (um 1390), ein spätgotischer Ziegelbau mit Kuppel. Im Inneren ein Polyptychon (1349) von *Paolo Veneziano* »Thronende Madonna, Heilige und Szenen aus dem Leben des Hl. Martin«. Veneziano war wohl die bedeutendste Persönlichkeit am Anfang der venezianischen Malerei. Seine Lebensdaten sind unbekannt, seine Tätigkeit für 1333/58 nachweisbar (vor Vivarini und Jacobello).

37 Der Lido von Venedig

Die als ›Lido‹ (ital. = Strand) bezeichnete Insel ist 12 km lang, hat reichen Baumbestand und einen 5 km langen Badestrand von feinstem Sand (hoher Salzgehalt des Wassers). In den Sommermonaten ist der Lido ein Zentrum des gesellschaftlichen Lebens (Hotels, Spielkasino, Bars, etc.).

Malamocco **Nr. 37**

Malamocco, im Süden der Insel gelegen und seit dem 5. Jh. n. Chr. nachweisbar, war noch zur Zeit Karls d. Gr. (8. Jh.) die Hauptstadt von Seevenetien und Sitz des »Dogen« (diese Benennung ab 742). Als König Pippin, der zweite Sohn Karls d. Gr., Seevenetien als Brücke zum byzantinischen Osten in Besitz zu nehmen versuchte, wurden Chioggia, Pellestrina und Malamocco 809 verwüstet bzw. zerstört – Venedig dagegen konnte sich erfolgreich verteidigen. Daraufhin verlegte man um 820 den Dogensitz an den Rialto. – Im 13. Jh. war Malamocco der Sammelplatz für die Teilnehmer am 4. Kreuzzug (1202–1204), der 1204 zur Eroberung von Konstantinopel und damit zur Machterweiterung Venedigs führte. – Das alte Malamocco ist schließlich in einer Springflut untergegangen. Heute ist Malamocco ein kleines Fischerstädtchen. – *Porto di Malamocco:* Eine der drei Durchfahrten zwischen Lagune und Adriatischem Meer; die anderen zwei befinden sich bei Chioggia und am N-Ende des Lido. Das täglich hier einströmende Meerwasser führt innerhalb der Lagune zu Ebbe und Flut, wobei der Wasserspiegel bis zu 85 cm steigt.

38 Isola di S. Michele – Murano

Schiffsverbindungen: Zur Isola di S. Michele (Zentralfriedhof) alle 15 Min. mit Linie 5 von Riva degli Schiavoni (Nähe Dogenpalast) über Arsenale und Fondamenta Nuove zur Insel (Weiterfahrt bis Murano möglich). – Direktverbindung nach Murano: Linie 12 ab Fondamenta Nuove (Zubringerdienst: Linie 5 wie oben).

S. Michele in Isola (1469–1499): Frührenaissancekirche von *Mauro Coducci.* Fassade 1477, Langhaus und Chor 1499 vollendet. Der Campanile (1456–1460) früher als die Kirche. Links die »Cappella Emiliana«, um 1530 angefügt.

Die Kirche ist kunstgeschichtlich bedeutend vor allem durch ihre Frontseite, »nach Material und Gliederung, nach Motiven und Komposition die erste konsequente Renaissancefassade in Venedig« (Hubala), nicht mehr in spätgotischer Ziegelbauweise, sondern ganz aus istrischem Marmor errichtet. Die Fassade ist aus klar überschaubaren Teilen ›komponiert‹; Portal, Fenster und Halbkreisgiebel in geometrisch scharf umrissenen Formen. ›Florentinisch‹ die Plattenrustika, die später wegfällt (S. Zaccaria, S. G. Crisostomo, S. Felice).

Die Insel Murano
Seit 1292 Sitz der venezianischen Glasindustrie, deren Ursprünge noch immer ungeklärt sind. Ihre Verlegung auf die Insel erfolgte aus Sicherheitsgründen. Murano, das im 16. Jh. 30000 Einwohner hatte, war von Venedig abhängig und für dieses von großer wirtschaftlicher Bedeutung. Durch Emigration von Glasbläsern verlor Murano im 17. Jh. seine Monopolstellung. Die Wiederbelebung begann Ende des 19. Jh.

Murano **Nr. 38**

[1] *S. Pietro Martire* (1474–1511): Im rechten Seitenschiff ein Hauptwerk von *Giovanni Bellini* (um 1430–1516) »Der Doge Marco Barbarigo kniet vor der Madonna« (1488). Bellini malte es im selben Jahr wie das berühmte Triptychon in der Frarikirche (Abb. S. 55). Das Muraner Bild, im Originalrahmen, ist großformatig und weiträumig angelegt, monumental und doch lyrisch gestimmt. – »Himmelfahrt Mariä« (Werkstatt Bellinis). – »Taufe Christi« (Werkstatt Tintorettos). – Linkes Seitenschiff »Hl. Agathe« und »Hieronymus« von *P. Veronese.*

[2] *Museo Vetrario di Murano* (Glasmuseum): 1861 begründet, heute im Pal. Giustinian (1689), ehemals Sitz des Bischofs von Torcello. – Die in Europa einmalige Sammlung reicht von der Antike bis in die Gegenwart. Die ältesten venezianischen Gläser, die sich erhalten haben, stammen aus dem 15. Jh.

[3] *SS. Maria e Donato*, ehemals die Kathedrale der Bischöfe von Torcello und Murano, ist ein spätromanisches Bauwerk vom Anfang des 12. Jh. Sehenswerte Chorpartie (um 1140): zweistöckige Säulenarkaturen legen um die Apsis einen fassadenartigen Raummantel, »Übertragung der altvenezianischen Arkadenwand auf den romanischen Kirchenbau« (Hubala). – Das Innere ›ravennatisch‹, schöner Fußboden, Gewölbe 15. Jh.

Torcello: S. Maria Assunta, Campanile, S. Fosca

39 Torcello

Anfahrt mit Schiffslinie 12 (ab Fondamenta Nuove) über Murano und Burano bis Torcello, Fahrzeit 1 Stunde. Von der Anlegestelle bis zu den Kirchen etwa 10 Min. zu Fuß. – Empfehlenswertes Restaurant: »Locanda Cipriani«.

Kurzinformation: Torcello ist älter als Venedig. Die heute völlig vom Erdboden verschwundene, ehemals sehr bedeutende Bischofs- und Handelsstadt, wurde 639 n.Chr. gegründet, als die Bewohner von Altinum (Altino) nach der Zerstörung ihrer Stadt durch die Langobarden auf die Laguneninsel flohen. Im 8. und 9. Jh. war Torcello die wichtigste Hafenstadt Seevenetiens. Ihr Aufstieg hielt bis zum 13. Jh. an, aber schon im 15. Jh. finden wir sie entvölkert, ohne daß wir die Gründe dieses raschen Niedergangs kennen. Das Ende war Versumpfung und Malaria. Heute hat Torcello kaum 100 Einwohner.

Die Fahrt nach Torcello führt durch die nördliche, von Ebbe und Flut nicht mehr berührte Lagune, deren Wassertiefe stellenweise nur 25 cm beträgt: ein weiter Horizont, eine stille, naturhafte Einsamkeit, ringsum das Wasser, kaum nennenswerte Konturen, kein fester Boden. Das war die Situation bei der Besiedlung der Laguneninseln im 7. und 8. Jh., und so erlebt man sie noch heute. Der Eindruck ist ebenso schön wie historisch aufschlußreich, denn nur vor dem Hintergrund dieser gestaltlosen Wasser- und Inselflächen gewinnt man für die kulturelle Leistung Venetiens einen greifbaren und gültigen Maßstab. – Torcello besitzt die ältesten Kunstdenkmäler der Lagune und vermittelt indirekt auch ein Bild von den Anfängen Venedigs, dessen frühe Schichten (11./13. Jh.) durch Gotik, Renaissance und Barock vollständig überlagert wurden.

Piazza (der Platz vor den beiden Kirchen): Als letzte Überreste der ehemals blühenden Stadt stehen hier noch zwei Profanbauten (heute Museum), der *Pal. dell'Archivio* mit gotischer Fenstergruppe (Abb. links) und der *Pal. del Consiglio*.

Archäologisches Museum (Museo dell'Estuario): Im Pal.dell'Archivo Fundstücke aus römischer Zeit sowie vorgeschichtliche Denkmäler; im Pal.del Consiglio u.a. die Überreste der *Pala d'Argento* aus der Kathedrale von Torcello, einem Parallelstück zur Pala d'Oro in S. Marco: Teile einer Altarverkleidung, wie sie auch die Kirchen in Cividale, Caorle und Grado besaßen. Erhalten haben sich 13 Silberreliefs (11. Jh.), die nach byzantinischen Vorbildern gearbeitet sind.

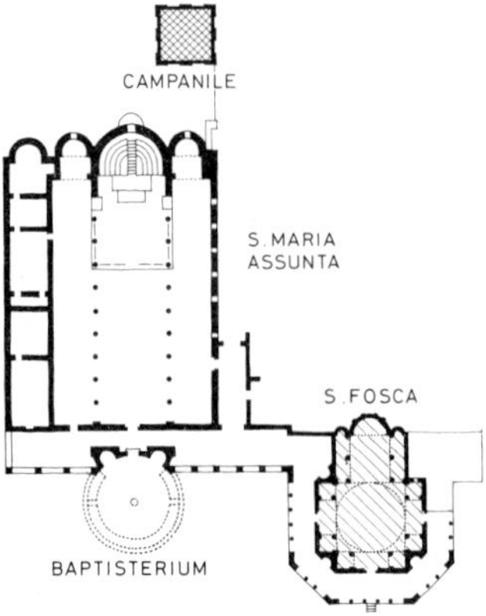

S. Maria Assunta **Nr. 39**

Daten: 639/641 Gründung durch den byzantinischen Kaiser Heraklius. Die heutige Südapsis vielleicht Kern des ersten Baues. Nach 834 Umbau bzw. Erweiterung (Krypta). Um 1008 Campanile und heutiges Raumbild.

Außenbau: Wichtig die Westseite und der Campanile, beide nach 1008. Vertikalisierung durch Mauerbänder. Anfänge einer ›romanischen‹ Oberflächenstruktur. Turmabschluß in dieser Form bis 1500 auch am Markusturm in Venedig.

Inneres: Durch die Erhöhung des Mittelschiffs (nach 1008) hat der Raum nicht mehr spätantike, sondern schon mittelalterliche, relativ steile Proportionen. Auch das Fußbodenmuster (11. Jh.) ist nicht mehr spätantik, sondern schon Ausdruck eines typisch ›venezianischen‹ Kolorismus (Keller). Ins 11. Jh. gehört ferner die Ikonostasis mit ihrer gedehnten, weiträumigen, sehr freien Säulenstellung und den qualitätvollen Marmorreliefs, die u.a. das orientalische Pfauenmotiv in einen christlichen Zusammenhang stellen: »Erneuerung des Lebens durch Teilnahme am Opfertod Christi« (Hubala). Eine Hinzufügung des 15. Jh. sind hier die Tafelbilder mit Maria und den zwölf Aposteln (spätgotisch). Hinter der Ikonostasis der Altar des 7. Jh. (1929 wiederhergestellt).

Die Hauptapsis gehört mit ihrer Mauersubstanz noch zum älteren Bau; sie hat an der Vertikalität des 11. Jh. noch keinen Anteil. Eine neue Ausdrucksform zeigt sich dagegen im Mosaik (12. Jh.). Hier wird der Goldgrund (wie in S. Marco) zu einem Symbol des Transzendenten und die Muttergottes in ihrer extremen Längung zu einer unkörperlichen Vision: jenseits irdischer Maßstäbe formt sich ein feierliches und doch mildes Gottesbild, das auf die Gotik vorausweist und eine Loslösung von Byzanz bedeutet. Auch die Apostel darunter (zeitlich etwas älter) sind weniger streng gesehen als noch in Ravenna. – Die stufenförmige Priesterbank erklärt sich aus dem Krypteneinbau von 834. Auf der linken Seite hat man Teile des ursprünglichen Zustandes freigelegt.

Die südliche Nebenapside ist ebenfalls sehenswert. Der Mosaikschmuck ist älter (11. Jh.) und steht den byzantinischen Vorbildern sehr viel näher. Besonders schön, wie das Medaillon mit dem Gotteslamm von Engeln getragen wird.

Das Weltgerichtsmosaik der Westseite (2. Hälfte 12. Jh.): Aufgeteilt in sechs Horizontalstreifen nimmt es die volle Wandhöhe ein, der oberste Streifen wohl etwas später hinzugefügt; große Teile 19. Jh. – Von oben: (1) Christus mit dem Siegeszeichen steht auf der zertrümmerten Pforte der Vorhölle und befreit die Seelen. (2) Christus als Weltenrichter, darunter (3) der leere Herrscherthron Christi mit Adam und Eva sowie den Erzengeln Michael und Gabriel; Engel wecken die Toten auf. Zuunterst (4/5) Selige (bekleidet), Verdammte (nackt).

S. Fosca **Nr. 39**

Vorhalle 12. Jh. – Der Zentralbau (11. Jh.): Gedenkstätte für die Hl. Fosca. Die kreuzförmig angelegte Umgangsarkade mit Säulen wird mittels Gewölbezwickeln zum Träger einer (nicht ausgeführten) Kuppel. In den vier Umgangsecken bilden sich kreuzgratgewölbte ›Sonderräume‹ (wohl eine Anspielung auf S. Marco), die sich an der Ostseite zu ›Seitenschiffen‹ erweitern.

40 Brenta-Villen

Lage: Die Brenta-Villen liegen im Gebiet zwischen Mestre/Marghera und Padua, südlich der heutigen Autobahn, an einem Nebenfluß der Brenta.

Veranstalter von Brentafahrten sind die Reisebüros, deren Angebot je nach Jahreszeit wechselt. Man erkundige sich in Venedig oder Mestre.

Kurzinformation: Nachdem Venedig im 15. Jh. seinen Herrschaftsbereich auf der Terraferma über Padua und Verona hinaus bis Brescia und Bergamo ausgedehnt und gesichert hatte, gewann das Leben auf dem Lande für den vornehmen Venezianer immer mehr an Reiz, und es entstand auf der Grundlage riesiger Landbesitzungen eine Villen-Kultur, deren Muster auf ganz Europa ausstrahlte.

Charakteristisch für die venezianische Villa ist die »Trennung eines eigentlichen Herrenhauses von den Ökonomiebauten« (Hubala), die sich ihrerseits in symmetrischer Anordnung um das Herrenhaus gruppieren. Dieses selbst ist nach innerer Disposition und äußerer Gestalt ein Spiegelbild des venezianischen Stadthauses: Sockelgeschoß mit Küche und Vorratshaltung; im Hauptgeschoß Wohn- und Schlafräume zu beiden Seiten einer durchgehenden Diele, dem venezianischen »Portego«. Häufig findet sich auch die offene Loggia, wie an den Palastfassaden am Canal Grande.

Malcontenta **Nr. 40**

Villa Foscari – »La Malcontenta« (Privatbesitz): Zufahrt von Marghera aus auf Staatsstraße Nr. 11. – 1550/1560 nach Plänen von *Andrea Palladio* (1508–1580) errichtet. Nur noch das Herrenhaus hat sich erhalten. Seine Isolierung entspricht nicht der ursprünglichen Situation. Die Grundform ist ein Kubus, der entsprechend der Stockwerke durch Gesimse gegliedert ist. Hauptakzent ist eine vorspringende Säulenhalle mit ionischer Ordnung und großem Dreiecksgiebel: eine tempelartig über hohem Sockel aufragende Front mit seitlich abgewinkelten Treppenläufen. Das Ganze von der Form her anspruchsvoll, indessen ein schlichter Ziegelbau, dessen Verputz den schönen Steinschnitt nur vortäuscht. – Im *Inneren* gruppieren sich in symmetrischer Ausrichtung je drei Räume um einen kreuzförmigen, tonnengewölbten (!) Saal: eine ›ideale‹ Disposition, die vom Gedanken, nicht von Nutzen bestimmt ist.

Strà **Nr. 40**

Villa Pisani – »Villa Nazionale« (Staatsbesitz): Ein Bauwerk, das unter völlig anderen Voraussetzungen steht als »Malcontenta«: nicht 16. Jh., sondern 18. Jh., nicht ›Villa‹, sondern Schloß, nicht Privatbesitz allein, sondern ›Residenz‹ des 1735 zum Dogen gewählten Alvise Pisani.

Die Fassade ist vornehm und zurückhaltend instrumentiert, von den Ecken aus zur Mitte hin sich steigernd und dort durch Hermen und Kolossalsäulen betont.

Das Innere heute museal, mit kostbarem Mobiliar, Gemälden, seidenen Wandtapeten und Deckengemälden. Die Skala reicht vom Barock über Empire bis zum Frühklassizismus. Hat man 31 Räume durchwandert, so kommt man zuletzt in den zweistöckigen *Ballsaal* im Zentrum des Mitteltraktes mit einem prachtvollen Deckengemälde (1761/62) von *Giov. Batt. Tiepolo* (1696–1770). Das Gemälde verherrlicht die Familie Pisani in Gegenwart von ›Venetia‹ und unter der Obhut der Muttergottes, ruhmreich umgeben von den Wissenschaften und Künsten sowie den vier Erdteilen. Dieses Fresko »ist das letzte große Bild des Veneto« (Keller); es wirkt wie die Rokokoformen der übrigen Dekoration des Saales schon »erstarrt«, mit kühlen und flau gewordenen Farben und einem »zerrissenen Bildfeld«. – Sehenswert der schöne Garten der Villa.

C. MUSEEN UND SAMMLUNGEN

Gallerie dell'Accademia *(»Accademia«)*

Lage: Am Canal Grande, Anlegestelle »Accademia«. – *Öffnungszeiten* (meist freier Eintritt): Di–Sa 9^{30}–16 Uhr, So 9^{30}–13 Uhr, Mo geschlossen.

Kurzinformation: Die »Accademia« ist die bei weitem umfangreichste und bedeutendste Gemäldesammlung Venedigs, hervorgegangen aus einer ›Akademie‹ der Maler und Bildhauer, die 1750 unter der Leitung von Piazzetta gegründet wurde, und deren erster Präsident seit 1756 Giov. Batt. Tiepolo war. Ihre Verlegung in die jetzigen Räume veranlaßte 1807 Napoleon. Die damals begründete Bildersammlung, die zunächst nur für die Schüler der Akademie gedacht war, konnte sich durch Stiftungen und Ankäufe schließlich zu ihrem heutigen Umfang erweitern. Die Sammlung enthält ausschließlich Werke der Malerei, u.a. von *Gentile* und *Giovanni Bellini*, *Giorgione*, *Carpaccio*, *Paris Bordone*, *Tizian*, *Tintoretto*, *Veronese*, *Jacopo Bassano*, *Tiepolo*, *Canaletto*, *Guardi*, *Carriera* und *Pietro Longhi*. – Venezianische Bronzen und Marmorarbeiten findet man in der Ca'd'Oro (vgl. S. 164). Baudaten zur »Accademia« S. 33.

Allgemeines zur venezianischen Malerei

Venedig, das sich in den ersten Jahrhunderten seiner Geschichte politisch an Byzanz orientierte, befand sich auch hinsichtlich seiner Kunst lange Zeit in völliger Abhängigkeit von seinem östlichen Vorbild. Es waren byzantinische Maler und Mosaizisten, die S. Marco im 11. und 12. Jh. ausschmückten, und gerade an diesen Werken hat sich nachfolgend der venezianische Kolorismus geschult. Doch war es eben diese Mosaikkunst, die als ein konservatives Element die weitere Entwicklung allzu lange blockierte. Erst zu Beginn des 15. Jh. zeichnete sich mit der Berufung *florentinischer* Maler in Venedig eine Wende ab. Der Blick richtete sich nun entschieden nach Westen, wo *Giotto* schon um 1300 eine neue Malweise begründet hatte, die den biblischen Themen einen bis dahin unbekannten seelischen Gehalt zu geben wußte, räumliche Elemente in den Bildaufbau einfügte und zu einer neuen Weise der Komposition vorstieß. Venedig, das erst jetzt den Anschluß an diese Malerei zu gewinnen suchte, lag damit um mehr als hundert Jahre hinter der Entwicklung zurück. Doch griff es die neuen Gestaltungsprinzipien überraschend schnell auf und setzte sich innerhalb weniger Jahrzehnte an die Spitze der europäischen Malerei, wobei sich mit *Giovanni Bellini* (etwa 1480/90) der endgültige Durchbruch vollzog.

Saal 1: Venezianische Tafelmalerei des 14./15. Jh. – Der Raum noch ein Teil der einstigen »Scuola Grande della Carità«. Vergoldete Decke von 1461 ff.

Polyptychon des Paolo Veneziano: Gleich nach dem Treppenaufgang kommt man zu dieser großen Altartafel, die eines der wichtigsten Werke am Anfang der venezianischen Malerei darstellt. Paolo Veneziano (›Maestro Paolo‹) ist der erste große Malername in Venedig. Wir wissen von ihm nur, daß er zwischen 1333 und 1358 tätig war. Auch Paolo pflegte noch die byzantinische Tradition, öffnete sich aber dann der Kunst Giottos, deren Prinzipien er an die Lagunenstadt vermittelte. Sein Werk ist gleichsam ein Schnittpunkt beider Richtungen. Auch das Polyptychon in der »Accademia« zeigt beide Komponenten nebeneinander. Betrachtet man die Szenen aus dem Leben Jesu und sieht, wie hier in lebendiger Weise erzählt wird und wie die Handlung sowohl in den Rahmen wie in die dargestellte ›Natur‹ kompositorisch eingepaßt ist, so gibt es über die Abhängigkeit von Giotto keinen Zweifel. Dem Byzantinischen sehr viel näher stehend sind dagegen die starke und laute Farbgebung und die mit ihr erzielte gleichmäßige Durchmusterung der Bildfläche durch kleine und kleinste Farbteilchen. Dominierend ist die dekorative Gesamtwirkung, nicht die einzelne Szene – Beobachtungen, die fast für alle in diesem Saal gezeigten Tafeln gelten.

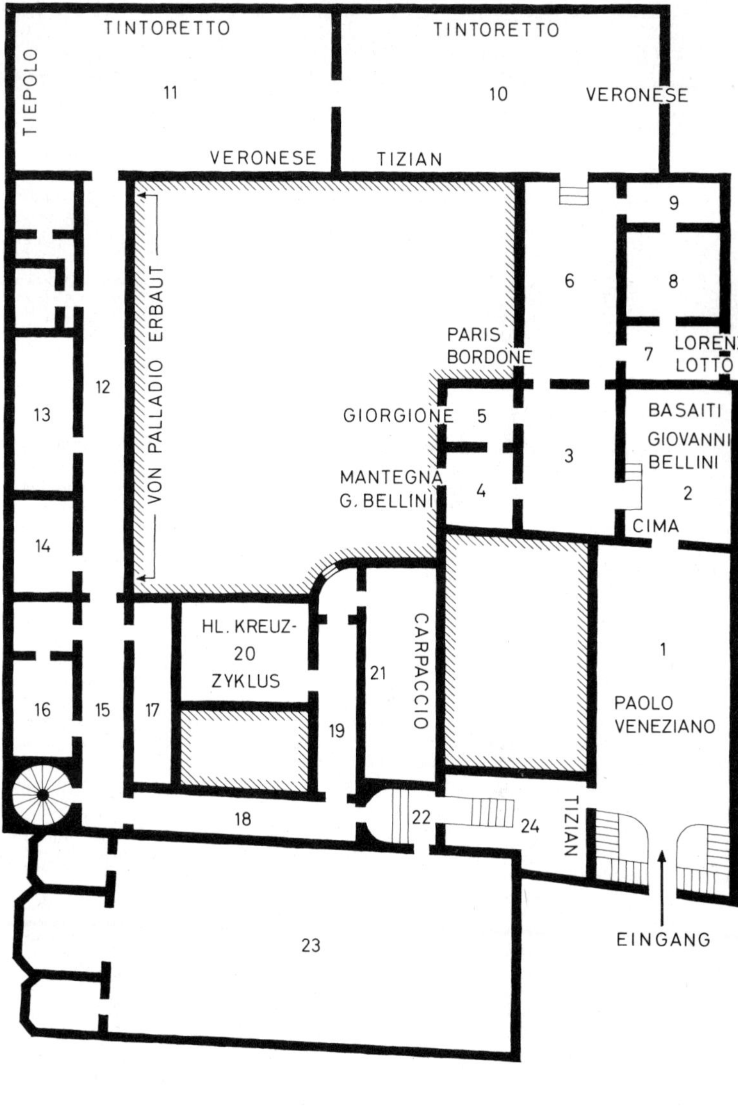

Gallerie dell'Accademia, Orientierungsplan

Wir erwähnen aus Saal 1 noch kurz folgende Werke: Nr. 10, *Lorenzo Veneziano* »Polyptychon« (mit der Verkündigung im Mittelbild), ein Werk, in dem die byzantinische Komponente ausgeschieden ist zugunsten einer rein gotischen Auffassung fast körperlos wirkender Gestalten. – Nr. 24, *Michele di Matteo* »Polyptychon« (1427) mit schönen, die Geschichte des Hl. Kreuzes erzählenden Predellenbildern. – Nr. 1 (am Ende des Saales), *Jacobello del Fiore* »Marienkrönung« (1438).

Saal 2 (»Accademia«)

Giovanni Bellini »Sacra Conversatione« (um 1485): Mit *Giovanni Bellini* (um 1430–1516) erlebt die venezianische Malerei ihre erste nachgotische Hochblüte. Als Lehrer von Giorgione und Tizian, bewundert auch von Dürer, der ihn 1506 in Venedig kennenlernte, steht Bellini am Anfang einer vom Geist der Frührenaissance geprägten Kunstübung. Im Gegensatz zu den spätgotischen Altar- und Andachtsbildern des 14. und 15. Jh. (Raum 1), bei denen sich Goldschmiedekunst und Buntfarbigkeit, Rahmenarchitektur und feingliedriges Lineament jeweils in kleinem Maßstab durchdringen, eröffnet sich in einem Bild wie dem der »Sacra Conversatione« eine neue Dimension: das zu ›antiker Größe‹ gesteigerte, monumentale Altarbild.

Nicht zufällig sind es jetzt ›römische‹ Formen, aus denen sich die Bildarchitektur aufbaut: das kassettierte Tonnengewölbe, das sorgfältig durchgeformte Gebälk mit dem Zahnschnitt und die phantasievollen, der Antike nur nachempfundenen Kapitelle. So entsteht ein großer, einheitstiftender Innenraum, mit dem die gotisch eingeengte Flächenaufteilung der älteren Bilder endgültig überwunden ist. Eine freie, weiträumige Bühne tut sich auf, die nun auch eine neue Art der Bildfigur erfordert, den plastisch durchgeformten, körperhaft in Erscheinung tretenden, frei im Raum sich bewegenden, ›natürlichen‹ Menschen.

Links wendet sich *Franziskus* mit fragender Geste an den Betrachter, ihn gleichsam auffordernd, sich an der Verehrung der Gottesmutter zu beteiligen. Hinter ihm *Johannes d. T.*, der voller Staunen auf das Kind schaut, dessen Gottessohnschaft er predigen wird und das von ihm getauft werden soll. Dann folgt *Giobbe*, der als Titelheiliger (das Altarbild war für die Kirche S. Giobbe bestimmt) betend dargestellt ist.

Rechts verkörpert der *Hl. Dominikus* die Gelehrsamkeit und die ›vita contemplativa‹; dann folgt in schöner Jugendlichkeit die Idealgestalt des *Hl. Sebastian* (ein herrliches Stück Malerei) und schließlich, im Bischofsgewand, der *Hl. Ludwig von Toulouse* als Verkörperung der Kirche.

Eine Umsetzung in die architektonischen Formen der Frührenaissance erfährt auch die alte Bildvorstellung der thronenden Muttergottes. Ihre Erhöhung durch einen steinernen Unterbau ist von der Erfindung her ein in die Zukunft weisendes Thema, das bald darauf von Giorgione und Tizian, dann von Tintoretto und Veronese in immer freierer Form aufgegriffen worden ist. Giorgione vereinfacht schon 1504 (Castelfranco) den Aufbau zu abstrahierenden Flächen und stellt die Madonna vor einen Landschaftshintergrund; Tizian verwendet 1519/26 in der Pesaro-Madonna nur noch einen einfachen, jetzt aber diagonal (!) gestellten Sockel. Beide Maler verzichten auch auf die musizierenden Engel, die bei Bellini noch ein kompositorisch wichtiges, flächenfüllendes Motiv sind. Bellini selbst hat in seinem Spätwerk in S. Zaccaria (1505) nur noch *einen* Engel verwendet und dafür den Mantel der Madonna weit über die Stufen heruntergezogen. Giorgione und Tizian arbeiten nur noch mit Stoff und Drapierung.

Die Madonna selbst ist hier (um 1485) noch eigentümlich schwer und breit angelegt, die Manteldrapierung noch ohne Fluß. Das ändert sich schon wenig später mit der Frari-Madonna (1488) und findet seine glücklichste Lösung 1505 in S. Zaccaria. Auch das Antlitz gewinnt zunehmend einen lieblicheren Ausdruck (man vgl. dazu die Madonnenbilder Bellinis im Saal 4 und Saal 5).

Giovanni Bellini, »Sacra Conversatione«

AVE·VIRGINEI·FLOS·INTEMERAE

Aus Saal 2 erwähnen wir noch: »Berufung der Söhne des Zebedäus« (1510) von *Marco Basaiti* (zwischen 1496 und 1530 in Venedig tätig) mit schöner Landschaft, beeinflußt von Bellini und Giorgione. – Ferner »Madonna unter dem Orangenbaum« (um 1496) von *Cima da Conegliano* (um 1460–1517/18): rahmenlos sind die Figuren vor die offene Landschaft gestellt; links oben Conegliano, der Geburtsort des Künstlers. – *Saal 3:* Venezianische Tafelbilder des frühen 16. Jh., vorwiegend Gemälde, die unter dem Einfluß von Giorgione (vgl. Saal 5) entstanden sind.

Saal 4 (»Accademia«)

Zwei hervorragende Gemälde lassen die Kunst *Giovanni Bellinis* weiter verfolgen. Beide Bilder (Nr. 610 und Nr. 613) zeigen Maria mit dem Jesusknaben zwischen zwei Heiligen, in einer männlichen und einer weiblichen Version (Halbfiguren). Die Bilder werden auf 1490/95 datiert, sind also knapp zehn Jahre nach der »Sacra Conversatione« (um 1485) und der Frari-Madonna (1488) entstanden und zeigen demzufolge auch einen gereifteren Stil, der sich vor allem in einer Vervollkommnung des Bildlichtes und in poträthaften Darstellungen der Heiligen zeigt. Man vergleiche damit die Köpfe des Frari-Bildes (Abb. S. 55): diese sind eindrucksvoll, aber noch immer typisiert, während hier, zumal im Hl. Georg, das Individuelle sehr viel reiner hervortritt (tatsächlich kennen wir aus den Jahren 1490/1500 eine ganze Reihe wirklicher Porträts von Giovanni Bellini).

Mit dem hochformatigen Bild »Der Hl. Georg« (um 1470) lernt man den Schwager Bellinis, den vorwiegend in Mantua als Hofmaler tätigen *Andrea Mantegna* (1431–1506) kennen, die bedeutendste Malerpersönlichkeit der oberitalienischen Frührenaissance, von Donatello nachhaltig beeinflußt. In seinem wissenschaftlich genauen Malstil bildet er den Gegenpol zu dem viel stilleren und empfindungsreicheren Bellini. Mantegnas Bild entstand kurz vor der berühmten Ausmalung der »Camera degli Sposi« im Schloß von Mantua (diese 1474 vollendet).

Weiter ins 15. Jh. zurück reicht das Bild »Der Hl. Hieronymus und ein Stifter« (um 1440/50) von *Piero della Francesca* (1410/20–1492), der durch einen Traktat über die perspektivische Veränderung der Farbe zu einem wichtigen Lehrmeister wurde. Das kleine Täfelchen ist noch ein frühes Werk des Piero und doch »eines der bedeutendsten Bilder der italienischen Malerei«. Es vereinigt landschaftliche Tiefe, südliches Licht, perspektivische Verkürzung und eine vorzüglich abgestimmte Farbskala, die mit Braun, Rot und Weiß ›Poesie‹ erzeugt.

Saal 5 (»Accademia«)

Das querformatige Bild »Santa Conversatione« (Nr. 881) von *Giovanni Bellini*, auch »Madonna Giovanelli« genannt und etwa 1500/1503 gemalt, gehört schon zu den späten Werken des damals 70jährigen Künstlers. Die Madonna hat nun jenen schönen, milden Ausdruck, den die »Sacra Conversatione« von 1485 noch vermissen ließ, den wir aber bald darauf (1505) in S. Zaccaria wiederfinden. In schöner Leuchtkraft erstrahlt auch der landschaftliche Bildhintergrund, der eine Kostbarkeit aus dem Spätwerk Bellinis darstellt. Bildfigur und Landschaft bleiben aber noch deutlich getrennte Schichten. Die Bildfigur in den natürlichen Freiraum nahtlos einzubinden und so zu einer ganz neuen Bildeinheit zu gelangen, das war die epochemachende Leistung Giorgiones (nächstes Bild).

Giorgiones berühmtes Gemälde »Das Gewitter«, wohl kurz vor 1510 entstanden, steht am Anfang der europäischen Landschaftsmalerei, die sich nun zu einer selbständigen Kunstgattung zu entwickeln beginnt. *Giorgione* (1477/78–1510) malte das Bild als ungefähr 30jähriger kurz vor seinem frühen Tod. Der Bildtitel ist seit 1540 überliefert, die Bedeutung der Bildfiguren bis heute ungeklärt.

Giorgione, »Das Gewitter«

Das absolut Neue ist indessen die von Giorgione geschaffene *tonige Malerei.* Die Farbe dominiert jetzt in einem Maße, daß alles linear Umgrenzte wie aufgehoben erscheint. Das ist auch der wesentliche Unterschied zum späten Bellini, der sich in seinen letzten Landschaftshintergründen von Giorgione, seinem Schüler, beeinflußt zeigt, doch dessen Tonmalerei nicht erreicht. Giorgione war vielleicht der erste Maler, der ein Bild ganz als ›Atmosphäre‹ zu geben wußte. Die räumliche Ordnung der Dinge ist bei ihm selbstverständlich und nicht mehr an eine konstruierte Perspektive gebunden; auch ist die Bildfigur malerisch nicht das Primäre. Das eigentliche Thema ist vielmehr die Landschaft, oder allgemeiner gesagt, die ›Natur‹; vielleicht muß man sogar sagen das ›Weltsein‹ als solches. Denn was hier dargestellt ist, das sind Grundelemente des menschlichen Daseins: die Gegenüberstellung von Mann, Frau und Kind, von mütterlichem Sein und männlichem Wesen, von Geborgenheit und Bedrohung (Blitz), von Werden (Kind) und Vergehen (Ruine), Verweilen und Weiterziehen, Licht und Dunkelheit, Stadt und Land.

Saal 5 (Fortsetzung): An zwei Beispielen läßt sich noch einmal die Welt Bellinis mit derjenigen Giogiones vergleichen. Von *Bellini* stammen die fünf kleinen Täfelchen mit allegorischen Darstellungen, die um 1490/95 gemalt, zu einem Rundspiegel gehört haben sollen. Im einzelnen strittig sind die von der Forschung gegebenen Erklärungen, wie etwa »Barke des Glücks«, »Entlarvung der Lüge«, »Fortuna« (mit verbundenen Augen) oder »Vanitas« (die Eitelkeit). Die Darstellungen bewegen sich somit im Umkreis eines moralisierenden Humanismus und sind darin noch immer der mittelalterlichen Symbolsprache verwandt, die ihre Aussagen in den bildlichen Vergleich kleidet und mit Gegenüberstellungen arbeitet. So auch hier, wo einem erblühten Frauenkörper das Gesicht einer verhutzelten Alten entgegengestellt wird, deren Anblick im Spiegel, also indirekt (d.h. als Anspielung) sichtbar ist. *Giorgione*, der dasselbe Thema behandelt, wirkt hier viel unmittelbarer und ›moderner‹. Sein Bild einer »Alten Frau« bedarf keiner weiteren Symbolik; es spricht für sich, meint aber ebenso die ›Vergänglichkeit‹, wie die Aufschrift »il tempo« zeigt.

In Saal 6 ist das großformatige Bild »Ein Fischer überreicht dem Dogen den Ring des Hl. Markus« (um 1555) von *Paris Bordone* (1500–1571) ein wichtiges Zeugnis für die Generation *nach* Giorgione. Die neuen Kunstmittel werden nun schon wie selbstverständlich beherrscht, verleiten aber auch zu ›manieristischen‹ Übersteigerungen. Die malerische Charakterisierung des Fischers und noch mehr die des Dogen sind von ergreifender menschlicher Tiefe, doch wird das Bildganze durch eine perspektivische Überzeichnung belastet. Die Architekturkulisse will indessen nur die Bedeutung des Vorgangs unterstreichen: denn der Ring, den der Fischer darbringt, stammt vom Hl. Markus selbst! – eine der zahlreichen Legenden, die Venedigs Sonderstellung religiös legitimieren sollte.

In demselben Saal: »Das Gastmahl des reichen Mannes« von *Bonifacio de' Pitati* (1487–1553). Der Maler nimmt das religiöse Thema zum Anlaß, um die vornehme venezianische Gesellschaft, die musikalische Unterhaltung, die Abendstimmung im Garten in kostbaren Farben nachzuzeichnen. Die Beliebtheit seiner Bilder ist für das Venedig des frühen 16. Jh. recht typisch. Doch insgeheim nistet in diesen Bildern schon der ›manieristische‹ Zweifel an der Beständigkeit der Verhältnisse: da gibt es den störenden Bettler, da lodert ein Brand auf, da bringen Boten unheilvolle Nachricht.

Im Saal 7 ist das »Bildnis eines Edelmannes in seinem Studierzimmer« (um 1526) von *Lorenzo Lotto* (um 1480–1556) ein weiteres Beispiel für die ›manieristische‹, seelisch labile Haltung der Zeit um 1520/50. Lorenzo Lotto ist dafür schon als Künstlerexistenz typisch: hochbegabt, ja genial, aber unstet, immer auf Wanderschaft, einsam und zur Schwermut neigend. So auch sein Bild: der junge Mann sehr gepflegt, aber schmal und blaß, eine asketische Gestalt, nachdenklich, ja durchgeistigt, aber kühl und distanziert sich uns entziehend.
Im Saal 8 drei Bilder von *Pitati* und ein Spätwerk von *Palma d.Ä.* »Bethlehemitischer Kindermord«. – *Im Saal 9* Werke von *F. Vecellio* und der Tintoretto-Werkstatt.

Saal 10 (»Accademia«)

Wir nennen als erstes das »Markuswunder« (1548) von *Jacopo Tintoretto* (1518 bis 1594), ein hochdramatisches Bild, das Tintoretto mit 30 Jahren berühmt gemacht hat. Der Bildinhalt ist kurz folgender: Ein Sklave, der, dem Verbot seines Herrn zuwiderhandelnd, eine Reise zum Grab des Hl. Markus unternahm, sollte durch Blendung und Brechen der Beine bestraft werden; doch durch das Eingreifen des Heiligen zerbrechen die Marterwerkzeuge, und alle Versuche, den Sklaven zu töten, schlagen fehl, was schließlich zur Bekehrung seines Herrn führt. – Tintoretto erzählt diesen Vorgang so spontan und mit ›manieristischen‹ Akzenten, daß sein Bild den bis dahin geltenden Kompositionsregeln völlig widersprach (weshalb ihn auch Tizian kritisierte).

 Jac. Tintoretto, »Markuswunder« (Ausschnitt)

Tintoretto, rund 60 Jahre jünger als Tizian, gehört zur ›manieristischen‹ Generation. Er teilt die innere Unruhe seiner Zeit, das erregte Fragen, das leidenschaftliche Suchen, richtet aber seine ganze Kraft auf die großen Themen der Religion, deren er sich fast gewaltsam, ekstatisch und visionär, zu vergewissern sucht. Das »Markuswunder« ist zwar noch ein Frühwerk mit bunten Farben und von Michelangelo beeinflußten Bildfiguren, aber gewisse Grundzüge von Tintorettos späterem Schaffen treten schon klar hervor. Dazu gehören vor allem die Dramatisierung durch ungewöhnliche Perspektiven, durch Lichtwirkungen, kräftige Hell-Dunkel-Effekte und eine vielschichtige Komposition.

Einer der starken Akzente ist hier der am Boden liegende Sklave: eine prachtvolle, in hellstes Licht getauchte Aktstudie von kühner perspektivischer Verkürzung. In dieser Sklavengestalt lebt noch etwas von renaissancehafter Größe und Schönheit, während der Bildcharakter als solcher sehr viel unruhiger und aufgewühlter ist. Links drängen die Menschen ungeduldig und neugierig nach vorne, um an dem ›Wunder‹ teilzunehmen; rechts verharren Soldaten, Diener und Höflinge in Ungewißheit und Furcht über den Ausgang des Geschehens. Mit pathetischer Geste zeigt einer der Schergen seinem Herrn (außerhalb unseres Bildausschnittes) die zerbrochenen Werkzeuge. Unbemerkt von den Herumstehenden schwebt über dem Sklaven die Gestalt des Hl. Markus, die in steiler Untersicht und von rückwärts gesehen ist – als Bildfigur eine der grundlegenden Erfindungen Tintorettos, die bald darauf auch Veronese aufgreift (Abb. S. 123), und die dann weiterwirkt bis hinein in die barocke Deckenmalerei.

Weitere *Tintorettobilder* zur Markuslegende: Nr. 831 (rechts) »Entführung des Leichnams aus Alexandrien« (1566) mit ›magischer‹ Lichtmalerei; Nr. 283 (links) »Errettung aus Seenot« (1568); Nr. 875 »Traum des Hl. Markus«, ein Frühwerk.

»Das Gastmahl im Hause des Zöllners Levi« (1573) von *Paolo Veronese* (1528 bis 1588): Veronese ist in seiner Bildwelt der genaue Gegenpol zu Tintoretto; nicht grüblerisch suchend und erfüllt vom Wunder der Religion, sondern sich hingebend an die bunte Kulisse dieser Welt, der er mit untrüglichem Sinn für große Wirkungen prächtig zu inszenieren wußte. Aus dem schlichten biblischen Bericht, wonach Jesus im Hause eines Zöllners zu Tische saß, macht Veronese ein breit angelegtes bühnenartiges Monumentalbild mit einer weitgespannten, dreiteiligen Bogenhalle und einer figurenreichen, sorgfältig arrangierten Festgesellschaft. Veronese, nur zehn Jahre jünger als Tintoretto, steht damit mit seinen Bildern dem Lebensgefühl der Hochrenaissance (1500/1520) sehr viel näher als seiner eigenen Zeit, weist aber umgekehrt auch auf den kommenden Barock voraus. Seine Bildwelt blieb indessen nicht unwidersprochen. Ein venezianisches Inquisitionsgericht bezichtigte ihn noch in demselben Jahr, in dem das Levibild gemalt wurde, eben seiner ›Gastmähler‹ wegen, der Gottlosigkeit, doch wußte sich Veronese glänzend zu rechtfertigen: er beanspruche für die Maler dieselbe Freiheit, die man den Poeten gewähre.

In eine völlig andere Welt begeben wir uns mit der Betrachtung der »Pietà« von *Tizian* (1476/77–1576), seinem letzten, unvollendet gebliebenen Bild, bestimmt für sein Grab in der Frarikirche (Engel und Putto von *Palma d. J.*). Tizian steht am Ende seines Lebens, als ihm der tote Christus zum Thema wird. Man denkt unwillkürlich an die »Pietà« seines Lehrers, Giovanni Bellini (Saal 5), spürt aber auch sofort den sehr viel herberen Grundton, der für Tizians männlichere Welt stets charakteristisch war. Wo Bellini einen lieblichen Landschaftshintergrund wählt, da genügt Tizian eine rustikale Nischenarchitektur, deren Apsis er in echt venezianischer Weise mit einem Goldmosaik überzieht. Die große Vereinfachung prägt nun schon länger das Alterswerk des Malers. Die Farbe beginnt sich aufzulösen, als ob die genaue Erfassung der Dinge unwesentlich geworden sei. Auch die »Pietà« selbst ist von ergreifender Zurückhaltung und Scheu, so, als solle Christus letztlich nicht berührt werden.

Paolo Veronese, »Gastmahl« (Ausschnitt)

LVCA CAP. V

Saal 11 (»Accademia«)

Im vorderen Raumteil (rechte Wand): Werke von *Jacopo Tintoretto* (1518–1594). Hervorzuheben Nr. 41 »Kain und Abel« sowie Nr. 43 »Adam und Eva«. Das Breitformat ist mit Rücksicht auf die Räumlichkeiten einer Scuola gewählt und zwingt Tintoretto zu neuen Bildkonzeptionen, z.B. Adam und Eva sitzend, was völlig unüblich war.

An der linken Wand eine Reihe guter Bilder von *Paolo Veronese* (1528–1588): »Die mystische Vermählung« (ein Spätwerk), dann die »Verkündigung« (um 1581), ferner »Die Muttergottes mit Heiligen« (nach 1562), diese von großem Einfluß auf die Barockmalerei; man vgl. Bewegung und Theatralik mit der schönen Ruhe in Tizians Pesaro-Madonna von 1519/26 (Abb. S. 59).

Rückwärtiger Raumteil: An der Schmalwand ein Fries »Eherne Schlange« (um 1734). Gemälde und Freskoreste von *Giov. Batt. Tiepolo* (1696–1770) aus dessen Frühzeit. Tiepolo malte vornehmlich für die Aristokratie und erneuerte in einer historisch schon sehr späten Stunde noch einmal die Malerei Veroneses, von dem ihn fast 170 Jahre trennen. Dazwischen liegt das 17. Jh., das keinen venezianischen Maler von wirklichem Rang hervorgebracht hat. Noch vor 1600 waren gestorben: Lorenzo Lotto (1556), Tizian (1576), Jac. Bassano (1592), Veronese (1588), Tintoretto (1594). Aber erst nach 1700 hören wir wieder klangvolle Namen: Sebastiano Ricci, Piazzetta, Canaletto, Tiepolo, Pietro Longhi, Francesco Guardi. Tiepolo bildet somit eine Brücke zwischen dem 16. und dem 18. Jh. Seine Farbskala wird von hellen und optimistischen Tönen bestimmt: Königsblau, Zitronengelb, Goldgelb, Silbergrau und Zinnober – ein später ›venezianischer‹ Farbklang, der nicht ohne Einfluß auf die süddeutsche Malerei geblieben ist.

Eine Reihe anderer Gemälde in demselben Saal stammt von nichtvenezianischen Malern, die im 17. Jh. die fehlenden heimischen Kräfte ersetzen mußten. So ist das Altarblatt »Daniel in der Löwengrube« von *Pietro da Cortona* (1596–1669) ein Beispiel für den ›römischen‹ Barock. Ganz anders die »Kreuzabnahme« (um 1650) und die »Kreuzigung Petri« (1692) von *Luca Giordano* (1632–1705), einem phantasiebegabten malerischen Routinier, der mit dekorativen Hell-Dunkel-Effekten, einem raffinierten Kolorit und der leichten Art seiner Kompositionen schon auf das 18. Jh. vorausweist.

Räume 12–19 (»Accademia«)

Raum 12, Korridor (Teil des von Palladio erbauten Konvents): Venezianische Landschaften von *Francesco Zuccarelli* (1702–1788), *Giuseppe Zais* (1709–1784) und *Marco Ricci* (1676–1729). – *Saal 13:* Venezianische Maler aus der 2. Hälfte des 16. Jh., u.a. *Jacopo Bassano* (um 1515–1592), *Andrea Schiavone* (1522–1563) sowie Porträts von *Tintoretto* (1518–1594). – *Saal 14:* Gemälde des 17. Jh. von den drei nichtvenezianischen Malern *Domenico Fetti* (1589–1623) aus Rom, *Bernardo Strozzi* (1581–1644) aus Genua und *Johann Liss* (um 1597–1629/30) aus Oldenburg. Alle drei haben der venezianischen Malerei in der Zeit ihrer größten Schwäche neue Impulse gegeben. – *Raum 15, Korridor:* Gemälde von *Antonio Pellegrini* (1675–1741) und *Giov. Batt. Pittoni* (1687–1767). Pittoni gehört zusammen mit Piazzetta und Tiepolo zu den Erneuerern der venezianischen Malerei im 18. Jh. In seinem frischen und eleganten Malstil überwindet er die schweren barocken Formen. Seine Farben sind raffiniert gewählt, das Hell-Dunkel ist effektvoll. – *Saal 16:* Frühwerke (1720/22) von *Giov. Batt. Tiepolo* (1696–1770); ferner ein Hauptwerk von *Piazzetta* (1682–1754) aus dessen reifer Zeit »Die Wahrsagerin«, farblich wie psychologisch faszinierend. – *Saal 17:* Venezianische Veduten und Genrebilder des 18. Jh. sowie drei der besten Pastellporträts von *Rosalba Carriera* (1675–1757). – *Raum 18/19, Korridore:* Gemälde des 18. und 16. Jh.

Vittore Carpaccio, »Ursula-Legende« (Ausschnitt)

Saal 20 (»Accademia«)

Hochberühmt und eine der größten Sehenswürdigkeiten der »Accademia« ist der hier gezeigte Gemäldezyklus »Wunder der Hl. Kreuzreliquie« (1494/1501) mit Bildern von *Gentile Bellini*, *Vittore Carpaccio*, *Giovanni Mansueti* und *Lazzaro Bastiani* – gemalt für die Scuola Grande S. Giovanni Evangelista. Die religiöse Thematik wird zum Anstoß für eine »einzigartige Selbstdarstellung der Stadt als Bauwerk um 1500 und des Lebens, das sie erfüllte« (Hubala), u. a. auch mit einer authentischen Wiedergabe des Markusplatzes. – *Gentile Bellini* (um 1429–1507) ist der Bruder des heute berühmteren Giovanni Bellini, war aber zu seinen Lebzeiten hoch geschätzt. Venedig z.B. sandte ihn als den ›besten Porträtisten‹ nach Konstantinopel, um dort den Sultan zu malen.

Saal 21 (»Accademia«)

Kaum weniger berühmt als der zuvor genannte Zyklus ist die Bilderfolge zur »Ursula-Legende« (1490–1500), dem malerischen Hauptwerk von *Vittore Carpaccio* (1455/56–1526). Ursula, eine bretonische Königstochter, steht vor der Verheiratung mit einem englischen Prinzen; sie erleidet jedoch auf einer Reise zu christlichen Heiligtümern in Köln den Märtyrertod. Carpaccio erzählt die Legende mit einem typisch venezianischen Sinn für alles Zeremonielle, für Kostüm und Repräsentation. Seine Bilder lesen sich in der Fülle ihrer Details wie Berichte aus fernen Ländern. Da gibt es Segelschiffe und Hafenanlagen, Phantasiebauten und Stadtansichten, Gärten und Innenräume, Ankunft und Abschied.

Das alles ist äußerst zart und flächenhaft gesehen, sehr still und gleichsam wie ›lebende Bilder‹ arrangiert, noch erfüllt vom Hauch der Frührenaissance und getragen von einem untrüglichen Sinn für alles Dekorative; dabei farblich ganz auf einer Skala herrlicher Brauntöne aufgebaut, eine Farbgebung, die in Venedig eine lange Tradition haben sollte: Gentile Bellini, Spätwerke Tizians und Tintorettos, Piazzetta und Belotto.

Saal 23 (oberer Teil der einstigen Klosterkirche, das Holzgewölbe des 15. Jh. wiederhergestellt): Altarbilder des 15. und frühen 16. Jh. von unterschiedlicher Qualität, u. a. von *Alvise* und *Bartolomeo Vivarini* und *Gentile Bellini*.

Raum 24: Dem Fenster gegenüber »Tryptychon« (1446) von *Antonio Vivarini* (um 1415–1476/84) zusammen mit *Giovanni d'Alemagna*. Das Bild steht merkwürdig unfrei zwischen Gotik und Renaissance: die Madonna noch ikonenhaft starr, die Architektur perspektivisch erfaßt, aber gotisch ›dünn‹, die Kirchenväter noch unbeweglich und prunkbeladen; im ganzen aber ein schöner, räumlich offener Bildeindruck. Man vgl. damit Giovanni Bellinis Frari-Madonna von 1488 (Abb. S. 55).

Tizian, »Tempelgang Mariä«

Tizians »Tempelgang Mariä« (1534/1538)

Tizian malte dieses großformatige, wandfüllende Bild mit etwa 60 Jahren. Nach der »Assunta« (1518) und der »Pesaro-Madonna« (1519/1526) eine neue Bildform: das extreme Breitformat. Man denkt an Vittore Carpaccio. Aber im Vergleich zu jenem (um 1500) ist Tizian in allem kräftiger, plastischer, männlicher – eine Frage des persönlichen Temperaments, aber auch der Stilstufe: nicht Früh-, sondern Hochrenaissance. Architektur und Landschaft, Nähe und Ferne, Gruppenbild und Einzelfigur, Bewegung und Ruhe – das sind Polaritäten, die dem Bild eine genau kalkulierte Spannung verleihen. Venezianisches steht neben Antikem, ein Steinmuster wie beim Dogenpalast neben Säulenkolonnade, Pyramide und Torso. Zur Gruppe gehört der landschaftliche Tiefenraum, zur Bauersfrau das rustikale Mauerwerk, zur Maria die Säulenarchitektur und das Licht (!), zum Hohenpriester das Podest. Tief und warm sind die Farben, die von innen heraus leuchten.

Hervorragend ist die Einpassung des Gemäldes in den räumlichen Zusammenhang unter Einbeziehung der beiden Türen. Alles wirkt frisch, lebendig und völlig natürlich.

Venezianische Wohnkultur des 15. Jh. sowie Gemälde, Bronzen und Marmorarbeiten vorwiegend des 16. Jh. – Sehr schöner Innenhof mit Brunnen (1427) von Bart. Bon

Ca'd'Oro – Galleria Franchetti: Am Canal Grande, Anlegestelle »Ca'd'Oro« (eine Station nach Rialto, flußaufwärts). – *Geöffnet:* Mo–Sa 9^{30}–16 Uhr, an Sonn- und Feiertagen 9–12^{30} Uhr. – Privatsammlung des Baron Giorgio Franchetti, der sie 1915 der Stadt Venedig schenkte, seit 1927 in Staatsbesitz. Bilder und Kunstwerke sind nicht beschriftet (Illustrierter Führer an der Kasse).

Sehenswert der Hof des Palastes: eine Wiederherstellung unter Verwendung originaler Teile. In der Hofmitte eine *Zisterne*, die, wie häufig in Venedig, in Form eines *Kapitells* gebildet ist: eine vorzügliche Marmorarbeit von *Bartolomeo Bon*, der auch an der »Porta della Carta« des Dogenpalastes mitgearbeitet hat.

1. Stock (Räume 1–6): In der *Diele* u.a. Bildnisbüsten von *Alessandro Vittoria*. Decke und Wandtapeten modern. – *Raum 1:* Tapisserien und Kleinbronzen des 15./16. Jh. – *Raum 2: Paris Bordone* »Venus und Amor«. – *Raum 3:* Renaissanceplastik. – *Raum 4:* Decke Anfang 15. Jh. Von *Tizian* »Venus vor dem Spiegel«. – *Raum 6: Andrea Mantegna* »Hl. Sebastian« (1486/1492).

2. Stock (Räume 7–18): *Diele* mit Gemälden von *Bonifacio Pitati*. – *Raum 7: Van Dyck* »Bildnis eines Edelmannes« (1622/27). – *Raum 8:* 18. Jh. und beginnender Klassizismus. – *Raum 9:* 15./16. Jh. (Toskanische Malerei). – *Raum 10:* Venezianer des 16. Jh. – *Raum 11:* Medaillensammlung, Gemälde, Skulpturen. – *Raum 13:* Italienische Kleinbronzen. – *Raum 14:* u.a. flämische Malerei. – *Raum 15:* u.a. plastische Entwürfe für »Nil« und »Rio de la Plata« von *Berninis* Vierströmebrunnen auf der Piazza Navona in Rom (1647/52).

Venezianische Stadtgeschichte und Malerei des 14./15. Jh. bis zum frühen 16. Jh. – Ferner die Stadtgeschichte nach Auflösung der Republik 1797

Museo Correr (mit *Museo del Risorgimento*): Neue Prokuratien, Eingang an der Schmalseite der Piazza di S. Marco (mittlere Passage). – *Geöffnet:* Mo–Sa 9–17 Uhr, an Sonn- und Feiertagen 9–12^{30} Uhr. – Den Grundstock des heutigen Stadtmuseums bilden die umfangreichen Sammlungen, die Teodoro Correr 1830 der Stadt Venedig vermachte. – *Treppenhaus* 1810–1814, *Sala del Ballo* 1822, Korridor mit ›pompejanischen‹ Malereien.

Kulturgeschichtliche Abteilung (Säle 1–14): Zu Beginn Ansichten und Pläne der Stadt Venedig, darunter die weltberühmte Darstellung von *Jacopo de' Barbari* (Holzschnitt von riesigen Ausmaßen: Venedig vor 1500). – Im *Saal 1* ein wichtiges Jugendwerk von *Antonio Canova* »Dädalus und Ikarus« (vor 1779). – *In den folgenden Sälen* die Themengruppen: Staatszeremoniell, Markuslöwe, Dogengeschichte; dann Urkunden und Amtstrachten. – Hervorzuheben die bedeutende Sammlung venezianischer Münzen *(Saal 11)*. – Es folgen weiter: Porträts sowie Dokumente zur Flottengeschichte (vgl. zur Schlacht von Lepanto S. 117). – Die 1. Abt. schließt mit dem kleinen *Museo del Risorgimento* mit Dokumenten aus der Geschichte Venedigs nach 1797.

Gemäldesammlung: Malerei vorwiegend des 14. und 15. Jh. *(Säle 1–10)*. Hervorzuheben in *Saal 11:* »Der tote Christus« (um 1476) von *Antonello da Messina* (von großem Einfluß auf die venezianische Malerei vor Giovanni Bellini). Im *Saal 13* wichtige Frühwerke von *Giovanni Bellini*. In den *Sälen 14–16* u.a. Werke von *Alvise Vivarini, Cima da Conegliano, Vittore Carpaccio, Lazzaro Bastiani*.

Venezianische Kunst und Wohnkultur des 18. Jahrhunderts

Museo del Settecento Veneziano: Untergebracht im Pal. *Ca'Rezzonico* am Canal Grande, Anlegestelle »Ca'Rezzonico« (erste Station nach der »Accademia«, Richtung Rialto). – *Geöffnet:* Mo–Sa 9–12^{30} Uhr und 14^{30}–18^{30} Uhr, an Sonn- und Feiertagen 9–12^{30} Uhr. – An der Kasse ein Katalog mit über 300 Abb.

Die außerordentlich reichhaltige Sammlung, die sich in drei Stockwerken über annähernd 40 Räume erstreckt, umfaßt u.a. Seidentapeten, flandrische Bildteppiche, Lüster, Kandelaber und Statuen; Schränke, Kommoden und Sessel; Lackmöbel, Chinoiserien, Majoliken, Porzellan und Keramik; Kostüme, Stoffe und Marionetten. Im 3. Stockwerk u.a. eine alte Apotheke.

Hervorzuheben sind einige hervorragende Deckenmalereien von *Giov. Batt. Tiepolo* (Säle 2, 6, 8, 14), meist von 1758, *Francesco Guardi* (Saal 29) sowie *Giamb. Crosato* (Ballsaal und Saal 4), der leicht mit Tiepolo verwechselt werden kann. Ferner sind zu nennen: *Rosalba Carriera* (1675–1757), die berühmte venezianische Porträtistin des 18. Jh. (Saal 4), deren Pastellbilder einst in ganz Europa bekannt und begehrt waren. Dann im Saal 13: *Piazzetta, Joh. Liss, Giuseppe Zais.* Im Saal 14: Mehr als 30 Bilder von *Pietro Longhi* (1702–1785) und seiner Werkstatt. Longhi ist ein humorvoller Sittenschilderer. Anders als Canaletto, der uns vor allem das venezianische Stadtbild überliefert, berichtet uns Longhi von den Menschen und ihrem Alltag. – Im Saal 16: *F. Guardi.*

Venezianische Malerei des 14. bis 18. Jahrhunderts
(ehemalige Privatsammlungen)

Pinacoteca Querini-Stampalia *(Pal. Querini-Stampalia):* Nähe Campo S. Maria Formosa (Planziffer 26). Vgl. Abb. S. 127: Zugang zum Palast über die am rechten Bildrand zu sehende Brücke des kleinen benachbarten Platzes. – *Geöffnet:* Mo–Sa 9–17 Uhr, an Sonn- und Feiertagen 10–12 Uhr.

Die Sammlung, eine Stiftung des Grafen Giovanni Querini-Stampalia (1869), ist in dessen ehemaligem Familienpalast untergebracht, wo die Bilder heute wie ehedem in der gleichen, vom Besitzer festgelegten Anordnung hängen. *Der Palast* stammt aus dem 16. Jh., die vorzügliche Ausstattung überwiegend aus dem 18. Jh. Im 1. Stock befindet sich die Bibliothek (mehr als 100000 Bände), im 2. Stockwerk die Gemäldesammlung (20 Räume).

Es sind u.a. vertreten: *Sebastiano Bombelli* (Saal 3), *Palma d.J.* (Saal 4), *Andrea Schiavone* (Saal 5). Dann als wertvollstes Bild (Saal 8) »Die Darbringung im Tempel« von *Giovanni Bellini*; ferner Bildnisse von *Palma d.Ä.* – Das Dekkenfresko im Saal 9 wahrscheinlich von *Sebastiano Ricci.* – Wir nennen noch *Pietro Longhi* (Säle 11–13) und *Marco Ricci* (Saal 14). Hervorragendes *Mobiliar* in den Sälen 15–18. Im Saal 18 auch ein von *Giov. Batt. Tiepolo* gemaltes Porträt. Im Saal 19 ist die »Muttergottes« von *Bernardo Strozzi* hervorzuheben. Saal 20 Speisesaal.

Kunstsammlungen des Seminario Patriarcale *(Pinacoteca Manfrediniana):* Untergebracht im Seminargebäude links von der Kirche S. Maria della Salute (Planziffer 33). – *Geöffnet:* Mo–Fr 11–12 Uhr. – Es handelt sich um Bestände aus einer Stiftung des Florentiner Marchese Federigo Manfredini (1829): Im *Vorraum* Reliefs und Porträts (14./15. Jh.). – Im *Saal 1:* Gemälde des 13. bis 15. Jh., u.a. von Antonio Vivarini, Konrad Laib, Filippino Lippi, Cima da Conegliano. – Im *Saal 2:* Neben einer größeren Gruppe von Terrakottabüsten von *Alessandro Vittoria* (1524–1608), die durch lebendige Charakterisierung auffallen, sind u.a. Paolo Veronese und Beccafumi vertreten. – Im *Saal 3* ist vor allem zu nennen die »Bildnisbüste des Giammatteo Amadei«, ein Hauptwerk von *Antonio Canova* (1757–1822). – In der *Bibliothek*, u.a. ein spätes Deckenbild »Ruhm der Wissenschaften« (um 1720) von *Sebastiano Ricci* (1659/60–1734).

Griechische Kunst, u.a. elf originale Skulpturen des 5. und 4. Jh. v. Chr. (Saal 4)

Museo Archeologico: Untergebracht in der Markusbibliothek (Libreria Vecchia di S. Marco), *Zugang* an der Piazzetta, 6. Arkade nach dem Campanile Richtung Lagune. – *Geöffnet:* Di–Sa 9–14 Uhr, an Sonn- und Feiertagen 9–13 Uhr. – Grundstock des Museums sind die Sammlungen des Patriarchen von Aquileia, Domenico Grimani (Stiftung 1523) und seines Neffen Giovanni (Stiftung 1593).

Zur Ausstattung der Innenräume: Treppenhaus (um 1545/50) mit Gewölbestukkaturen, Grotteskenmalereien und allegorischen Darstellungen, der »Scala d'Oro« des Dogenpalastes (vgl. S. 112) wohl um einige Jahre vorausgehend. – Das *Vestibül* (Antisala): Deckengemälde »Die Weisheit« *(Tizian)*, Wandgliederung erst unter *Vincenzo Scamozzi* (1597). – *Der große Saal* (Sala della Libreria) 1929 wiederhergestellt; *Gewölbe* mit allegorischen Darstellungen (Erbauungszeit), *Wandbilder* mit Philosophenporträts (nach 1570). Das Porträt links an der Rückwand von *Jacopo Tintoretto.*

Binnenhof: Statuen, Altäre. – *Obergeschoß, Saal 1:* Griechische Inschriften. – *Saal 2:* Münzkunst. – *Saal 3:* Kopien nach griechischen Skulpturen des strengen Stils (480/450 v. Chr.) und andere Kultbilder. – *Saal 4:* Elf originale Bildwerke aus klassischer Zeit. Weibliche Gottheiten (Demeter, Persephone, Hera). Ferner nichtattische Statuetten, die Werke der Großplastik in einen kleineren Maßstab umsetzen. – *Saal 5:* Römische Kopien griechischer Großplastik und einige griechische Originale des 5. und 4. Jh. v. Chr. – *Saal 6:* Werke des 4. Jh. v. Chr. – *Saal 7:* Kleinkunst. – *Saal 8:* Drei Gallierfiguren (um 150 v. Chr.), Kopien nach einem Weihegeschenk König Attalos II. aus Pergamon für die Athener Akropolis; thematisch wird hier der Untergang des Galliervolkes am Beispiel von Einzelkämpfern gezeigt. – Ferner: ein bedeutendes Weiherelief an die kleinasiatischen Gottheiten Kybele und Attis (um 230 v. Chr.). – *Säle 9 und 10:* Porträts. – *Raum 11:* Reliefs, z. T. von Sarkophagen – *Säle 12 und 13:* Sarkophagreliefs und Bildnisse. – *Saal 15:* römische Inschriften. – *Saal 16:* Nachbildungen antiker Werke. – *Saal 17:* Weihereliefs. – *Saal 18:* ehemals Sammlung des Museo Correr. – *Saal 19:* Kleinkunst in Bronze und Ton. – *Saal 20:* Denkmäler aus Ägypten und Mesopotamien.

Bücher, Inkunabeln, Buchillustration, Handschriften, Zeichnungen

Biblioteca Nazionale Marciana: Untergebracht in der *Zecca*, dem ehemaligen Münzgebäude (Zugang von der Piazzetta aus). – *Geöffnet:* Mo–Fr 10–12 Uhr. – Den Grundstock bildet eine Stiftung des Patriarchen von Konstantinopel, der 1468 der Republik Venedig rund 900 Handschriften vermachte. Durch die Säkularisation kamen im 19. Jh. umfangreiche Bücherbestände aus venezianischen Klöstern hinzu. Heutiger Bestand etwa 750000 Bände, etwa 3000 Inkunabeln, 13000 Handschriften, davon allein 1200 griechische Codices.

Collezioni della Fondazione Giorgio Cini: Untergebracht in den Klostergebäuden von S. Giorgio Maggiore (Planziffer 35). *Anmeldung erforderlich.*

Pinacoteca Querini-Stampalia *(Pal. Querini-Stampalia):* Drei Minuten vom Campo S. Maria Formosa (Planziffer 26) entfernt. – *Geöffnet:* Mo–Sa 9–17 Uhr, an Sonn- und Feiertagen 10–12 Uhr. – Ehemalige Privatsammlung des Grafen Giovanni Querini-Stampalia, 1869 der Stadt Venedig gestiftet: 100000 Bände.

Raccolte dei Padri Armeni Mechitaristi: Untergebracht auf der *Insel S. Lazzaro degli Armeni*, Richtung Chioggia, gegenüber Malamocco (die Insel wurde 1717 dem armenischen Mönch Mechitar überlassen). – *Geöffnet:* Mo–So 15–17 Uhr. Sammlung von Handschriften und Büchern. Gemälde von P. Giovane, Tiepolo, Aless. Longhi.

Ikonen, Orientalische Kunst, Porzellan

Museo di Icone dell'Istituto Ellenico: Bei S. Giorgio dei Greci (Planziffer 29). – *Geöffnet:* Mo–Fr 9–12^{30} Uhr. – Griechische Ikonen des 15.–18. Jh.

Museo d'Arte Orientale: Im 3. Stock des *Pal. Pesaro* am Canal Grande, Anlegestelle »S. Stae«. – *Geöffnet:* Di–Sa 9^{30}–16 Uhr, an Sonn- und Feiertagen 9–12^{30} Uhr. – Orientalische Kunst, ehemals Sammlung des Grafen von Bardi.

Raccolte d'Arte Orientale e di porcellane: Untergebracht im Pal. *Ca'del Duca* am Canal Grande, Anlegestelle »S. Samuele« (nächste Station nach der »Accademia«, flußaufwärts). – *Geöffnet:* nur im Sommer, täglich außer Di und Do. – Porzellan und orientalische Kunst aus zwei Privatsammlungen.

Venezianische Gläser (Murano)

Museo Vetrario di Murano *(Glasmuseum):* 1861 begründet, heute im *Pal. Giustinian*; eine Sammlung von europäischem Rang (vgl. Kartenskizze S. 146).

Ausgestellt sind u.a.: Emailliertes Glas – undurchsichtiges, schattiges, einfarbiges Glas – Milchglas als Imitation von Porzellan – Fadenglas – Glasgravur mit dem Diamanten – Goldverziertes Glas – Perl- und Edelsteinimitation – Gläser mit malerischem Dekor – vielfältige Gefäßformen.

Moderne Kunst

Galleria Internazionale d'Arte Moderna: Untergebracht im Pal. Pesaro am Canal Grande, Anlegestelle »S. Stae« (zweite Station nach Rialto, flußaufwärts). – *Geöffnet:* Di–Sa 9–17 Uhr, an Sonn- und Feiertagen 9–12^{30} Uhr, Mo geschlossen. – Die Sammlung wurde 1897 begründet und ist heute eine der bedeutendsten dieser Art in Italien. U.a. Werke von Lenbach, Stuck, Klinger, Liebermann. Von Rodin »Die Bürger von Calais«, von Marc Chagall »Porträt eines Rabbiners«.

Collezione Peggy Guggenheim: Untergebracht im Pal. Venier dei Leoni am Canal Grande, zwischen Anlegestelle »Accademia« und Anlegestelle »Salute«. – *Geöffnet:* nur im Sommer Mo, Mi, Fr 15–17 Uhr. – Privatsammlung (seit 1947) abstrakter und surrealistischer Gemälde und Skulpturen.

Sonstige Museen

Museo del Risorgimento (eine Unterabteilung des *Museo Correr* – siehe dort): Geschichte Venedigs seit dem Ende der Republik 1797.

Museo di Storia Naturale: Untergebracht im ehemaligen *Fondaco dei Turchi* am Canal Grande, Anlegestelle »S. Stae« (zweite Station nach Rialto, flußaufwärts); von dort 15 Min. zu Fuß.

Museo Storico Navale *(Marinemuseum):* Campo Angelo Emo; vom Riva degli Schiavoni, Anlegestelle »Arsenale«, nach rechts, dann dem Rio dell'Arsenale rechts entlang. – *Geöffnet:* Mo, Mi–Sa 9^{30}–12^{30} Uhr und 14^{30}–16^{30} Uhr, an Sonn- und Feiertagen 9^{30}–12 Uhr. – Schiffsmodelle, Rekonstruktionen, Dokumente, Trophäen.

Museen, die im laufenden Text behandelt sind

Gemäldesammlung im Dogenpalast: S. 125. – *Museo dell'Opera di Palazzo Ducale* (Lapidarium des Dogenpalastes): S. 125. – *Tesoro* (S. Marco): S. 105. – *Museo Marciano* (S. Marco): S. 105. – *Museo Goldoni:* S. 61. – *Pinacoteca Manfrediniana:* siehe oben unter »Kunstsammlungen des Seminario Patriarcale«. – *Torcello* (Archäologisches Museum): S. 147. – *Murano* (Glasmuseum): S. 146.

D. INFORMATIONSTEIL

Allgemeine Reisehinweise

Klima und Wetter: Venedig besitzt ein ausgesprochen mildes Klima, bedingt durch seine Lage zwischen Festland und Meer. Schönste Reisezeit: für Venedig Frühjahr und Herbst; für Venedig-Lido die Monate Mai–September. Der niederschlagärmste Monat ist der Februar, der niederschlagreichste der Oktober.

Monatliche Tiefst- und Höchsttemperaturen: Januar 0–6°C; Februar 1–8°C; März 5–12°C; April 10–17°C; Mai 14–21°C; Juni 17–25°C; Juli 20–28°C; August 19–28°C; September 16–25°C; Oktober 11–18°C; November 6–12°C; Dezember 2–8°C.

Wassertemperaturen (Monatsdurchschnittswerte): April 14°C; Mai 16°C; Juni 24°C; Juli 26°C; August 26°C; September 21°C; Oktober 17°C.

Uhrzeit: *Mitteleuropäische Zeit (MEZ).* Abweichend davon die *italienische Sommerzeit* von Ende Mai bis Anfang September (die genauen Daten variieren): Die Uhr wird um eine Stunde vorgestellt.

Informationsmöglichkeit vor Antritt der Reise *(Staatliches Italienisches Fremdenverkehrsamt – E.N.I.T.): In der Bundesrepublik:* 4 Düsseldorf, Berliner Allee 26; 6 Frankfurt a.M., Kaiserstraße 65; 8 München 2, Goethestraße 20. – *In Österreich:* 1010 Wien, Kärntnerring 4. – *In der Schweiz:* 8001 Zürich, Uraniastraße 32; 1204 Genf, Rue Thalberg 2. – Auskünfte erteilen ferner die Automobilclubs der betreffenden Länder.

Informationen über Routen und Straßenzustände: *A.C.I. (Automobile Club* d'*Italia):* 30100 Venezia, Piazzale Roma, 518/A; *C.I.T. (Amtliches Italienisches Reisebüro):* 6 Frankfurt a.M., Am Hauptbahnhof 18; 5 Köln, Am Hof 28; 8 München 5, Rumfordstr. 5. – *ADAC*, 8 München 22, Königinstraße 9.

Studenten- und Jugendunterkünfte: Vgl. die Rubrik *Unterkunft.* Dort einige Adressen, über die bei rechtzeitiger Anmeldung (möglichst 2 Monate im voraus), preiswerte Unterkünfte vermittelt werden.

Ankunft in Venedig mit dem Flugzeug: 1.) *Aeroporto Internationale »Marco Polo«* (Tel. 957333) in *Tessera* auf dem Festland nordöstlich von Mestre, 13 km vom Stadtzentrum entfernt. Abwicklung der nationalen- und internationalen Linienflüge. – (a) Autobus-Zubringerdienst nach Venedig bis zum Air-Terminal (Aerostazione), Fondamenta di S. Chiara, Nähe Piazzale Roma (Canal Grande). – (b) Motorboot-Zubringerdienst (Motoscafi: Dorsoduro, 167/a, Tel. 35775) bis S. Marco. Fahrzeit: 30 Minuten. – 2.) *Aeroporto Nicelli (San Nicolò di Lido):* Sportflughafen auf dem Lido (Riviera S. Nicolò, Tel. 60808). Motorboot-Zubringerdienst: S. Nicolò (Lido) – Riva Schiavoni (Nähe S. Marco).

Ankunft in Venedig mit der Eisenbahn: *Stazione (Ferroviaria) Santa Lucia* (Fondamenta di S. Lucia am Canal Grande). – Gepäckträger: *facchino.* – Venedig ist durch den Ponte della Libertà, einer etwa 4 km langen Brücke über die Lagune, mit dem Festland (Mestre) und von dort aus mit dem italienischen Eisenbahnnetz verbunden.

Die Lage Venedigs innerhalb der Lagune zeigt die Karte S. 174/175. Eingetragen sind u.a. die Inseln Murano, Torcello, Burano sowie die Verbindung nach Lido di Jesolo (Punta Sabbioni) und das in der südlichen Lagune gelegene Chioggia.

Parkmöglichkeiten am Ende der über die Lagune führenden Straßen- (bzw. Eisenbahn-)brücke: (a) *Nuova Isola del Tronchetto* (nach der Brücke rechts abbiegen, Beschilderung »per Tronchetto«. – (b) *Autorimessa comunale* (Großgarage) an der Piazzale Roma. – (c) *Garage S. Marco:* Einfahrt Campo di S. Andrea (Nähe Piazzale Roma). – *Autofähre* zum Lido und zur Punta Sabbioni: vgl. die Rubrik Verkehrsmittel S. 174.

Amtliche Bestimmungen und praktische Hinweise

Personaldokumente: Verlangt werden *Reisepaß* oder *Personalausweis.* Bei Kindern unter 16 Jahren ist ein *Kinderausweis* vorzulegen oder die Eintragung im Familienpaß nachzuweisen.

Kraftfahrzeuge: Benötigt werden der *Führerschein* und der *Fahrzeugschein,* das *Nationalitätenzeichen* und ein *Warndreieck* sowie die *Tessera Turistica (Touristenkarte),* ein von der italienischen Behörde beim Grenzübertritt auf das Fahrzeug auszustellendes amtliches Papier. – *Zu empfehlen ist ferner* der Erwerb der *Carta Carburante e Turistica:* Sie wird ebenfalls auf das Fahrzeug ausgestellt und berechtigt zum Bezug von verbilligtem Benzin sowie zur kostenlosen Pannenhilfe (auch Abschleppen) durch den Straßenhilfsdienst des A.C.I. (erhältlich bei den Automobilclubs, bei einigen Großbanken und an den Grenzstellen des A.C.I.). *Pannenhilfe:* in ganz Italien Telefon 116.

Mitführen von Tieren *(Hund, Katze):* Erforderlich ist ein amtliches tierärztliches *Gesundheitszeugnis* mit einer Bestätigung der erfolgten Tollwutimpfung sowie dem Nachweis, daß der Herkunftsbereich des Tieres seit mindestens 6 Monaten tollwutfrei ist. *Impfung:* mindestens 1 Monat vor der Einreise, aber nicht länger zurückliegend als 11 Monate.

Zollbestimmungen: Über die jeweils gültigen Zollbestimmungen für Ein- und Ausreise geben die Automobilclubs (ADAC) auf besonderen Merkblättern (für ihre Mitglieder kostenlos) Auskunft.

Währung: Währungseinheit ist die *Lira.* Folgende *Münzen* sind im Umlauf: 5, 10, 20, 50, 100 und 500 Lire; *Banknoten* zu: 500, 1000, 5000, 10000, 50000 und 100000 Lire.

Devisen: Fremdwährungen unterliegen im allgemeinen keiner Beschränkung. Auskünfte über die jeweils gültigen Bestimmungen erteilen die Banken und die Automobilclubs. Zu empfehlen sind *Reiseschecks:* Eurocheque mit Scheckkarte.

Wechselstuben *(Uffici Cambio): Deutschsprachig und zentral gelegen: S.V.E.T.* (Soc. Viaggi e Turismo), San Marco, 145/a (Piazza, beim Glockenturm links), Mo–Sa 9–12^{30}, 14–19 Uhr, Sonn- und Feiertags 9–12^{30}, 14^{30}–18^{30} Uhr. – Ferner: *American Express,* San Marco, 1474 (S. Moisè), Mo–Fr 8^{45}–17 Uhr, Sa 8^{45}–12^{30} Uhr. *American Express Bank,* San Marco, 1336, Mo–Fr 8^{30}–13^{30} Uhr. *Banca Nationale del Lavorno* (Wechselbüro), Rio Terrà A. Foscarini, 877/d (Nähe Accademia), Mo–Fr 8^{30}–13^{30} Uhr. *Banca Nazionale delle Comunicazioni,* in Stazione S. Lucia (Bahnhofshalle): Geldwechsel auch an Sonn- und Feiertagen. *CIT,* Piazza San Marco, 48 (beim Campanile unter den Arkaden), Mo–Fr 8^{30}–12^{30}, 15–18^{30} Uhr, Sa 8^{30}–12^{30} Uhr (an Sonn- und Feiertagen geschlossen).

Telefonieren: Außer in Postämtern (Mo–Fr 8^{15}–14 Uhr) und in öffentlichen Telefonzellen (Bezeichnung: *Gettoni Telefono/Teleselezione*) auch in Hotels und Cafés. Kennzeichen: Gelbe Wählscheibe mit schwarzem Telefon oder Telefonhörer. Man benötigt *Telefonmünzen (gettoni),* die man entweder in den Telefonzellen selbst (sofern die Beschriftung *Gettoni* × *Telefono* lautet) gegen Einwurf von 50 und 100 Lire erhält; oder an Zeitungskiosken bzw. in Tabakläden (Kennzeichen: T »Sale e Tabacchi« – weiße Schrift auf blauem Grund); ferner erhält man Gettoni in den mit einer Wählscheibe bezeichneten Lokalen.

Briefmarken *(francobolli):* Außer in Postämtern auch erhältlich in Tabakläden (Kennzeichen: T »Sale e Tabacchi« – weiße Schrift auf blauem Grund).

Zeitungen: *Il Gazzettino* (venezianische Tageszeitung mit Lokalteil). *Ausländische Zeitungen* (deutsch, französisch, englisch) erhält man u.a. auf der Piazza S. Marco (beim Uhrturm), am Kiosk bei der Accademia und auf dem Campo S. Bartolomeo (Nähe Rialtobrücke).

Wichtige Anschriften

Allgemeine touristische Informationen (Auswahl): *Azienda Autonoma Soggiorno e Turismo* (*AAST*, Kurverwaltung), Calle Cavalli (am Canal Grande, Nähe Rialto, Riva del Carbon, rechts neben Rathaus), 8–14 Uhr: Auskünfte, keine Prospekte. – *EPT (Ente Provinciale per il Turismo*, Fremdenverkehrsamt): (a) San Marco, Ascensione, 71/c (am Ende der Procuratie Nuove, Richtung S. Moisè), werktags 9–12^{30}, 15–16^{30} Uhr; (b) Castello, Calle del Rimedio, 44 21 (Nähe Campo S. Giovanni Novo); (c) im Bahnhof Santa Lucia; (d) Autobus-Station, Piazzale Roma.

Reisebüros (Auswahl): *American Express:* (a) Hauptbüro: San Marco, 1474 (Nähe S. Moisè), Mo–Fr 8^{45}–17 Uhr, Sa 8^{45}–12^{30} Uhr; (b) Zweigstelle: Piazzale Roma, Autorimessa (Großgarage). – *C.I.T. (Compagnia Italiana Turismo):* (a) San Marco, 48/50 (Procuratie Nuove, beim Campanile); (b) Piazzale Roma. – *Guetta Travel Office:* Frezzeria, 1289 (Nähe S. Moisè), werktags 9–12^{30}, 15–18^{30} Uhr. – *Ital Travel:* San Marco, Ascensione, 72/B (Ende der Procuratie Nuove). – *Marco Polo:* S. Zaccaria, 4682/B (gegenüber der Kirche S. Zaccaria). – *Romeatour:* Calle Larga, San Marco (Nordseite von S. Marco). – *S.V.E.T. (Soc. Viaggi e Turismo):* San Marco, 145/a (links neben dem Uhrturm), werktags 9–12^{30}, 14–19 Uhr, an Sonn- und Feiertagen 9–12^{30}, 14^{30}–18^{30} Uhr (deutschsprachig). – *Wagon-Lits/Cook:* Piazzetta Leoncini, 289 (S. Marco, beim Uhrturm).

Air-Terminal *(Aerostazione):* San Marco, Giardinetti, Tel. 85558; Zubringerdienst zum Flughafen: (a) Busverbindung von der Piazzale Roma (Aerostazione) zum Aeroporto Internationale Marco Polo; (b) Motorbootdienst (Cooperativa San Marco Motoscafi, Dorsoduro, 167/A, Tel. 35775) von S. Marco (Anlegestelle Nähe Piazzetta, Gartenpromenade) zum Aeroporto Internationale Marco Polo. Fahrzeit: ca 30 Minuten.

Post – Telegramme *(Posta e Telegrafo):* (a) *Hauptpost (Posta Centrale)* und *Telegraphenamt:* Palazzo ex Fondaco dei Tedeschi (Nähe Rialtobrücke). *Postlagernde Sendungen* nur dort: Schalter »*fermo in posta*«, werktags bis 20 Uhr, So 9–12 Uhr. *Telegramme* Tag und Nacht am »*Ufficio Principale Telegrafico Centrale*« (Hauptpost) und in Stazione Santa Lucia (Bahnhof). – (b) *Poste e Telegrafi*, Calle dell'Ascensione (östliche Rückseite der Piazza), Mo–Fr 8^{15}–14 Uhr. – *Telefonische Telegrammaufgabe:* Tel. 85072.

Telefonamt *(Ufficio telefonico):* Palazzo ex Fondaco dei Tedeschi (Nähe Rialtobrücke); *Auslandsgespräche:* von morgens 7 Uhr–1 Uhr nachts.

Polizei: *Polizeipräsidium (Questura Centrale):* S. Zaccaria, Fondamenta San Lorenzo, 5055 (nördlich von S. Zaccaria), Tel. 20406. – *Fremdenpolizei:* Tel. 27400. – *Überfall:* Venedig Tel. 36000; Mestre Tel. 57777. – *Straßenpolizei (Polizia Stradale):* Mestre, Via Ca'Rossa, 14, Tel. 56111, 51722. – *Städtische Polizei (Vigili Urbani):* Kommandi, Palazzo Loredan, Tel. 24063; Piazzale Roma, Tel. 24576; Lido, Via Sandro Gallo, Tel. 60395; Mestre, Via Slongo, 22, Tel. 56103, 53469. – *Carabinieri – sofortige Hilfe (Pronto intervento):* Venedig, San Zaccaria, Tel. 32222; Mestre, Tel. 51111. – *Polizeihilfe* (in ganz Italien): Tel. 113 (Soccorso Pubblico).

Fundbüros *(Oggetti rinvenuti): Städtisches Fundbüro*, Riva del Carbon im Palazzo Farsetti (Rathaus), Nähe Rialtobrücke. – *Fundbüro der A.C.N.I.L.* (Städtische Verkehrsbetriebe), Tel. 20921.

Stadtverwaltung: *Municipio (Rathaus)*, S. Luca, Riva del Carbon im Palazzo Farsetti, Tel. 20160. – *Zollamt*, Campo della Salute, Tel. 22173.

Deutsche bzw. internationale Einrichtungen: *Deutsches Studienzentrum* (Allg. Geschichte, Kunst- und Musikgeschichte) – *Centro Tedesco di Studi Veneziani:* Palazzo Barbarigo, S. Polo, 2765/A (Canal Grande/Rio di S. Polo; Schiffsanlegestelle: Nr. 10 S. Tomà). – *Internationaler Denkmal-Fonds (Inter-*

national Fund for Monuments, inc.): Informationszentrum (*Venice Commitee* – »Rettet Venedig«), Scuola Grande di San Giovanni Evangelista, S. Polo, 2454 (Nähe Frari-Kirche); April–September: 9^{30}–12^{30}, 15^{30}–18^{30} Uhr, Oktober–März: 9^{30}–12^{30} Uhr, an Sonn- und Feiertagen geschlossen (Hauptsitz: New York, 15 Gramercy Park, N.Y. 10003, USA). – *Internationales Kunst- und Kulturzentrum/Giorgio-Cini-Stiftung (Fondazione Giorgio Cini):* Isola S. Giorgio Maggiore, ehemalige Klostergebäude. – *Internationales Institut zur Pflege der Künste und des Kostüms (Centro Internationale delle Arti e del Costume):* Palazzo Grassi, Calle delle Carrozze/Campo San Samuele (Canal Grande).

Deutschsprachige Gottesdienste: *Katholischer Gottesdienst:* Messen und Beichten in deutscher Sprache Auskünfte in S. Marco. – *Geistlicher Beistand für den katholischen Touristen* (Patriarcato di Venezia Ufficio diocesano assistenza turistica): Piazzale Roma, S. Andrea, 469/a, Tel. 89256. – *Evangelischer Gottesdienst: Evangelisch-Lutherische Kirche* (Evangelica Luterana): in der ehemaligen Scuola di San Angelo, Campo SS. Apostoli, 4448 (vom Rialto zur Strada Nova). – *Evangelisch-Waldensische Kirche* (Evangelica Valdese): Campo S. Maria Formosa, 5170. – *Evangelica Metodista:* San Marco, 95.

Diplomatische Vertretungen: *Bundesrepublik Deutschland:* Konsulat, San Marco, 3700/a. – *Österreich:* Konsulat, San Marco, 2410. – *Schweiz:* Konsulat, Dorsoduro, 810. – *Frankreich:* Konsulat, Fondamenta Zattere, 1397.

Erste Hilfe: *Unfall in ganz Italien (Polizei und Krankenwagen* – »Soccorso pubblico di emergenza«): Tel. 113. – *Blaues Kreuz (Krankentransporte* – »Pronto soccorso autoambulanze«): Venedig Tel. 30000; Mestre Tel. 988988. – *Rotes Kreuz* (Croce Rossa): *Sofortige Hilfe* (Posto pronto soccorso) in Venedig Tel. 86346 (San Marco, 52); in Mestre Tel. 950988. – *Noteinweisung* (»Pronto soccorso accettazione ammalati«): (a) *Ospedale al Mare*, Tel. 761750 (Lungomare d'Annunzio, 1, Lido); (b) *Ospedale Gen. Prov. le Mestre*, Tel. 988988. – *Erste Hilfe und Bluttransfusionen* – »pronto soccorso e transfusioni del sangue« (Lido), Tel. 761750. – *Erste Hilfe* (Venedig-Lido) *mit Motorboot oder Ambulanzwagen:* Tel. 765900. – *Avis (Zentrum für Bluttransfusionen):* Venedig Tel. 41450; Mestre Tel. 57930.

Krankenhäuser *(Ospedale): Ospedale Civile (Venezia)*, Fondamenta dei Mendicanti/Campo dei SS. Giovanni e Paolo (Motoscafo Linie 5, Haltestelle Fondamenta Nuove), Tel. 705622. – *Ospedale Civile (Mestre)*, Via Circonvallazione, 50, Tel. 957944; 981200. – *Ospedale al Mare (Lido di Venezia)*, Lungomare d'Annunzio, 1, Tel. 760180; 760628; 761140; 761413; 761701; 761904; 761979.

Ärzte *(Deutsch, Englisch oder Französisch sprechende Ärzte): Allg. ärztliche Behandlung einschließlich Operation* (Ärzteteam und Pflegepersonal sprechen Deutsch, Englisch und Französisch): Casa di Cura S. Marco, Mestre, Viale S. Marco, Tel. 957277. – *Chirurgie:* Prof. de Marchi Renato (englisch), Venedig, S. Polo, 1789. – *Kinderärztin:* Dr. Laura Bottacin (englisch), Venedig, San Marco, 3202. – *Gynäkologie/Geburtshilfe:* Prof. Gerardo Pece (englisch), Chioggia, Ospedale Civile. – *Neurologie und Psychiatrie:* (a) Prof. Antonio Augusto Rizzoli (deutsch, englisch, französisch), Venedig, Dorsoduro, 3623/A; (b) Dr. Gabriele Mercuri (englisch), Venedig, Campo S. Bartolomeo; Mestre, Via Poerio, 19. – *Dermatologie:* Dr. Marisa de Carli (deutsch, englisch, französisch), Mestre, Via Piave, 26. – *Hygiene:* Prof. Guido Rizzi (deutsch, englisch, französisch), Venedig, Frari, 2934.

Apotheken: *Öffnungszeiten:* im Sommer 8^{30}–12^{30}, 16–20 Uhr; im Winter 8^{30}–12^{30}, 15^{30}–19^{30} Uhr. Die Lokalzeitung *Il Gazzettino* nennt unter der Rubrik »*Farmacie di turno*« den turnusmäßigen Nachtdienst und den Apothekendienst an Sonn- und Feiertagen. – *Apotheken* (Auswahl): *Farmacia Centrale*, Campo S. Zulian (vom Uhrturm an der Piazza in Richtung Rialto, rechts bei der Kirche S. Zulian). – *Farmacia Gioco Internationale*, S. Moisè, 1473. – *Farmacia Gallina dell'Orto*, Campo S. Maria Formosa.

Unterkunft

Hotelverzeichnisse mit Angaben von Kategorien und Preisen sowie Verzeichnisse von Jugendherbergen und Campingplätzen (jährlich neu für Venedig, Venedig-Lido, Mestre und Riva del Brenta) erhält man bei E.P.T. (Ente Provinciale per il Turismo). *Auskunft und Vermittlung:* (a) 30122 Venezia, Castello, 4421, Tel. 22373; 28693; (b) Bahnhof Santa Lucia; (c) San Marco, Ascensione, 71/c.

Auswahl einiger Hotels in Venedig

(a) Nähe Bahnhof (Santa Lucia): 1. Kategorie: Park Hotel, Santa Croce, Fondamenta Condulmer, 242. – *2. Kategorie:* Austria et de la Ville, Lista di Spagna, 227. – Capri, Santa Croce, 595. – Corso Continental, Lista di Spagna, 166. – De la Gare & Germania, S. Simeon Piccolo, 578. – Do Pozzi, Via XXII Marzo, 2373. – Flora, Calle Bergamaschi, 2283/a. – Principe Grand Hotel, Lista di Spagna, 146. – Residence Palace Sceriman, Lista di Spagna, 168. – Terminus, Lista di Spagna, 116. – Union, Lista di Spagna, 127. – Universo & Nord, Lista di Spagna, 121. – *3. Kategorie:* Adriatico, Lista di Spagna, 224. – Atlantide, Calle Misericordia, 376. – Basilea, S.ta Croce, Rio Marin, 817. – Canal, S .Simeon Piccolo, 553. – Caprera, Lista di Spagna, 219. – Dolomiti, Calle Priuli, 73. – Florida, Calle Priuli, 106. – Gardena, Fondamenta Tolentini, 239. – Leonardo, Rio Terrà S. Leonardo, 1385. – Nazionale, Lista di Spagna, 158. – Santa Chiara, Piazzale Roma, 584. – Spagna, Lista di Spagna, 184.

(b) Nähe Rialto – SS. Giovanni e Paolo: 3. Kategorie: Alla Fava, Campo alla Fava, 5525. – Astoria, Calle Fiubera, 951. – Bartolomeo, Corte dell'Orso, 5494. – Bella Venezia, Calle dei Fabbri, 4710. – Città di Milano, Campiello S. Zulian, 590. – Da Bruno, Salizzada S. Lio, 5726/a. – Gorizia a la Valigia, Calle dei Fabbri, 4696/a. – Malibran, S. Giovanni Crisostomo ,5866. – Marconi & Milano, Riva del Vin, 729. – Rialto, Riva del Ferro, 5147. – *Pension:* 3. Kategoeie: Al Gazzettino, Calle delle Aque, 4971.

(c) Nähe Frari – S. Tomà: 2. Kategorie: Al Sole Palace, Tolentini, 136. – Carpaccio, Calle Corner, 2765.

(d) Nähe Accademia: 3. Kategorie: Pausania, S. Barnaba, 2824. – *Pensionen:* 2. Kategorie: Accademia, Fondamenta Bollani, 1058. – Dinesen, Dorsoduro, S. Vio, 628. – La Calcina, Zattere, 780. – Seguso, Zattere, 779. – 3. Kategorie: Agli Alboretti, Rio Terrà S.ta Agnese, 882. – Alla Salute-Da Cici, Fondamenta Cabalà, 222. – Casa de Stefani, S. Barnaba, 2786.

(e) Nähe Teatro La Fenice: Luxushotels: Europa & Britannia, Via XXII Marzo, 2159. – Gritti Palace Hotel, S.ta Maria del Giglio, 2467. – *1. Kategorie:* Regina & di Roma & Vittoria, Corte Barozzi, 2205. – Saturnia & International, Via XXII Marzo, 2398. – *2. Kategorie:* Ala, S.ta Maria del Giglio, 2494. – Bonvecchiati, Calle Goldoni, 4488. – La Fenice et des Artistes, Campiello Fenice, 1936/7. – *3. Kategorie:* Ateno, San Fantin, 1876. – Bel Sito, S.ta Maria del Giglio, 2517. – Centauro, Campo Manin, 4297. – Gallini, Calle della Verona, 3673. – Lisbona, Calle Barozzi, 2153. – San Fantin, Campiello Fenice, 1930/a. – San Moisè, Piscina S. Moisè, 2058. – *Pension:* 3. Kategorie: Keffe, Piscina S. Moisè, 2053.

(f) Nähe Piazza S. Marco – S. Moisè: Luxushotel: Bauer Grünwald & Grand Hotel, S. Moisè, 1440. – *1. Kategorie:* Luna, Calle dell'Ascensione, 1243. – Monaco & Grand Hotel, Calle Vallaresso, 1325. – *2. Kategorie:* Boston, Calle dei Fabbri, 848. – Casanova, Frezzeria, 1270. – Cavalletto & Doge Orseolo, Calle Cavalletto, 1107. – Patria & Tre Rose, Calle dei Fabbri, 905. – *3. Kategorie:* Neomi, Calle dei Fabbri, 909. – San Marco, Calle dei Fabbri, 877. – *Pension:* 3. Kategorie: Firenze, Salizzada S. Moisè, 1490.

(g) *Nähe San Marco: 2. Kategorie:* All'Angelo, Calle Larga S. Marco, 403. – Concordia, Calle Larga S. Marco, 367. – Montecarlo, Calle Specchieri, 462/3. – Torino, Ponte delle Ostreghe S. Marco, 2356. – *3. Kategorie:* All'Angelo (Dipedenza), Calle Larga S. Marco, 381. – Antico Panada (Dip. Concordia), Calle Specchieri, 656. – Castello, SS. Filippo e Giacomo, 4365. – Diana, Calle Specchieri, 449. – Lux, Calle delle Rasse, 4541. – Pellegrino & Commercio, Calle delle Rasse, 4551. – Trovatore, Calle delle Rasse, 4534. – *Pension:* 3. Kategorie: Campiello, S. Zaccaria, 4647.

(h) *Nähe Riva Schiavoni – S. Zaccaria: Luxushotel:* Danieli Royal Excelsior, Riva Schiavoni, 4196. – *1. Kategorie:* Gabrielli Sandwirth, Riva Schiavoni, 4110. – Londra, Riva Schiavoni, 4171. – *2. Kategorie:* Bisanzio, Calle della Pietà, 3656. – Savoia & Jolanda, Riva Schiavoni, 4187. – *3. Kategorie:* Paganelli, Riva Schiavoni, 4182. – Paganelli (Dipendenza), S. Zaccaria, 4687. – Teson, Campiello Pescaria, 3980. – *Pensionen:* 3. Kategorie: Casa Fontana, Campo S. Provolo, 4701. – Doni, S. Zaccaria, 4656. – Wildner, Riva Schiavoni, 4161.

Lido di Venezia *(Venedig-Lido)*

Luxushotel: Excelsior Palace Hotel, Lungomare Marconi, 41. – *1. Kategorie:* Des Bains & Palazzo al Mare Grand Hotel, Lungomare Marconi, 17. – Eurotel, Lungomare Marconi. – *2. Kategorie:* Biasutti Adria Urania-Nora, Via E. Dandolo, 29. – Bortoli, Lungomare D'Annunzio, 2. – Cappelli Wagner-Villa Corfù & Villa Paradiso, Gran Viale, 41. – Helvetia, Gran Viale, 4/6. – Hungaria Palace, Gran Viale, 28. – Petit Palais, Lungomare Marconi, 54. – Quattro Fontane, Via 4 Fontane, 16. – Rigel, Via E. Dandolo, 13. – Riviera, Gran Viale, 1. – Villa Eva & Quisisana, S.ta Maria Elisabetta, 49. – Villa Mabapa, Riviera San Nicolò, 16. – 3. *Kategorie:* Atlanta-Augustus, Via Lepanto, 15. – Belvedere, Via Cerigo, 1. – Cristallo, Gran Viale, 51. – Reiter, S.ta Maria Elisabetta, 57.– Rivamare, Lungomare Marconi, 44. – Sorriso, Via Colombo, 22/c. – Villa Pannonia, Via Doge Michiel, 48. – *Pensionen:* 2. Kategorie: Buon Pesce, Riviera San Nicolò, 50. – La Meridiana, Via Lepanto, 45. – Panorama, S.ta Maria Elisabetta, 1. – Villa Cipro, Via Zara, 2. – Villa Laguna, Via Sandro Gallo, 6. – 3. Kategorie: Edera, Via Negroponte, 13. – Stella, Via Sandro Gallo, 111. – Villa Aurora, Riviera San Nicolò, 11/a. – Villa Parco, Via Rodi, 11. – Villa Tiziana, Via Gritti, 3.

Mestre

2. Kategorie: Ambasciatori, Corso del Popolo, 221. – Bologna & Stazione, Via Piave, 214. – Plaza, Piazzale Stazione, 36. – President, Via Forte Marghera, 99/a. – Tritone, Piazzale Stazione, 16. – *3. Kategorie:* Aquila Nera, Favaro V.to, Via Essicatoio, 38. – Ariston, Via Terraglio, 11/c. – Capitol, Via Orlanda, 1. – Centrale, Piazzale Sicilia, 15. – Garibaldi, Viale Garibaldi, 24. – Piave, Via Col Moschin, 10. – Venezia, Piazza XXVII Ottobre. – *Pensionen:* 3. Kategorie: Paris, Viale Venezia, 11. – Trento, Via Fagarè, 2.

Campingplätze: Beim ADAC und DCC (Deutscher Camping-Club) erscheinen jährlich Campingführer mit ausführlichen Angaben. Auskünfte in der Bundesrepublik: (a) ADAC, 8 München 22, Königinstraße 9. – (b) DCC, 8 München 23, Mandlstraße 23.

Jugendherberge *(Ostello Venezia, Albergo della Gioventù):* Fondamenta Zitelle, 86 (Isola della Giudecca). 1. März bis 31. Oktober, Tel. 38211.

Studentenheime und Herbergen (Auswahl): *Casa della Studente Domus Civica,* San Rocco, 3082. – *Foresteria* (Studentenherberge) *Maschile del Seminario,* S. Maria della Salute (Juni-September). – *Foresteria Renier Michiel,* S. Trovaso, 1134 (Juni-September). – *Foresteria Universitaria di Ca'Foscari,* Dorsoduro, 3861.

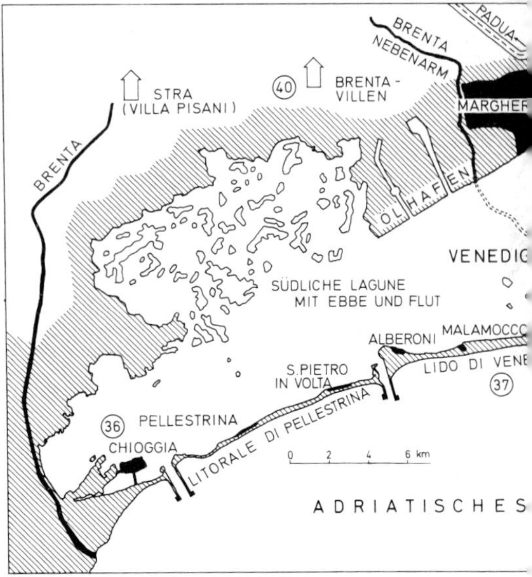

Verkehrsmittel

Die Hauptverkehrsader Venedigs ist der Canal Grande (3,8 km), der von Dampfern (vaporetti) und Motorbooten (motoscafi) sowie von Wasser-Taxis (Taxi) befahren wird. In den Seitenkanälen übernehmen Gondeln den Verkehr.

Haltestellen am Canal Grande *(von Piazzale Roma bis Lido):* Nr. 1: Piazzale Roma – Nr. 2: Ferrovia (Bahnhof) – Nr. 3: Riva Biasio – Nr. 4: S. Marcuola – Nr. 5: S. Stae – Nr. 6: Ca' d'Oro – Nr. 7: Rialto – Nr. 8: S. Silvestro – Nr. 9: S. Angelo – Nr. 10: S. Tomà (Frari) – Nr. 11: Ca' Rezzonico – Nr. 12: Accademia – Nr. 13: S. Maria del Giglio (Fenice) – Nr. 14: Salute – Nr. 15: S. Marco – Nr. 16: S. Zaccaria – Nr. 17: Arsenale – Nr. 18: Giardini (-Esposizione) – Nr. 19: S. Elena – Nr. 20: Lido.

Schiffsverkehr innerhalb der Lagune von Venedig

Linie 1 (vaporetto): Piazzale Roma – Canal Grande – Lido und zurück. Fahrzeit: 56 Min. (6,8 km), Abfahrt alle 10 Min. Halt an allen Stationen.

Linie 2 (»diretto«): Schnellfahrt auf dem Canal Grande bis Lido: Rialto – Ferrovia – Piazzale Roma – (Rio Nuovo) – S. Samuele – Accademia – S. Marco – S. Zaccaria – S. Elena – Lido. – Rückfahrt ab Accademia über S. Tomà – Rialto. Fahrzeit: 40 Min. (8 km), Abfahrt alle 10 Min.

Linie 3 (»direttissimo«): Vom Großparkplatz »Tronchetto Park« durch den Canale della Giudecca ohne Zwischenhalt bis S. Zaccaria (= S. Marco) – Lido und zurück. Fahrzeit: 28 Min. (4,6 km), Abfahrt alle 15 Min.

Linie 4 (»diretto«): Piazzale Roma – Ferrovia – Rialto – S. Tomà – Accademia – S. Marco – S. Zaccaria – Lido und zurück. Fahrzeit: 43 Min. (6,5 km), Abfahrt alle 20 Min.

Linie 5 (»circolare« – Rundverkehr in beiden Richtungen): Piazzale Roma – Canale di Cannaregio – Fondamenta Nuove – Cimitero (Friedhofinsel) – Murano – Cimitero – Fondamenta Nuove – Ospedale Civile – Arsenale – S. Zaccaria

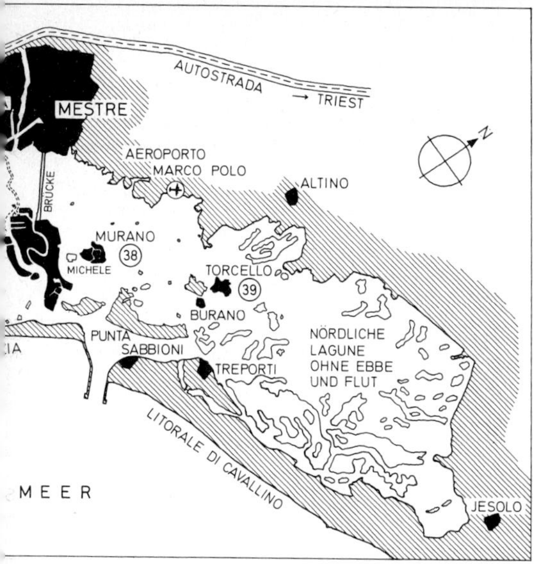

Plan der Lagune

(S. Marco) – S. Giorgio – Giudecca – Zattere – Marittima – Sacca Fisola – S. Marta – Piazzale Roma. Fahrzeit: 1 Std. 40 Min., Abfahrt alle 15 Min.

Linie 6 (Direktverkehr Venedig – Lido): Riva Schiavoni (Ponte Paglia/Dogenpalast) – Lido und zurück. Fahrzeit: 15 Min. (2,9 km), Abfahrt alle 20 Min.

Linie 9 (traghetto): Fährschiff Zattere – Giudecca und zurück, Abfahrt alle 15 Min.

Linie 11 (Venedig – Chioggia, teils Autobus, teils Schiff): Venedig (Riva Schiavoni) – Lido – Pellestrina – Chioggia und zurück. Fahrzeit: 1 Std. 30 Min.

Linie 12 (Murano, Torcello), Abfahrt Fondamenta Nuove: Zubringer Linie 5 ab Riva Schiavoni, S. Zaccaria: Venedig – Murano – Mazzorbo – Burano – Torcello – Treporti. Fahrzeit: 1 Std. 10 Min. (5,5 km).

Linie 14 (Verbindung nach Jesolo): Venedig (Riva Schiavoni/Ponte Pietà) – Punta Sabbioni. Fahrzeit: 45 Min. Von Punta Sabbioni Bus nach Jesolo.

Linie 15 (Schnellverbindung nach Jesolo): Riva Schiavoni – Punta Sabbioni und zurück. Fahrzeit: 25 Min., Abfahrt stündlich. Bus nach Jesolo 40 Min.

Linie 17 (Autofähre): Piazzale Roma – Lido – Punta Sabbioni und zurück. (Weiterfahrt Richtung Jesolo). Fahrzeit: 1 Std. 15 Min. (13 km).

Linie 28 (Schnellverbindung zum Casinò Venedig-Lido): Ferrovia – Piazzale Roma – S. Zaccaria – Casinò und zurück. Fahrzeit: 25 Min. (17–2 Uhr nachts, alle 30 Min.).

Verkehrsverbindungen zum Festland *(Servizi Terraferma):* Ab Piazzale Roma Autobuslinien: Nr. 2 (Carpendo), Nr. 4 (Favaro), Nr. 5 (Mestre), Nr. 6 (Marghera – Catene), Nr. 8 (Treviso).

Für Autofahrer: Italienische Automobilverbände: *Automobile Club Venezia,* Fondamenta S. Chiara, Piazzale Roma, 518/A; in Mestre: Corso Popolo, 147. – *Automobile Club d'Italia (A.C.I.),* Piazzale Roma, Stazione Autolinee.

Essen und Trinken

Die venezianische Küche *(cucina veneziana):* Vorherrschend sind Fischgerichte: Scampi, Gamberetti, Tintenfische, Aalbrut, Muscheln und Lagunenfische.

Die Mahlzeiten: *Pranzo* bzw. *calazione* (Mittagessen), *cena* (Abendessen). – *Primo piatto* (Vorspeise), *secondo piatto* (Hauptgericht) mit *contorni* (Beilagen), *terzo piatto* (Käse oder Obst). – Hausspezialitäten *(le nostre specialità/specialità della casa)*, Hausmannskost *(cucina casalinga)*. – Nach der Karte *(alla carta)*, Tagesmenü *(piatto del giorno)* mit festem Preis *(a prezzo fisso)*. – Bedienung und Gedeck inbegriffen *(servizio e coperto compresso)*. – Das Gedeck *(coperto)*, bestehend aus Serviette, *panini* (Brötchen) oder *grissini* (»Bierstangen«), wird zusätzlich berechnet.

Redewendungen

Bei der Bestellung: Kellner! *(cameriere!)*. – Bitte die Speisekarte! *(la lista prego!)*. – Ich möchte das Menü zu . . . essen *(vorrei mangiare il menù da . . .)*. – Ich möchte etwas essen/trinken *(vorrei mangiare/bere quelcosa)*. – Ich möchte . . . *(vorrei . . .)*. – Ich nehme . . . *(prendo . . .)*. – Ich möchte den Fisch . . . *(vorrei il pesce . . .)*, gebacken *(fritto)*, gegrillt *(alla griglia)*, gekocht *(cotto)*. – Ich möchte das Fleisch . . . *(vorrei la carne . . .)*, blutig *(al sangue)*, halbdurch/englisch *(a metà/all'inglese)*, gut durchgebraten *(ben cotto/arrostito bene)*, mager *(magra)*, mit/ohne Sauce *(con/senza salsa)*.

Wein: Geben Sie mir bitte die Weinkarte *(mi dia la lista dei vini, per favore)*. – Ich möchte einen guten Lokalwein *(vorrei un buon vino locale)*.

Beanstandungen: Mir fehlt . . . *(mi manca . . .)*, ein Teller *(un piatto)*, ein Glas *(un bicchiere)*, die Serviette *(il tovagliolo)*, das Besteck *(le posate)*, das Messer *(il coltello)*, die Gabel *(la forchetta)*, der Löffel *(il cucchiaio)*, die Fischgabel *(la forchetta da pesce)*, Salz und Pfeffer *(sale e pepe)*, Senf *(mostarda/senapa)*, Essig und Öl *(aceto e olio)*, Brötchen *(panini)*. – Ich habe . . . bestellt *(ho ordinato . . .)*. Sie müssen sich geirrt haben *(si deve essere sbagliato)*. – Das habe ich nicht bestellt *(non ho ordinato questo)*.

Rechnung: Die Rechnung bitte! *(il conto prego!)*. – Das (Trinkgeld) ist für Sie! *(questa ⟨mancia⟩ è per Lei!)*. – Ist das Tringeld inbegriffen? *(il servizio è compresso?)*.

Einige Restaurants mit typisch venezianischer Küche

Al Colombo, Calle del Teatro San Luca, 4620. Noch heute herrscht hier Theateratmosphäre. – *Alla Vida* neben der Kirche San Giacomo dell'Orio am gleichnamigen Campo. – *Antica Locanda Montin*, Dorsoduro Eremite, 1147. – *Antico Martini* (seit 1720, 1. Kategorie), San Marco, 1890, Nähe Teatro La Fenice. Exklusive venezianische Küche. – *Bonvecchiati* (Fischspezialitäten, u.a. Lagunenfisch »Go«), Calle Goldoni. – *Harry's Bar*, Calle Vallaresso, San Marco (Treffpunkt der venezianischen Elite). – »*La Caravella*« (Fischspezialitäten), Via 22 Marzo, San Marco (Nähe S. Moisè). – *La Colomba* (Fischspezialitäten), Piscina Frezzeria, 1665 (5 Minuten von der Piazza entfernt), exklusives Künstlerlokal. – *Mensa Serena*, San Marco Frezzeria, Nähe Teatro La Fenice (preisgünstig). – *Neomi* (3. Kategorie), Calle dei Fabbri, 912, San Marco. Bekannt durch seine Fischspezialitäten. – *Rialto* (2. Kategorie), Riva del Carbon. Venezianische Spezialitäten. – *Taverna La Fenice*, Campiello Fenice (neben dem Theater). – *Trattoria alla Madonna*, Calle della Madonna, Nähe Rialtobrücke. – *Trattoria* »*El Chef*« (cucina tipica veneziana), Dorsoduro, 2765, Nähe San Barnaba (Vaporetto: Haltestelle Ca' Rezzonico). – In Torcello: *Locanda Cipriani*, vorzügliche Küche.

Weine (vini)

Wichtig für die Bestellung: *Vino aperto* bzw. *vino in bicchiere* (offener Tischwein); *un quarto di litro* (ein Viertel), *un mezzo litro* (ein halber Liter), *un litro* (ein Liter); *vino da pasto* (Tischwein, offen oder in Flaschen), *vino in bottiglia* (Flaschenwein), *una bottiglia di* . . . (eine Flasche vom . . .).

Geschmacksrichtungen: *Vino bianco* (Weißwein), *vino rosso* (Rotwein), *vino rosato* (Rosé-Wein); *asciutto* (herb, leicht säuerlich), *secco* (trocken), *abboccato* (blumig, mild), *pastoso* bzw. *dolce* (süß).

Weißweine aus Venetien: (a) *Herbe Weine* (asciutto): *Breganze bianco* (leicht säuerlich); *Prosecco.* – (b) *Trockene Weine* (secco): *Bianco di Conegliano* (leicht bitter); *Gambellara.* – (c) *Blumige Weine* (abboccato): *Barbarano bianco* (leicht säuerlich); *Tocai* (leicht bitter); *Verdiso* (angenehm). – (d) *Halbsüßer bis trockener Wein:* der beliebte *Soave.* – (e) *Lieblicher Wein: Recioto.* – (f) *Süße Dessertweine: Moscato di Arqua* (aromatisch); *Prosecco Spumante* (schaumig, halbsüß oder süß).

Rotweine aus Venetien: (a) *Herbe Weine* (asciutto): *Barbarano rosso* (leicht säuerlich); *Breganze rosso* (leicht bitter); *Cabernet di Treviso* (gerbsäurehaltig); *Friularo* auch *Raboso* oder *Raboso di Piave* (leicht säuerlich). – (b) *Trockene Weine* (secco): *Bardolino*; *Merlot*; *Recioto Amarone*; *Valpantena.* – (c) *Blumige Weine* (abboccato): *Recioto rosso* (lieblich); *Rubino della Marca* oder *Rubino del Piave.* – (d) *Angenehmer Tischwein: Valpollicella.*

Andere alkoholische Getränke

Aperitiv- und Wermutgetränke *(Aperitivi e Vermouth): Amari* (bitter); *Campari Soda*; *Cinzano bianco*; *Cinzano rosso*; *Cynar* (aus Artischocken); *Martini bianco*; *Martini rosso.*

Liquori *(Sammelbegriff für Liköre, Whisky, Gin, etc.): Acquavite* (Branntwein); *Fernet Branca* (Magenbitter); *Grappa* (ein mit Kräuter destillierter Treberschnaps, weiß oder grünlich); *Maraschino* (Likör aus Sauerkirschen); *Sambuca* (Anislikör); *Strega* (Kräuterlikör).

Alkoholfreie Getränke (Bibite)

Mineralwasser und Säfte: *Acqua Minerale* (Mineralwasser): ohne Kohlensäure *(senza aggiunta di gas)*; *Aranciata* (Orangenlimonade); *Ghiacciata* (Eisgetränk); *Limonata* (Zitronenlimonade); *Spremuta d'arancia* (frisch gepreßter Orangensaft); *Succo di frutta* (Fruchtsaft); *Succo di mele* (Apfelsaft); *Succo di pomodori* (Tomatensaft).

Kaffee, Tee, Milchgetränke: *Caffè espresso* (schwarzer Kaffee mit Zucker); *caffè latte* (Kaffee mit Milch); *cappuccino* (Kaffee mit heißer schäumender Milch und Schokoladenkrümel); *caffè decaffeinizzato* (koffeinfreier Kaffee); *caffè alla Borgia* (mit Aprikosenschnaps und etwas Zimt); *tè* (Schwarztee); *tè camomilla* (Kamillentee); *un bicchiere di latte* (ein Glas Milch): *caldo* (warm), *freddo* (kalt); *cocktail di latte* (Milchmischgetränk); *cioccolata* (Schokolade).

Zur Orientierung auf der italienischen Speisekarte

Vorspeisen *(Antipasti): Acciughe e burro* (Sardinen und Butter), *antipasto misto* (verschiedene Gemüse, Oliven, Artischockenherzen, Schinken, Wurst, Fisch etc.). – *Carciofini olive e funghi* (Artischockenherzen, Oliven und Pilze). – *Pate alla casa* (Pastete nach Art des Hauses), *prosciutto cotto* (gekochter Schinken), *prosciutto crude e melone* (roher Schinken mit Melone). – *Salmone affumicato* (geräucherter Lachs). – *Tonno sott'olio* (Thunfisch in Öl). – *Uova al pomodori* (Tomaten mit Sardellen, Eiern und Kapern).

Fleisch – Wild – Geflügel *(Carne – Selvaggina – Pollame): Abbacchio* (Milchlamm), *ànitra* (Ente), *arrosto* (Braten), *arrosto d'agnello* (Lammbraten), *arrosto di bue* (Ochsenbraten), *arrosto di maiale* (Schweinebraten), *arrosto di manzo* (Rinderbraten), *arrosto d'oca* (Gänsebraten). – *Bistecca* (Beefsteak). – *Capra* (Ziege), *capriolo* (Reh), *carne tritata* (Hackfleisch), *cervello* (Hirn), *cinghiale* (Wildschwein), *coniglio* (Kaninchen), *coscia* (Haxe), *co(s)toletta* (Kotelett), *cotoletta alla milanese* (»Wienerschnitzel«), *cotoletta di maiale* (Schweinskotelett), *cuore* (Herz). – *Fegato* (Leber), *fegato di manzo* (Rinderleber), *fegato di vitello* (Kalbsleber), *filetto* (Filet), *filetto di manzo* (Rinderfilet, Rumpsteak), *filetto di vitello* (Kalbslende). – *Involtini* (Rouladen). – *Lepre* (Hase), *lingua* (Zunge), *lombata* (Lendenbraten), *lombata di bue* (Rindslende), *lombo* (Lende), *lumache* (Schnecken). – *Maiale* (Schwein), *manzo* (Rind), *montone* (Hammelfleisch). – *Pecora* (Schaf), *pollo* (Hähnchen, Huhn), *porchetto* (Spanferkel), *posticcio* (Pastete), *prosciutto* (Schinken), *prosciutto crudo* (roher Schinken). – *Rognoni* (Nieren), *rosbiffe* (Roastbeef), *rotella di manzo* (Rindsrouladen). – *Salsiccia arrostita* (Bratwurst), *scaloppina* (Schnitzel), *scaloppina alla viennese* (Wiener Schnitzel), *scaloppina di maiale* (Schweineschnitzel), *scaloppina di vitello* (Kalbsschnitzel), *spezzatino di carne* (Gulasch), *spezzato* (Ragout). – *Vitello* (Kalb).

Fische und Meeresfrüchte *(Pesce e frutti di mare): Anguilla* (Aal), *aragosta* (Hummer, Languste), *arringa* (Hering). – *Baccalà* (Stockfisch). – *Calamari* (Tintenfische), *carpio* (Karpfen), *caviale* (Kaviar), *cozze* (Miesmuscheln). – *Eglefino* (Schellfisch). – *Fritto misto mare* (Kleinere Fische bzw. Fischstücke in Öl gebraten). – *Gàmberi* (Krebse), *granchi* (Krabben). – *Luccio* (Hecht), – *Merluzzo* (Kabeljau), *mitilli* (Miesmuscheln), *muscoli* (Miesmuscheln). – *Ostriche* (Austern). – *Pesce di mare* (Seefisch), *pesce fritto* (Bratfisch), *polpo* (Polyp). – *Raia, razza* (Rochen), *ricci di mare* (Seeigel). – *Salmone* (Lachs, Salm), *sardine* (Sardinen), *sgombro* (Makrele), *sògliola* (Scholle, Seezunge), *stoccafisso* (Stockfisch). – *Tonno* (Thunfisch), *tonno sott'olio* (Thunfisch in Öl), *trota* (Forelle). – *Vòngole* (Muscheln).

Eierspeisen: *Frittella* (Pfannkuchen), *frittata* (Omelette), *frittata con prosciutto* (Omelette mit Schinken). – *Uova* (Eier), *uova alla coque* (weichgekochte Eier), *uova al tegame* (Spiegeleier), *uova con pancetta affumicato – uova al bacon* (Eier mit Speck), *uova ripiene* (gefüllte Eier), *uova sode* (hart gekochte Eier), *uova strapazzate* (Rühreier).

Gemüse – Teigwaren – Kartoffel *(Verdure, legumi – paste – patate): Aglio* (Knoblauch), *aspàragi* (Spargel). – *Bucatini* (Nudeln). – *Calzone* (ähnlich wie Pizza), *cannelloni* (gefüllte Fleischteigrollen), *cantarelli* (Pfifferlinge), *carciofi* (Artischocken), *carote* (Mohrrüben), *cavolfiore* (Blumenkohl), *càvolo* (Kohl), *càvolo di bruxelles* (Rosenkohl), *càvolo rosso* (Rotkraut), *cetriolo* (Gurke), *cipolle* (Zwiebeln). – *Fagioloni* (grüne Bohnen), *fettuccine* (feine Bandnudeln), *funghi* (Pilze), *funghi porcini* (Steinpilze). – *Gnocchi* (Nocken). – *Lasagne* (breite Bandnudeln mit Sahne, Käse und Fleisch geschichtet und überbacken), *lenti* (Linsen). – *Maccheroni* (Makkaroni), *melanzane* (Auberginen). – *Patate fritte* (Bratkartoffeln), *patitine fritte* (Pommes frites). – *Peperoni* (Paprikaschoten), *piselli* (Erbsen), *pizza* (Pizza), *pomodori* (Tomaten), *porro* (Lauch, Porree), *purè di patate* (Kartoffelpüree). – *Rigatoni* (kurze Makkaroni). – *Sedano* (Sellerie), *spaghetti* (Spaghetti), *spinaci* (Spinat). – *Tagliatelle* (dünne Nudeln), *tagliolini* (Suppennudeln), *tortellini* (Teigtaschen). – *Verzetto* (Wirsing). – *Zucchini* (kleine gurkenähnliche Kürbisse).

Salate *(Insalata): Insalata di cipolle e acciughe* (Zwiebelsalat mit Sardellen, Spezialität aus Latium), *insalata di finocchi* (Fenchelsalat), *insalata di lattugha* (Kopfsalat), *insalata di pomodori* (Tomatensalat), *insalata di tartufi* (Salat aus Trüffelscheiben), *insalata di verdure crude* (Rohkostplatte), *insalata russa* (Kartoffelsalat mit Erbsen, Karotten, Bohnen, Blumenkohl, Sardellen, Kapern, Ei, Thunfisch und Mayonnaise), *insalata verde* (grüner Salat), *insalata verde mista* (gemischter Salat aus Gurken, Blattsalat, Zucchini und grünen Tomaten).

Käse *(Formaggio): Bel paese* (Butterkäse). – *Fontina* (würziger Butterkäse), *formaggio di capra* (Ziegenkäse), *formaggio svizzero* (Schweizerkäse), *Friulano* (würzig, ähnlich Emmentaler). – *Grana* (Hartkäse, ähnlich wie Parmesan), *Gruviera* (Art Emmentaler), *Gorgonzola* (Edelpilzkäse). – *Mozzarella* (Büffelkäse). – *Olandese* (Holländerkäse). – *Parmigiano* (Parmesankäse), *Pecorino* (Schafskäse). – *Romano* (harter Schafskäse). – *Stracchini* (weicher Kuhkäse). – *Taleggio dolce/forte* (milder/würziger Butterkäse).

Obst *(Frutta): Albicocche* (Aprikosen), *amarene* (Weichselkirschen), *ananas* (Ananas), *arance* (Orange). – *Banane* (Bananen). – *Ciliege* (Kirschen), *cocomero* (Wassermelone). – *Dàtteri* (Datteln). – *Fichi* (Feigen), *fràgole* (Erdbeeren). – *Lamponi* (Himbeeren), *limoni* (Zitronen). – *Macedonia di frutta* (Obstsalat), *mandarini* (Mandarinen), *mele* (Äpfel), *melegrana* (Granatapfel), *more di rovo* (Brombeeren). – *Pere* (Birnen), *pesche* (Pfirsiche), *prugne* (Pflaumen). – *Rabàrbaro* (Rhabarber), *ribes* (Johannisbeeren). – *Uva* (Weintraube), *uva spina* (Stachelbeere).

Desserts *(Dolci): Bignè* (Teigkrapfen mit Cremefüllung), *budino al cioccolato* (Schokoladenpudding). – *Cassata* (Halbgefrorenes mit Früchten), *coppa di gelato* (Eisbecher). – *Frutta cotta* (Kompott), *frutta sciroppata* (eingemachte Früchte). – *Gelati* (Speiseeis), *gelato misto* (gemischtes Eis). – *Macedonia* (Fruchtsalat). – *Pesche alla melba* (Pfirsich auf Vanilleeis mit Himbeermark überzogen, mit Pistazienkernen und Schlagsahne garniert), *pizza di mele* (Honigkuchen). – *Torta gelato di delizia* (Eistorte). – *Zabaione* (Art warmer Eierpunsch-Weinschaum). – *Zuppa romana* oder *zuppa inglese* auch *torta italiana* genannt (eine mit Creme, Kirschen und Schlagsahne gefüllte Bisquittorte, die mit Likör oder Rum getränkt ist).

Einige venezianische Spezialitäten

Suppen *(Minestre): Brodetto di pesce* (venezianische Fischsuppe aus Meeresfischen mit Zwiebeln, Tomatensaft, Weißwein, Petersilie, Lorbeerblatt und Öl); *»Broèto«* (Aalsuppe); *Risi e luganega* (Reissuppe mit Schweinswürstchen); *Sguazeto* (Innereien des Rindes mit aromatischen Kräutern).

Vorspeisen *(Antipasti): Cannelloni ripieni* (Teigröllchen mit Fleischfüllung und Tomatensauce im Rohr überbacken); *Gnocchi alla Fontina* (Grießteignocken mit geriebenem Fontinakäse); *Gnocchi di patate* (Kartoffelbällchen mit Käse); *Pappardelle con funghi* (Bandnudeln mit Pilzen); *Risi e bisi* (venezianisches Nationalgericht: Reis mit frischen Erbsen, Speckwürfeln und Schinken); *Risotto de peoci o de cape* (Reis mit Muscheln, Krabben, Garnelen, etc.); *Soppressa* (Mettwurst); *Spaghetti con vòngole* (Spaghetti mit Muscheln).

Fleischgerichte: *Castradina alla griglia* (Schafbraten vom Grill); *Fegato alla veneziana* (Kalbsleber auf venezianische Art mit Zwiebelringen, in Öl gedünstet).

Fischgerichte: *Anguille alla griglia* (gegrillte Aale); *Asia bollito* (gekochter Weißfisch); *Baccalà mantecato* (getrockneter Stockfisch mit Milch und Sahne gekocht und zu einer Crememasse verrührt); *Coda di rospo ai ferri* (gegrillter Seeteufelschwanz, aus der Adria); *Calamari fritti* (fritierte Tintenfischringe); *Dorate* (Dorate, Adriafisch); *Filetti di San Pietro fritti* (in Ei und Mehl gewendete, fritierte Filets des Peterfischs); *Go* (venezianischer Lagunenfisch); *Mansanete* (in Öl gebackene Krabbenweibchen); *Molèche* (Krebse nach dem Schalenwechsel); *Orate ai ferri* (Goldbrasse vom Rost); *Seppie ai ferri con polenta* (gegrillter Seppiefisch mit Maisbrei); *Sògliola alla casseruola* (Seezungenfilet im Topf mit Champignons gedünstet); *Triglie con risi* (Seebarbe mit Reis).

Kultur und Unterhaltung

Veranstaltungshinweise findet man im Lokalteil der venezianischen Tageszeitung »Il Gazzettino« oder man wendet sich an EPT (Ente Provinciale per il Turismo), San Marco, Ascensione, 71, am Ende der Procuratie Nuove, Richtung S. Moisè. Weitere EPT-Büros: vgl. Allgemeine touristische Informationen, S. 170.

Turnusmäßige Veranstaltungen (Näheres bei EPT): (a) *Festival für Prosa* (im Rahmen der Biennale). – (b) *Internationaler Wettbewerb für Unterhaltungsmusik.* – (c) *Filmbiennale:* Palazzo del Cinema auf dem Lido, beim Hotel Excelsior. – (d) *Biennale d'Arte* (Kunstbiennale): Ausstellung zeitgenössischer Kunst – Malerei und Plastik – alle zwei Jahre während der Sommermonate auf dem Gelände der Esposizione Internationale d'Arte Moderna (Giardini Pubblici). – (e) *Internationales Festival zeitgenössischer Musik und Schauspielkunst.*

Oper und Ballett: *Teatro La Fenice*, Campo S. Fantin (Schiffshaltestelle: Nr. 13 S. Maria del Giglio-Fenice), Kartenverkauf (biglietteria): Tel. 23954. Spielzeit: Dezember–April.

Theater und Schauspielaufführungen: *Teatro del Ridotto*, Calle Ca' Vallaresso, San Marco (am Canal Grande, links von Giardinetti ex Reali, Schiffshaltestelle: Nr. 15 S. Marco), Tel. 22939.

Konzerte: *Teatro La Fenice*, Campo S. Fantin (Schiffshaltestelle: Nr. 13 S. Maria del Giglio-Fenice), Kartenverkauf: Tel. 23954. Spielzeit: Frühjahr und Herbst. – Sinfoniekonzerte und Internationales Festival zeitgenössischer Musik und Schauspielkunst.

Freilichttheater: *Teatro di Palazzo Grassi*, San Samuele, 3231, Tel. 31680. – *Teatro Verde* (Amphitheater auf der Isola San Giorgio Maggiore), Tel. 80900.

Spielkasino *(Casinò Municipale):* Roulette – Chemin de Fer – Trente et Quarante – Black Jack – Craps. Ganzjährig geöffnet: (a) Von April–September im »*Palazzo del Lido*«, Piazzale del Casinò/Lido (Verbindung: Linie 2, Motoscafo Diretto). – (b) Von Oktober–März im *Palazzo Vendramin-Calergi*, am Canal Grande, Richtung Bahnhof.

Stadtführungen und Lagunenfahrten: Veranstalter sind die Reisebüros, z.B. American Express, San Marco, 1474 (S. Moisè), Tel. 700844 (vgl. Reisebüros, S. 170) sowie Tagestouren mit dem Motorboot zu den Brenta-Villen (vgl. Nr. 40): Venezianische Villenkultur des 16. bis 18. Jh., u.a. Bauten von Andrea Palladio.

Venezianische Feste: (a) *Festa del Redentore (»Erlöser«-Fest):* Jährlich 3. Sonntag im Juli zur Erinnerung an die Befreiung von der Pest im Jahre 1576 (Pontonbrücke über den Canale della Giudecca zur Redentore-Kirche). Höhepunkt ist der Vorabend auf dem Canale della Giudecca: mit erleuchteten Gondeln, Barken, Musik und Feuerwerk. – (b) *Regatta storica (Historische Gondelregatta – 650jährige Tradition):* Jährlich 1. Sonntag im September auf dem Canal Grande. Traditionelles Wettrudern der Gondoliere. Vor Beginn der Regatta Auffahrt der prunkvollen venezianischen Patriziergondeln und der sog. »Bissone« (Boote mit acht Ruderern in historisch gekleideten Kostümen). – (c) *Festa della Madonna della Salute:* Jährlich am 21. November zur Erinnerung an die Errettung von der Pest im Jahre 1630. Pilgerprozession von der Markuskirche über eine Pontonbrücke am Canal Grande zur Kirche S. Maria della Salute.

Die wichtigsten nationalen Feiertage: *Tag der Befreiung* (25. April 1945), *Tag der Arbeit* (1. Mai), *Tag des Kriegsendes* (8. Mai 1945), *Tag der Ausrufung der Republik* (2. Juni 1946), *Ende des Ersten Weltkrieges* (4. November 1918).

Venedigs Häuser stehen auf Pfählen. Jahrhundertelang hat man das notwendige Holz von Istrien nach Venedig geschafft. Der Bedarf war gewaltig. Der Campanile auf der Piazza soll auf über 100000 Pfählen stehen, für die Kirche S. Maria della Salute werden 180000 Stämme genannt, für die Rialtobrücke 12000. Man verwendete in der Regel 4 m lange Eichen-, Erlen- und Lärchenstämme, die in den Boden eingerammt und dann mit einer hohen Lage von Eichen- und Lärchenbrettern zu einer Plattform befestigt wurden. Mit Hilfe von Sand, Teer und Öl wurden die Stämme zu einem festen dauerhaften Verband zusammengefügt. Heute sind diese Fundamente durch drei Faktoren gefährdet: Einmal durch den beschleunigten und stärker gewordenen Verkehr mit Motorbooten, die das Wasser viel mehr aufwühlen als früher die Gondeln, in höherem Maße aber durch die zersetzenden Industrieabwässer von Marghera; schließlich durch den ständig sinkenden Wasserspiegel der Lagune, was wiederum eine Folge der Industrieansiedlung und der damit verbundenen Entnahme von Erdgas ist.

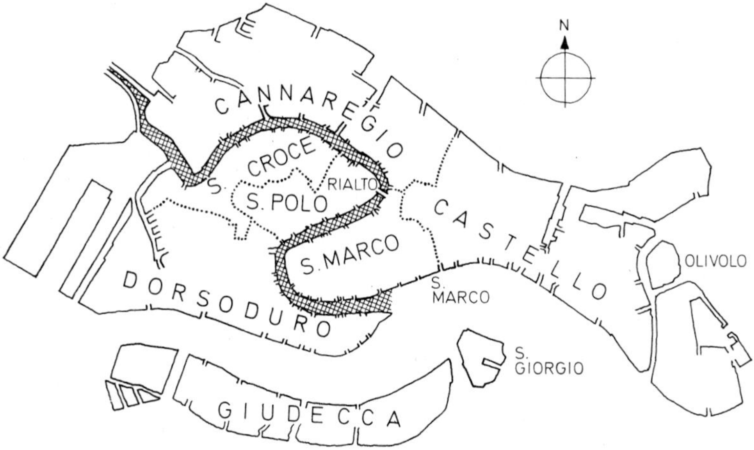

Die Stadtteile von Venedig

Hausnummern in Venedig: Venedig ist in 7 »quartieri« eingeteilt (S. Croce, S. Polo, Dorsoduro, Cannaregio, S. Marco, Castello und Giudecca). Innerhalb dieser Bezirke sind die Häuser fortlaufend durchnummeriert. Beispiel: S. Marco, 1336, bedeutet das Haus Nr. 1336 im Bezirk S. Marco. Ohne genaue Ortskenntnis ist ein Auffinden schwierig. Es gibt aber gedruckte Adressenverzeichnisse, die auf Polizeistationen und bei EPT eingesehen werden können. EPT (Ente Provinciale per il Turismo) z. B. S. Marco, Ascensione, 71, Ende der Procuratie Nuove, Richtung S. Moisè.

Sämtliche Angaben im Informationsteil (Stand vom Frühjahr 1976) erfolgen ohne Gewähr. Bei der Fülle der Daten und den sich oft rasch verändernden Verhältnissen sind Irrtümer nicht auszuschließen. Für Hinweise und Berichtigungen ist der Verlag dankbar.

E. VORSCHLÄGE FÜR BESICHTIGUNGSRUNDGÄNGE

Venedig an einem Tag

Nr. 1, 8, 22, 23, 24 (Ergänzungen: Nrn. 17, 35)
Vormittags (möglichst schon vor 9 Uhr): Fahrt auf dem *Canal Grande* (Nr. 1) bis zur Station »S. Tomà«. Von dort in etwa 15 Minuten zur *Scuola Grande di S. Rocco* (Nr. 8), die nur vormittags geöffnet hat: einzigartiges Beispiel einer venezianischen Scuola, ausgestattet mit dem weltberühmten Gemäldezyklus von Jacopo Tintoretto (60 Leinwandbilder). – Nicht weniger berühmt ist die benachbarte *Frarikirche* (Nr. 8), die man noch rechtzeitig vor der Mittagspause aufsuchen muß (12 bis 14³⁰ Uhr geschlossen). Man beschränke sich auf die vier Hauptwerke von Donatello, Giovanni Bellini und Tizian. – Am Campo eine Trattoria.

Nachmittags: Wieder zurück zur Station »S. Tomà« und von dort mit dem Motorboot nach *S. Marco* (Nr. 23). Man konzentriere sich auf folgende Teile: Fassadenmosaik von 1265 (untere Reihe, ganz links), Mosaiken der Vorhalle, Kuppelmosaiken und Pala d'Oro im Presbyterium (insgesamt eineinhalb Stunden). – Der Rundgang durch den *Dogenpalast* (Nr. 24) kann nur im Rahmen der Führungslinie erfolgen und beansprucht nochmals eineinhalb Stunden. Man konzentriere sich auf Gigantentreppe, Scala d'Oro, Sala del Collegio und Sala del Maggior Consiglio.

Spätnachmittag: Reizvoll ist eine Rundfahrt auf dem *Canal Grande* (Nr. 1) bis Rialto (und zurück) etwa 1 Stunde, bis Bahnhof (und zurück) etwa 2 Stunden.

Variante: Vom Riva degli Schiavoni aus (Nähe Dogenpalast) mit dem Motorboot hinüber zur Insel *S. Giorgio Maggiore* (Nr. 35) mit Palladios schönem Kirchenbau. Lohnender Ausblick vom Campanile (Aufzug) auf Stadt und Lagune. Mit Hin- und Rückfahrt etwa 2 Stunden, besonders schön am Spätnachmittag.

Zwei weitere Tagesvorschläge

(A) *Vormittags:* Von der Piazza zum Campo *S. Maria Formosa* (Nr. 26) und weiter zu *»Zanipolo«* (venezianische Spätgotik, Dogengrabmäler), zum *Reiterstandbild für Colleoni* und *Scuola Grande di S. Marco* (alle Nr. 27). – *Nachmittags:* Zur Frührenaissancekirche *S. Maria dei Miracoli* (Nr. 18), weiter zum *Rialto* (Nr. 17), zu *S. Salvatore* (Nr. 19) oder zur *Ca'd'Oro* (siehe Museumsteil).

(B) *Vormittags: »Accademia«* (Gemäldegalerie). – *Nachmittags: S. Stefano* (Nr. 20), *S. Salvatore* (Nr. 19), *Rialto* (Nr. 17) – oder zu Fuß zur *»Salute«* (Nr. 33) und mit dem Motorboot (über S. Marco) zur Insel *S. Giorgio Maggiore* (Nr. 35).

Ganztägig

Nr. 38 – Murano: Die Insel wird hauptsächlich besucht, weil man hier die Werkstätten der Glasbläser besichtigen und Einkäufe tätigen kann. Murano besitzt außerdem das bedeutendste Glasmuseum Europas. Von der ehemaligen Bischofskathedrale ist der spätromanische Außenchor sehenswert.

Nr. 39 – Torcello: Etwa einstündige Fahrt durch die Lagune zu den ältesten Bauwerken Seevenetiens mit berühmten Mosaiken, einem frühromanischen Campanile und einem Zentralbau des 11. Jh. – Gutes Restaurant in Kirchennähe.

Nr. 40 – Brenta-Villen: Schiffsfahrt auf einem Nebenfluß der Brenta mit Besichtigung einiger Villen im Gebiet zwischen Marghera und Padua.

F. LITERATURAUSWAHL

Adam, Ernst: Vorromanik und Romanik. Frankfurt a.M. 1968. – Angelini, Luigi: Le òpere in Venezia di Mauro Codussi. Milano 1945. – Arslan, Edoardo: Das gotische Venedig. München 1971. – Bacchion, Eugenio: Die Basilika von St. Markus. Venezia 1972. – Baldass, Ludwig: Die Tat des Giorgione. In: Jb. d. kunsth. Sammlungen in Wien, 1955. – Decker, Heinrich: Venedig. Wien 1952. – Demus, Otto: Die Mosaiken von S. Marco. 1934. – Dussler, Luitpold: Giovanni Bellini. Wien 1949. – Fogolari, Gino: Königliche Galerie Giorgio Franchetti in der Ca'd'Oro in Venedig. Roma 1953. – Forssman, Erik: Palladios Lehrgebäude. Stockholm 1965. – Franzoi, Umberto: Der Dogenpalast von Venedig. Venezia 1973. – Gascar-Bucher: San Marco. 1964. – Gross, Werner: Gotik und Spätgotik. Frankfurt a.M. 1969. – Gristinelli, Giuseppe: Baldassare Longhena architetto del 1600 a Venezia. Padova 1972. – Hartlaub, G.F.: Giorgiones Geheimnis. München 1948. – Hetzer, Theodor: Giovanni Bellini; sowie Canaletto und Guardi. In: Aufsätze und Vorträge, Leipzig 1957. – Holst, Niels von: Venedig. Wiesbaden o.J. – Hubala, Erich: Venedig (Reclams Kunstführer Italien, Bd. II, 1). 2. Aufl. Stuttgart 1974. – Ders.: Renaissance und Barock. Frankfurt a.M. 1968. – Hüttinger, Eduard: Venezianische Malerei. Stuttgart 1959. – Ders.: Der Bilderzyklus Tintorettos in der Scuola di S. Rocco in Venedig. Zürich 1962. – Keller, Harald: Die Kunstlandschaften Italiens. 2. Aufl. München 1965. – Kindlers Malerei Lexikon. 6 Bde. Zürich 1964–1971. – Kretschmayr, Heinrich: Geschichte von Venedig. Stuttgart 1934. – Logan, Oliver: Culture and society in Venice 1470–1790. The renaissance and its heritage. London 1972. – Maretto, Paolo: Venezia (Architettura del XX sècolo in Italia). Genf 1969. – Mariacher, Giovanni: Ca'Rezzonico (Führer). Venezia 1967. – Morassi, A.: Tiziano. Milano 1964. – Mosto, Andrea da: I dogi di Venezia nella vita pubblica e privata. Milano 1966. – Mostra del Palladio (Ausstellungskatalog mit ausführlicher Bibliographie). Venezia (1973). – Musolino, Giovanni: La Basilica di San Marco in Venezia. Venezia 1955. – Niero, Antonio: Basilica della Salute. Schio 1971. – Ders.: Die Basilika von Torcello und Santa Fosca. Venezia o.J. – Pane, R.: Andrea Palladio. 2. Aufl. Turino 1961. – Perocco-Salvadori: Civiltà di Venezia. 2 Bde. Venezia 1973. – Pignatti, Terisio: Venice. New York 1971. – Scheffler, Karl: Venezianische Malerei. Berlin 1949. – Spielmann, H.: Andrea Palladio und die Antike. München-Berlin 1966. – Storia della civilità veneziana. Bd. 1–8. Florenz 1955–1962. – Tafuri, Manfredo: Jacopo Sansovino e l'architettura del 1500 a Venezia. Padova 1969. – Tassini, Giuseppe: Edifici di Venezia distrutti e volti ad uso diverso. Venezia 1969. – Timofiewitsch, Wladimir: Die sakrale Architektur Palladios. München 1968. – Ders.: Girolamo Campagna, Studien zur venezianischen Plastik um das Jahr 1600. München 1972. – Wittkower, Rudolf: Le chiese di Andrea Palladio e l'architettura barocca veneta. In: Barocco Europeo e Barocco Veneziano. Venezia 1963. – Wolters, Wolfgang: Plastische Deckendekorationen des Cinquecento in Venedig und im Veneto. In: Beiträge zur Kunstgeschichte, 2, 1968. – Ders.: Der Programmentwurf zur Dekoration des Dogenpalastes nach dem Brand vom 20. Dezember 1577. In: Mitteilungen d. Kunsth. Inst. in Florenz. Florenz 1966.

Fotonachweis:

Der Verfasser dankt folgenden Institutionen und Personen für die freundliche Bereitstellung von Aufnahmen und für die Erlaubnis zur Reproduktion: Alinari/Anderson, Florenz: S. 31, 78, 80 (oben und unten), 91, 115, 137. Bildarchiv Foto Marburg: 109. Osvaldo Böhm/Naya, Venedig: 5, 15, 18, 20, 23, 24, 25, 27, 38, 46, 55, 57, 59, 60, 71 (oben), 72, 75, 80 (Mitte), 83, 84, 86, 88, 90, 93, 96, 97, 99, 101, 111, 123, 126, 128, 129, 132, 133, 135, 139, 143, 147, 153, 155, 157, 159, 161, 162. Borlui (Archivo Artistico), Venedig: 16, 34, 69, 71 (Mitte, unten), 127. Leonhard von Matt, Buochs/Schweiz: 141. Werner Neumeister, München: 106.

G. REGISTER

Wichtigste Textstellen *kursiv*, Plan- und Objektnummern **Fettdruck**

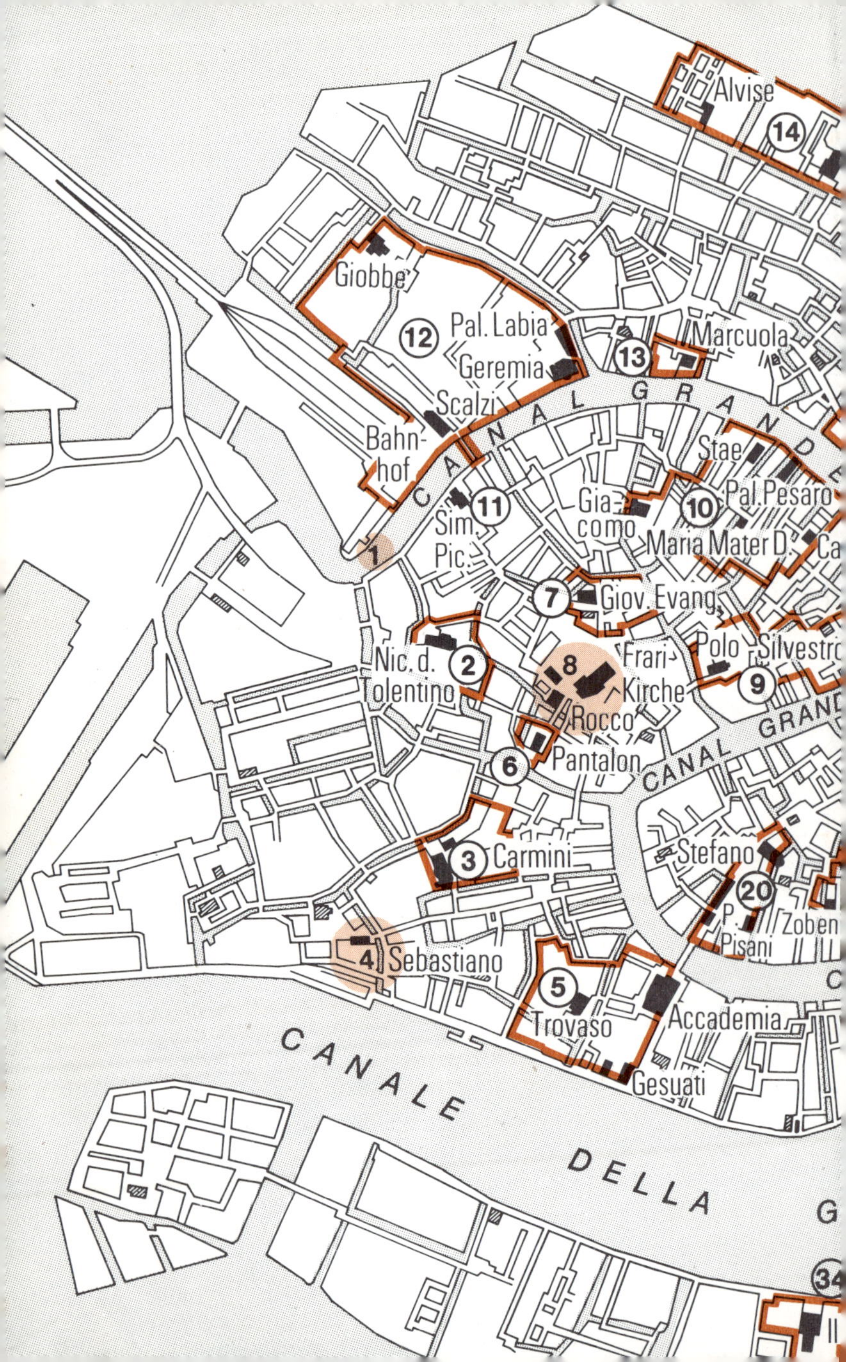
Alvise
14
Giobbe
12
Pal. Labia
Geremia
13
Marcuola
Scalzi
Bahnhof
CANAL GRANDE
Stae
11
Sim. Pic.
Giacomo
10
Pal. Pesaro
Maria Mater D.
1
7
Giov. Evang.
2
Nic. d. Tolentino
8
Frari-Kirche
Rocco
Polo
Silvestro
9
6
Pantalon
CANAL GRANDE
3
Carmini
Stefano
20
P. Pisani
4
Sebastiano
5
Trovaso
Accademia
Gesuati
CANALE DELLA G
34